1　島根県浜田市黒沢の田囃子

中国地方の山間部では，現在においても「大田植」や「花田植」・「田囃子」という名称で，笛や太鼓などの囃子をともなった大規模な田植えを行う習俗が残されている。この習俗は古く中世にまで遡り，主に領主の屋敷門前の直営地や鎮守社の神田で，村人総出で一年の豊年を祈念して行われたことに起源する。類似の習俗として，今も奥三河地方を中心に伝えられている「田遊び」がある。これは，旧正月に村の鎮守社の境内で，一年間の農作業を模倣して演技し神に奉納する予祝の神事で，「大田植」よりも芸能的な性格が強い。

(←)草取り—稲刈り—稲運び

(↓)千歯扱きによる脱穀—唐竿による脱穀—唐箕選—
土臼による籾摺り—俵詰め—蔵入れ

2　下野国瓦谷村（現栃木県宇都宮市）の天棚農耕彫刻

天棚は，天祭（天念仏）の行事に用いられる車のない屋台で，組み立て式の２階建ての構造をとる。幕末期に制作された瓦谷村の天棚には，１階の欄間部分に稲作風景が彫り込まれ（透かし彫り），彩色が施されている。一般に霊獣や動物・鳥類，華やかな植物が題材となる天棚の彫刻に，稲作風景を取り上げたのは珍しい。彫刻師は不詳であるが，地元の古老は，村の百姓が実際の農作業を彫刻師の前で演じてみせ，それを彫ってもらったという由緒を伝えている。瓦谷村の百姓は，自村の稲作風景を天棚に現出させ，五穀豊穣を神仏に祈願したのであろう。大人から子どもまで，男女がそれぞれの仕事を担い，協力して稲作を進めていく様子を，素朴であたたかみのある彫刻が生き生きと描き出している。重労働ではあっても一所懸命に働き，声をかけ合い，農作業を楽しむ百姓衆の活気まで伝わってくる作品である。

（右から）馬耕—鍬によるあぜ塗り（↑）

浸種—芽出し（→）

苗代の代かき—種まき（→）

苗とり—本田の代かき（↘）

苗運び—田植え（↓）

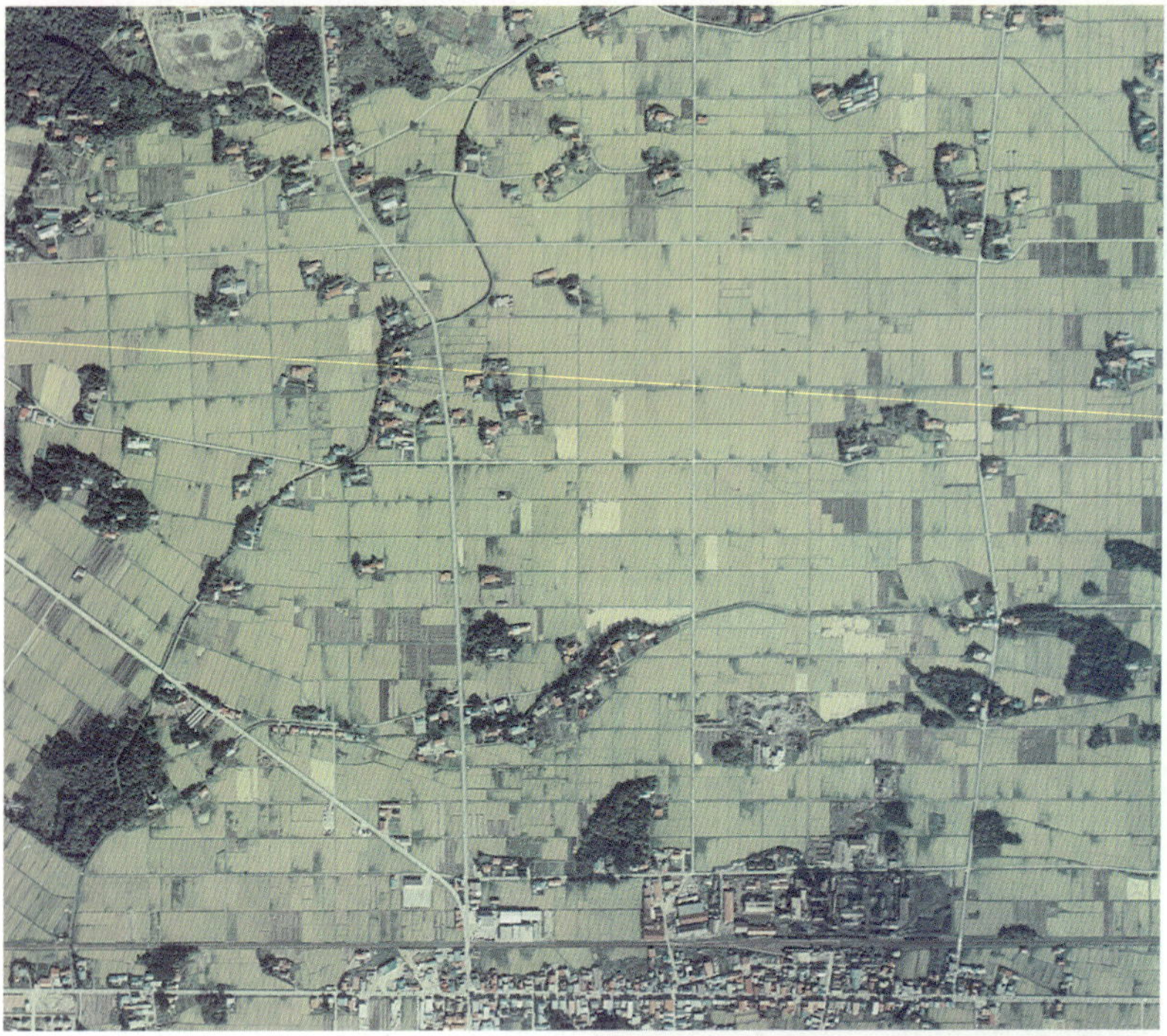

3　圃場整備後の北上平野（上），圃場整備前の北上平野（下）

圃場整備とは，既成の農地をより生産基盤の条件のよい農地に整備する一連の土地改良事業をいう。土地生産性や労働生産性を高め，かつ農業機械を導入できるようにするため，それまでの小規模・不定形な耕地区画を整理し大規模・定形な耕地区画を創り出すとともに，用排水路の整備・土層の改良・農道の整備などを同時に実施する事業をいう。1960年代以降本格的に実施され，大規模な農機具の導入，農業経営の大規模化の大きな契機となった。写真は，岩手県北上市の事例で，1976年の時点で，古代の条里制と見まがうような定形の耕地区画に整備されていることが読みとれる。

日本農業史

木村茂光［編］

吉川弘文館

目次

Ⅰ　総　論

1　現代社会と農業　2

2　「伝統」的農業史観の問題点　5

3　多様で豊かな日本農業の解明に向けて　8

Ⅱ　原　始

1　農耕の始まり　12

農耕の開始／中国／朝鮮／稲作の始源／日本列島

2　水田稲作の伝播　20

畠稲作の存在／焼畑の評価をめぐって／水田稲作の受容と展開／弥生時代の始期をめぐって／水田稲作の技術／弥生時代の食料事情

3　耕地の拡大と技術の発展　31

古墳時代の耕地の拡大をめぐって／六世紀後半から七世紀の変革

Ⅲ　古　代

1　農耕神話の世界　40
記紀神話①―「陸田種子」と「水田種子」／記紀神話②―「斎庭の穂」／稲か五穀か／耕地開発神話

2　律令的土地制度と農業　47
律令制下の地目／宅地・園地、付陸田／口分田、付乗田／墾田、付空閑地／荒廃田／山川藪沢

3　古代農業の展開　56
奈良時代初期の農業奨励／良田百万町歩開墾計画／奈良時代の墾田政策／雑穀栽培奨励策①―粟の奨励／雑穀栽培奨励策②―粟から麦へ／冬作物としての麦／雑穀栽培奨励策③―雑穀栽培へ／墾田開発と雑穀奨励／古代のお触れ書き

4　古代の農業技術と経営　69
稲の品種と技術／公営田・官田における農業経営／大名田堵の経営／宮内省内膳司の農業経営

Ⅳ　中　世

1　中世的農業生産の形成　82
大開墾時代の開発／集約的農業経営の形成／二毛作の成立／荘園制下の耕地／

畠地の地目と存在形態／早稲・中稲・晩稲／稲の品種／畠作物・果樹／鋤・鍬と犂

2 鎌倉・南北朝期の農業生産 97
開発から勧農へ／集約的経営の展開／農民的小規模開発の進展／溜池の築造／商品経済の浸透と畠作

3 室町期の農業生産 110
土豪層による開発／土豪層による用水管理／満作化と耕地の零細化／商品作物の栽培と特産物／施肥の普及／室町時代農業生産の方向性

4 戦国時代の農業 125
戦国時代の技術的特徴／戦国時代の農業生産の特徴／木綿栽培の開始をめぐって／日本における木綿栽培の展開／木綿栽培の全体的特徴／木綿の利用形態／「農書」以前の農業

V 近世

1 新田開発の進展 144
平和のもとでの大開発／利根川の東遷／耕地面積・人口の急増／新田開発のかたち／単婚小家族がになう開発／近世社会のしくみと村請制／検地と年貢の固定化による生産意欲の向上／開発の促進から抑制へ／百姓による自主的開発抑制

2 集約農法の追求　161

耕作規模を限定した家族労作経営／一毛作田の冬季湛水／広がり深まる水田二毛作／田畑輪換の効果／半田・掻揚田・掘上田／耕地の「零細錯圃制」の利点／多彩な肥料／刈敷・厩肥から金肥へ／肥料に強い稲種の選択と疎植農法／鍬による深耕／農具改良の工夫／品種の分化／畑の多毛作と輪作／水田漁撈の知恵／虫害対策と注油法／鳥獣を除ける努力／村による耕地の保全と百姓株の設定／地主と小作人の協同

3 農書の誕生　202

転換期としての元禄～享保期／農書のすそ野の広さ／宮崎安貞と『農業全書』／鏡としての『農業全書』／地域特性の主張／『耕作噺』にみる津軽の百姓の自負／農書の書き手は村の指導者／さまざまな農書の書き手／農業ジャーナリスト大蔵永常／雌雄説の否定／経験と観察の結晶『農業自得』／絵農書の世界／下野国の農耕彫刻／耳で覚える歌農書／石に刻まれた農書／山林書と漁業書

4 商業的農業の隆盛　233

日本列島を覆う特産物／海外輸入商品の国産化／綿作と綿織物業の拡大／村の酒造業／都市と農村の交流―下肥ネットワーク／売るための農業／百姓の消費力／『広益国産考』にみる商業的農業／農業経済思想と経世論／百姓の諸稼ぎ／何でもできる百姓／百姓の生業選択―農耕から諸稼ぎへ

Ⅵ 近　代

1 地租改正と農業　256

官の地価押し付け／画期的な地租改正事業／地租の重課／「村」による土地改革／日本独特の家族と村落／農業生産の動き／「家」と農業生産力の向上／地主小作関係拡大の条件／地主小作関係の拡大

2 農業・農村問題の登場 277

「難村問題」の登場／「難村問題」の背景／明治農法の普及／耕地整理の進展と農業技術／産業組合の設立／自給率の低下／食料自給圏の形成／農村からの労働力流出と農業労働生産性の上昇／高額小作料の虚実

3 小作争議の勃発 302

小作争議の始まり／小作争議の全国的動向／集団的小作料減免争議の展開／小作争議対策の展開／地主的土地所有の後退

4 昭和恐慌による農業・農村の疲弊 314

農産物価格の急落／農村経済更正運動の展開／米価支持政策と救農土木事業／土地争議の深刻化

5 戦争と戦時農業統制の開始 322

厳しい米穀取立て／食糧管理制度の開始／食料増産政策の強化／闇経済の展開／戦時農業統制違反の常態化

Ⅶ 現　代

1 戦後復興期の農業――一九四五～五五年 338

深刻な食料不足／食料需給の逼迫／アメリカの食料援助／農地改革／アメリカの占領政策と農地改革／農地改革の効果／農業協同組合法／農協経営の悪化と農協法改正／食糧管理制度／土地改良制度

2 高度経済成長と農業――一九五五～八五年 358

高度経済成長／兼業化の進展／農業の機械化／農業生産の変化／農業基本法の制定／農基法農政

3 国際化時代の農業――一九八五年～現在 368

農業国際化の進展／農業生産体制の弱体化と構造政策／集落営農／米過剰の解決と水田農業の再編／優良農地の確保／担い手の育成／日本農業の強みを生かす

あとがき 377
参考文献 379
年表
図版一覧
索引
執筆者紹介

I 総　論

1 現代社会と農業

最近、テレビを見ていると、「ご当地B級グルメ」や「B級お取り寄せ」などの番組を目にすることが多い。以前、「コシヒカリ」や「ササニシキ」などブランド米に話題が集中していた頃を思い出すと隔世の感がある。もちろん、食肉のコーナーへ行くと依然「松阪牛」など産地名を付した牛肉の名称が氾濫しているように、食のブランド化傾向がなくなったわけではない。しかし、経済の低成長という状況だけが原因ではないと思うが、「B級グルメ」という名称が象徴的なように、食の話題もブランド志向から大きく変化していることもまちがいない。

また、学校などで「食育」が叫ばれるようになったのも近年の特徴であろう。二〇〇五年「食育基本法」も成立した。その「前文」には、

子どもたちが豊かな人間性をはぐくみ、生きる力を身に付けていくためには、何よりも「食」が重要である。今、改めて、食育を、生きる上での基本であって、知育、徳育及び体育の基礎となるべきものと位置付けるとともに、様々な経験を通じて「食」に関する知識と「食」を選択する力を習得し、健全な食生活を実践することができる人間を育てる食育を推進することが求められている。

とある。「今、改めて」このようなことが確認されなければならない状況をいかに考えるべきか、困惑するばかりであるが、スーパーやコンビニエンスストアーの普及により、すでに調理された出来合の食品を食することが多くなり、原材料をまったく知らなかったり、どのような添加物が使われているのか、どのように料理されたのかなどを知らないまま食べる機会が多くなってきたことの反映であろう。これは、かなり以前の、やや大げさな内容だが、「魚は切り身で泳いでいる」と思っていた小学生がいたという話を聞いたことがある。

これは魚だけではないであろう。大学生に「穀物の種類を答えよ」と問うたところ、米・麦・大豆・小豆まではすらすらと出てくるが、粟・黍・稗になるとなかなか出てこない。さらに「粟・黍・稗の実を見たことがある者」とか「それらを食べたことがある者」という問いになると、手を挙げる学生は少数である。さらに、パン食が多いという学生に、「パンの原材料は大麦か小麦か」と聞くとみんな顔を見合わせる。

食の多様化が進み、身近なところにさまざまな食品が並んでいるわりには、それらの原材料や料理方法などに対する関心は高くない。日本の食料の自給率が四〇%を切った、といっても、それがもっている意味をどれだけの国民が理解しているだろうか。

戦後日本の農業経営の特徴は米と牧草という二つの「飼料」への単作化傾向として把握できるという（宇佐美・一九九一）。その結果、「箱庭農業」といわれ小規模耕地を多毛作的に利用することを特徴としてきた日本農業も、戦後になってその土地利用率を大きく減少させることになった。戦後の農業政策の特徴の一つである農業経営の大型化をやみくもに批判するつもりもないが、ただ、戦後の政府が採ってきたこのような政策が、単作化を推し進め、土地利用率を減少させ、さらに現在に至って「ご当地B級グルメ」を生み出し、「食育」が声高に叫ばれるような事態を生み出す要因の一つとなっているとするならば、いまこの時点で、日本農業の歴史を振り返り、現在に至る状況の推移を紐解いてみるのも必要ではないだろうか。

2 「伝統」的農業史観の問題点

日本を「豊葦原《とよあしはら》の千五百秋《ちいほあき》の瑞穂《みつほ》の地《くに》」と呼んだのは『日本書紀』『古事記』の編者たちであった(「神代上」第四段の一書など)。「豊葦原」は豊かな湿地帯を、「千五百秋」は永久を、「瑞穂」は神威によって栄える稲穂を指すというから、全体としては「神威に守られ豊かに永久に栄える稲作の国」という意味になろう。八世紀前半、奈良時代の初め(『日本書紀』の撰は七二〇年)に、国家の成り立ちを説明しようとした当時の支配者たちは、初めから日本は「瑞穂」=稲作の国であることを選び取ったのであった。

実際、『日本書紀』以後の正史は「年穀《ねんこく》登らず」となんの説明もなく「穀」という字を使用しながらも、それは当然のこととして「稲」を意味していたのである。このような意識によって編纂された六国史《りっこくし》の記事のなかに、稲以外の作物を見出すことは難しいし、記載されていたとしても、備荒対策などの特別な穀物として取り上げられることが多い。

このように、稲を中心に形成された穀物=農業観は、古代国家の土地制度のなかにも明瞭に現れている。それは、土地制度について規定した『律令』第九「田令《でんりょう》」のなかに、田地以外の耕地に関する規定がほとんどないことである。詳細は「Ⅲ　古代」編で確認していただくこととして、「田令」三七ヵ条のうち田地以外の耕地として規定されているのは「園地条」（第一五条）と「桑漆《そうしつ》条」（第一六条）の二ヵ条だけである。そしてなによりも、古代国家の土地制度の基本が「班田制」であったことが、それを明確に示している。

しかし、この傾向は古代国家に限られたものではない。古代国家で意識化された農業観は、それ以後の時代における農業観も規定した。例えば、中世国家が一国別の土地台帳として利用した帳簿を「大田文《おおたぶみ》」というが、これは「(一国規模の) 大きな田文」という意味であって、田地を検注するためのものであった。実際、現在残されている一三ヵ国の大田文のうち畠数が記載されているのはたった一国である。中世国家もまた水田＝稲を収奪の中核としたのであった。近世国家も同じである。近世国家が税体系として採用した制度を石高《こくだか》制というが、これは土地の生産力を米の収穫高に換算して「石高」として表現したものである。すなわち、畠地や屋敷地などもすべて米に換算されて石高として表記されたのである。

このように、中世・近世の国家も古代国家の農業観を継受して、米＝水田中心の土地制度を採用したのであった。日本の前近代国家は強度な稲＝水田中心史観に立脚していたということができる。したがって、当然のことながら、収奪の主対象である米＝水田に関する史料はその重要性から大量に残されたが、主対象から外された水田以外の耕地（＝畠・果樹園など）に関する史料は、支配者にとって必要な限りにおいて残されたため、前近代史の史料もまた稲＝水田中心に残される傾向が強かったのである。

史料残存の偏頗性は研究者の意識も規定した。それは日本民俗学の創始者柳田国男にもみてとれる。柳田は、その初期においては山民や被差別民も研究の対象として取り上げていたが、「昭和」に入ると突然「常民の文化」を提唱し始める（赤坂・一九九四）。柳田のいう「常民」とは稲作民のことであり、「常民の文化」とは稲作民に伝承されてきた文化であった。彼が「常民」を選び取った経緯も興味深いが、ここでは日本民俗学がその当初から稲作文化を主対象とし、それを伝承の全国的な聞き取りによって解明することに心血を注いできたことに注目しておきたい。実際、坪井洋文などは早くから畠作やイモ文化に関心をもって研究を進めていたが、柳田からはあまり好ましく思われていなかったという。すべてを柳田の所為にすることはできないとしても、近代的な学問・研究に基づく知識体系のなかに、稲作中心の日本文化論が形成され、日本社会に定着することになった背景には、柳田らによって全国的に行われた稲作伝承の記録運動が関わっていたことは否定できないと考える。

以上のような稲作中心の日本文化論、そして稲作を中心とした農業史観が、残念ながら、現在においても、日本社会さらには研究者のなかに色濃く残されていることは改めて指摘するまでもない。

3 多様で豊かな日本農業の解明に向けて

以上のような「水田中心」史観を克服する作業も進められてきた。坪井洋文の仕事も『イモと日本人』（一九七九）・『稲を選んだ日本人』（一九八二）などとして刊行されたし、なによりも「水田中心史観の克服」を目指した網野善彦の一連の研究も発表された（網野・一九八〇・一九九〇など）。これらの成果によって、当然のことながら、稲作では掬いきれない日本社会の多様な生業の存在が明らかになった。以下、筆者の力量から、前近代中心にならざるをえないが、多様で豊かな日本農業を解明するために取り組まれてきた研究を概観しておこう。

その第一は、木村や伊藤寿和、さらには山口徹らによる畠作史および畑作村落研究の進展を挙げることができる。木村や伊藤の成果は本論を参照していただきたいが、古代・中世における雑穀栽培の多様性、さらに畠作の生産力を示す畠地二毛作、さらには定畠以外の「山畠」「野畠」などの存在形態に関する解明が進められ、「通史」などの分野でもようやく畠作に関する叙述が組み込まれるようになった（木村・一九九二・一九九六、伊藤・二〇〇一・二〇〇五）。また、山口が神奈川県の幕末期を対象に「畑作村落」の存在を提唱していることも（山口・二〇〇〇）、それまで畑作地帯であっても「新田村落」といって憚らなかった近世史研究において大きな前進であったといえる。

この傾向は考古学の分野でも顕著で、二〇〇〇年度の日本考古学協会鹿児島大会では「はたけの考古学」が取り上げられたし、「Ⅱ　原始」編で述べるように、近年では水田稲作の前段階として「畠稲作」の存在が提唱されるようになっている。また、民俗学・人類学の分野からも、増田昭子『雑穀の社会史』（二〇〇一）に代表される仕事も現れた。

第二は「山村史」研究の進展である。この分野は、近年、米家泰作（二〇〇二）、溝口常俊（二〇〇二）、白水智（二〇〇五）らによって急速に発展させられたが、その問題意識は次のような点にある。山林・山野が占める割合が高い日本であるにもかかわらず、教科書などではほとんど取り上げられていないこと、もし取り上げられたとしても、その生業は「後進」的または「特殊」な村落と位置づけられることが多く、真っ当な視点からの評価が低いこと、などである。まさに「真っ当な」指摘であるといえる。山村で展開されている複合的な生業のシステムの解明を通じて、日本農業の複合的な構造が明らかになるとともに、これらの成果によって、水田＝稲作中心史観の問題性もより明確になるにちがいない。

第三は、いまも述べたが、稲作史・畠作史・山村史などという個別のジャンルを超えて、それらを複合的にとらえるために「生業」論が提唱され始めていることである。この議論はまだ始まったばかりであるが、すでに歴史民俗博物館編による『生業から見る日本史』（二〇〇八）も発刊されており、新しい動向として注目すべきであろう。とくに、日本中世の生業論研究をリードしている春田直紀は、最近、越前・若狭の海村の生業暦を復原することを通じて、海村に展開する畠作を含めた複合的な生業を見出し、それをもとに、四つの村落類型にまで高めるという仕事を発表した〔春田・二〇一〇〕。詳細は、春田論文に拠られたいが、このような仕事は農村史からも山村史からも接近することは可能である。ジャンル史を基礎としながらも、それを超えて、多様で豊かな日本における生業展開の特質を解明するための方向性は確実に見えているといえる。多くの研究者が、この作業に積極的に参加されることを期待したい。本書がその作業に向けての一つの素材となることを願っている。

〔付記〕言うまでもなく、農業生産において、季節はきわめて重要な要素である。本書の前近代（Ⅱ〜Ⅴ）の記述においては、とくに断らない限り、旧暦で「月」を表記していることをお断わりしておきたい。

Ⅱ 原始

1　農耕の始まり

農耕の開始　現在の考古学研究の進展は著しく、新しい発掘があるたびに時代像が塗り替えられている。それは農耕の開始時期の研究においても当てはまり、アジア、とくに中国における発掘の進展は目を見張るものがある。その結果、アジアにおける水稲耕作の初源は雲南《うんなん》（中国南部）からアッサム（インド北部）であるという、私たちが学生時代に習った「新説」もすでに過去の学説になってしまった（後述）。そんなわけで、これから叙述する「農耕の始まり」も二十一世紀初頭の成果に拠るものであることを最初にお断りしておこう。

近年の研究によると、地球規模で農耕の開始と密接に関係する事象として、一万三〇〇〇年前から一万一五〇〇年前のヤンガー・ドリアス期が注目されている。ヤンガー・ドリアス期とは、最終氷期が過ぎたにもかかわらず、最終氷期極相期に逆戻りしたような地球規模で起こった寒冷期のことである。この厳しい寒冷期の後の完新世における急速な温暖化のなかで、動植物相の変化や海岸線の後退と前進が繰り返された結果、生活環境が急激に変化し、それまで狩猟・採集や漁撈に依存していた人類の生業・生活に大きな変化をもたらすことになった。そして、このような変化のなかから農耕が始まったというのである。

このような指摘を裏付けるように、中東で野生のムギから栽培ムギへ展開したのは約一万年前であるし、この時期には、中国大陸の長江流域でイネ、黄河流域の華北ではアワ・キビの利用がすでに始まっていたといわれている（安田・二〇〇九）。

中国　中国における農耕は、黄河流域（華北）と長江流域（華南）との二地域から始まった。黄河流域では氷河期が終期を迎えたBC（紀元前）一万年頃、アワ・キビなどの雑穀の利用が始まり、BC六〇〇〇年頃には中流域からアワと石製農具が一緒に見つかっていることから、雑穀栽培が行われていたことは確実視されている。

一方、長江流域で、BC一万年を遡るイネの資料が見つかっており、その頃にはイネの利用が始まったと考えられる。そして、BC六〇〇〇年頃には、イネ籾《もみ》が胎土に多く混じった土器が大量に出土し、イネの栽培は確実視されている。しかし、旧石器時代の流れをひく打製石器や石製の漁撈具も随伴していることから、依然、狩猟・採集に大きく依存していたと思われる。しかし、BC五〇〇〇年頃になると、人工的な水田が営まれて水稲耕作も本格化した。その代表的な遺跡が長江下流域の浙《せっ》江省《こうしよう》河姆渡《かぼと》遺跡、同羅家角《らかかく》遺跡である（岡村・二〇〇八）。

河姆渡遺跡は、BC五〇〇〇年～四五〇〇年に相当する遺跡で、発掘された約四〇〇平方㍍《メートル》の範囲に厚さ二〇～五〇㌢《センチ》ほどの籾や葉・茎などが堆積しており、その籾は一二〇トン以上と推定されている。さらに、牛の肩甲骨を利用した骨鋤が一七〇点余も出土し、収穫用の石刀、脱穀用の杵と臼、製粉用の磨盤などがセットで出土していることから、相当完成した稲作が行われていたことはまちがいない。また、モモやナツメ、ヒシやハス、ドングリなども出土し、ブタやイヌ・サル・シカをはじめ四七種の動物、サギやカモなど鳥類の骨なども多数伴出している。コイやフナなど魚の骨も大量に出土している。

このように、BC五〇〇〇年頃の長江流域では、ほぼ完成した水稲耕作が行われていたと考えられる。しかし、その生活は、稲作一辺倒ではなく、狩猟や採集さらに漁撈を含み込んだ複合的な生産体系によって支えられていた点は注目しておかなければならない。

そして、BC三〇〇〇年頃になると、黄河流域では、長江流域からイネが、西アジアからムギが伝来し、さらにBC二〇〇〇年頃にはマメの栽培も始まり、いわゆる五穀を代表する穀物が揃うことになった。すなわち、BC三〇〇〇年頃の中国大陸では、基本的な農業構造がほぼ出揃い、本格的な栽培農業ができあがっていたということができる。

土器も穀物栽培に伴って作成されるようになった。中国では、約一万年前の土器が華北から華南にかけて発見されている。その背景として、コメ・アワ・キビなどの穀物は、ムギのように粉食することに適さなかったことが考えられる。すなわちそれらは煮炊きしてしか食べることができなかったので、その煮炊き用として土器が発明されたというのである（岡村・二〇〇八）。

朝　鮮　朝鮮半島で農耕が確認できるのは、BC四〇〇〇年頃で、北朝鮮の智塔里《チタムニ》遺跡では、アワかヒエの炭化穀物粒と石犂・石鎌が発見されており、BC二〇〇〇年頃には、韓国京畿道高陽の一山《イルサン》遺跡からイネの炭化した種籾が出土している。しかし、この炭化米が多様な畠作物に混じって出土し

表1　朝鮮半島出土の栽培植物種子の遺跡数

	イネ	アワ	ヒエ	アワかキビ	キビ	モロコシ	ムギ類	コムギ	オオムギ	エンバク	マメ類	ダイズ	アズキ	リョクトウ	対象遺跡数
新石器時代	1	6	2	—	1	1	1	1	2	—	1	—	—	—	7
無文土器時代	14	11	2	2	6	7	—	5	9	1	1	6	5	2	31

出典：後藤・2004をもとにした伊藤・2005の作表。

ていることから、イネは畠作物の一つ＝陸稲として耕作されたのではないかと考えられている。

それは、新石器時代と無文土器時代（日本の縄文時代晩期から弥生時代中期にあたる）に大別して、栽培植物の種子と山野から採集される種実類を出土する遺跡数を比べてみることによっても明らかになる（表1）。これによると、コメのみを出土する遺跡はわずかであり、コメと複数の雑穀・マメ類や、コメを欠き雑穀・マメ類を出土する遺跡が多いという。このような事例と、朝鮮半島における年間降水量が日本の半分程度しかないことなどを勘案すると、無文土器時代の朝鮮においては、陸稲を含んだ畠作が圧倒的であり、水稲耕作はそれほど普及していなかったと考えられている。この畠作としての陸稲栽培は日本列島におけるイネの栽培にも大きな影響を与えたことは後述する。

しかし、BC八世紀頃には、同じく京畿道驪州《ヨジュ》の欣岩里《フナムニ》遺跡から長方形の住居址一六棟に伴って炭化米やムギ・アワの穀物粒が出土しており、松菊里《ソングンニ》遺跡からは、円形で中央に二本の柱をもつという独特の松菊里型住居址とともに三九五グラムの炭化米が出土しており、この時代には広く稲作が行われていたと考えられている。さらに、BC七〜六世紀の遺跡と推定される無去洞玉峴《ムゴドンオツキヨン》遺跡（蔚山）などでは、水田址に加えて半月形石刀、大型の蛤刃斧などが出土しており、これらが日本列島へ伝播し石包丁などと呼ばれるようになったのではないか、と評されている（田中・二〇〇〇）。

このような事象から、朝鮮半島においてもBC一〇〇〇年頃には、本格的な栽培農耕の時代に入ったということができよう。

稲作の始源　稲作の始まりをめぐっては、これまでいろいろな説が出されてきた。そのなかでも、近年、中国長江中下流域の稲作遺跡が発見される以前まで有力視されていたのが、渡部忠世の「アッサム・雲南」説であった。渡部は、東南アジアやインドの古建築物の煉瓦《れんが》などに補強材として稲わらや籾が混入されていることに着目し、その建築物の建造年代を確定しつつ稲籾を計測した結果、アッサム・雲南地域に古い時代のもっとも多くの種類の稲が集中していることを発見したのである（渡部・一九七七）。

そして、アッサム・雲南に源流をもつプラマプトラ川・メコン川・イラワジ川そして長江を通じて、栽培稲はアジアの各地に広がっていった、と主張した。そして、日本列島には、華中長江付近まで東下した稲作が直接北九州に伝わり、ないし朝鮮半島を経由して北九州へ伝わった、と説明されるようになったのである。

煉瓦などに混入された稲籾と古建築物の建造年代とによって稲作の初源を探るという斬新な研究成果であったが、前述した近年の長江流域における発掘のめざましい成果によって、一万年前に遡って稲作が行われていたことが明らかになり、渡部の説は修正されることになったのである。

日本列島　二〇〇〇年に起きた旧石器捏造事件によって、日本の旧石器時代研究は振り出しに戻ったといってもよい。現在のところ、日本列島において旧石器文化が確認されるのは約三万年前のことで、これは、一九四六年に発見され、四九年に確認された岩宿《いわじゅく》遺跡（群馬県）によって明らかになった年代である。

前述のように、一万三〇〇〇年前から一万一五〇〇年前にかけてのヤンガー・ドリアス期を経過して完新世に入り急激な温暖化が進むなかで、海面が上昇し現在の日本列島の原型が形成され、新しい生活様式が生まれた。それが縄文土器に代表される縄文文化である。この文化は約一万六〇〇〇年前から二千数百年前まで一万年を超える長い期間継続した。現在、この時代は草創期・早期・前期・中期・後期・晩期の六時期に区分される。

縄文時代は、狩猟と漁撈と採集によって生活が支えられていた時代であることはまちがいないが、最近はなんらかの栽培を伴っていたことが指摘されている。例えば、この文化を代表する三内丸山《さんないまるやま》遺跡（青森県）などでは、クリ林の人為的形成や管理、さらにヤマイモ増殖のために植生管理などが行われていたことが確認されており、農耕に近づいた「半栽培」の段階という評価もあるが、まだ定説をみていない。また、前期初期の遺跡である福井県若狭町の鳥浜貝塚遺跡では、ヒョウタン・アブラナ・アサの栽培が確認されており、その比率は大きくないにしても、縄文時代がなんらかの植物栽培を伴って成立していたことはまちがいないようである。

表２　縄文時代の雑穀関連の遺跡数

	コメ	オオムギ	コムギ	アワ	ヒエ属	キビ	畠跡
北海道	—	1	1	2	11	—	1
東　北	3	—	—	1	2	1	—
関　東	2	2	—	—	1	—	—
中　部	—	2	—	—	—	1	—
近　畿	1	1	—	—	—	—	—
中・四	4	1	—	—	2	1	—
九　州	9	3	1	1	1	—	7

出典：黒尾・高瀬・2003をもとにした伊藤・2005の作表。

これらの発掘の成果をもとにすると、現在までに確認される縄文時代の雑穀関係資料はすでに五〇例を超えている（表２）。コメが多いことについては後述するが、オオムギ・ヒエ類が多く検出されており、アワ・キビも発見されている。なかでもヒエ類が北海道から多く検出されているのは注目される。

北海道の縄文時代の農耕に関する遺跡としては、畠跡と推定される遺構が発見された前期の美々《びび》貝塚北遺跡、ヒエ類が確認された早期の中野B遺跡、前期のハマナス野遺跡と石倉遺跡などがある。ヒエ属は東アジアに広く野生しており、列島においては縄文時代に栽培化された可能性があるという。アワは中期の臼尻《うすじり》B遺跡、オオムギとアワが晩期の塩屋３遺跡から出土している。これら北海道から検出される雑穀類はシベリヤ・沿海州などからの「北廻り」の伝播が想定されている。一方、本州や九州などでは、縄文中期以後の遺跡から、コメをはじめとして、オオムギやコムギ、アワ・ヒエ・キビなども検出され、福岡県のクリナラ遺跡では縄文晩期中頃の畠跡も見つかっている。

また、ソバ属の検出も一七ヵ所から報告されている。これは一九九二年頃の集計なので、現在はもっと多くなっている可能性もあるが、北は北海道忍路《おしょろ》遺跡（小樽市）から南は福岡市板付《いたづけ》遺跡まで全国に及んでいる。後期や晩期の例が多いが、前期に相当するものも三ヵ所あるという。ソバは日本の野生種や自生が確認されていないから、普通種のソバが栽培型の形態を備えて伝播してきたものであろうと評価されている（木村・一九九六）。

現時点では、種子検出の地域差も大きく、列島全体を俯瞰したイメージを作ることはできないが、早期から中期にはヒエ属とアワの原始的な栽培が始まり、後期から晩期にかけてムギ類とキビなどの栽培が開始されたと推定できよう。そして表2のように、これら雑穀に混じってイネが検出されるということは、ある時期に、これら畠作物＝穀物の一つとしてイネが大陸から伝播し栽培が開始されたと想定することができよう。

ところで、以前、日本では稲作以前の農耕の可能性として「縄文農耕論」が藤森栄一らによって提唱され（藤森・一九七〇）、その存否をめぐって議論になったことがあったが、いまや、縄文時代においてなんらかの農耕が行われていたことを否定することができないことは前述のとおりである。もちろん、それを過度に高く評価することは慎まなければならない。縄文時代の人々の生活が採集や狩猟・漁撈によって維持されていたことはまちがいないからである（以上、白石・二〇〇八、伊藤・二〇〇五）。

[2] 水田稲作の伝播

畠稲作の存在　縄文後期・晩期になると、コメのプラントオパール（イネ科の植物の葉に含まれるガラス質細胞の化石）の検出も増加し、土器についた穀物の圧痕などから、オオムギ・ヒエ・アワ・キビなども見つかり（表2）、さらに打製土掘具や打製穂摘《ほつみ》具などの農具を伴うことが多いことから、少なくとも縄文時代後期後半の西日本ではコメを含む穀物の栽培が行われていたことは確実視されるようになった。しかし、これらの遺跡には水田遺構が確認できないこと、他の雑穀と同時に出土することが多いことなどから、この時期のイネは畠で栽培されていた（畠稲作）と考えられている（広瀬・二〇〇〇）。具体的にどのような栽培方法がとられていたかは確定できないが、水田稲作が受容される前提に畠稲作が存在したことは注目されなければならない。

このことは、日本列島における稲作に大きな影響を与えた朝鮮半島の稲作が、その初期の段階においては陸稲を含んだ畠作が圧倒的であり、水稲耕作はそれほど普及していなかったと推定されていることと、みごとに符合しているといえよう。

しかし、畠稲作は水田稲作の前提となっただけではない。水稲耕作が開始された後も継続していた。下之郷遺跡（滋賀県）から出土した炭化米のDNAを鑑定したところ、水稲だけでなく陸稲が少なからず含まれていたし、福岡県三沢蓬ケ浦《ふつがうら》遺跡では、畠跡で検出した炭化米に熱帯ジャポニカが含まれるとともに、周囲からは水田遺構も確認されたという。そして、このような事例は他の遺跡でも確認できるという。このことは、弥生時代になっても水田稲作と畠稲作が併存していたことを示している（広瀬編・二〇〇七）。

そして、弥生時代先I〜I期の畠稲作と水田稲作は、生産力にさほど違いがなく、やがて弥生時代中期頃から、畠稲作と水田稲作とは地形環境に応じて分業化していった。すなわち、福岡平野・岡山平野・河内平野・奈良盆地など、沖積平野が広がっていた地域では水田稲作が、中九州の阿蘇溶岩地帯や大野川上中流地帯、南九州のシラス地帯、あるいは天竜川の河岸段丘など、洪積段丘や低丘陵などが一般的であった地域では、畠稲作が卓越していったのではないか、といわれる。

さらに、縄文時代後期後半以来の伝統的な農具、打製土掘具と打製穂摘具の組み合わせの残存性を勘案すれば、弥生時代には畠稲作の面積の方が広かったかもしれない、とまで評されている（広瀬・二〇〇〇）。博物館などでは、弥生時代は稲穂が水田の満面に広がるイメージの展示が多いが、これは現在の研究の成果とは相当かけ離れた展示であるといわざるをえないといえよう。

焼畑の評価をめぐって　日本における農耕の始まりを議論するとき、その原初的な形態として焼畑の存在が指摘されることが多いが、それはまちがいといわざるをえない。というのは、このような評価は、「野に火入れする」という農事慣行と、農法としての焼畑農耕とを混同している場合が多いからである。

前者の場合は、『万葉集』に

冬ごもり　春の大野を焼く人は　焼き足らねかも　わが情焼く　（一三三六番）

などと詠まれているように、春先に野原に火を入れて肥料としての草木灰を作るとともに、害虫の幼虫や卵を駆除するという春の農事慣行であった。今も奈良の春日山などで行われている「野焼き」の一種である。それに対して焼畑は、まず場所を選定し草木を切り払って火を放ち、そこに粟・稗・蕎麦・大豆などの雑穀を三年〜五年の周期で計画的に輪作する。そして地力が落ちるとその地を放棄して山林に返すとともに、別の場所を選定して耕作するという行為を繰り返して行う、システムとして整った農耕なのである（近年、近世前期においては、一年作や二年作などの短期作の焼畑が一般的であったという新しい説が提起されている〈米家・二〇〇五、伊藤・二〇一〇など〉。この興味深い説との接合については後考をまちたいと考える）。

比較して評価するならば、前者は原始的な慣行であるのに対して、後者は農法として整った耕作形態であるといえよう。このような両者を混同することは許されない。

焼畑の存在を示す史料としてよく使用されるものに、

大和国をして、百姓が石上神山を焼きて、禾豆を播蒔するを禁止せしむ。

という『日本三代実録』の記事がある（貞観九年三月二十五日条）。これも、神山に火を放っていることは確認できるが、前述のように農法的に整った焼畑農耕であるか否かは確認できない。

焼畑論はこれまで民俗学・人類学の研究によって原初的な農耕形態として評価されてきた傾向が強

いが、私は、野焼き慣行と焼畑農耕とは明確に区別すべきであって、焼畑は定畠における輪作形態の成立を前提とした高度な農法であると評価すべきであると考える。もちろん、ここで「高度」といっているのは農法として整っているという意味であって、生産力的な意味からの評価ではないことはいうまでもない。

水田稲作の受容と展開　やや弥生時代に入りすぎた感がある。話をもう一度戻して、稲作受容の第二段階である水田稲作の受容から始めよう（禰冝田・二〇〇〇）。

現在確認されている最古の水田は、約二五〇〇年ほど前、縄文時代晩期の福岡県板付遺跡と佐賀県唐津市菜畑《なばたけ》遺跡である。この二つの遺跡は次のような共通する特徴をもっている。

①水路や堰の灌漑システムをもつ本格的な水田である。
②木製の農具や脱穀具を伴う。
③木器の製作具である大陸系磨製石器類を伴う。
④穂摘具である石包丁などを伴う。

一見して明らかなように、これは高度に完成された水稲耕作の形態である。それまでの畠作としての稲作とは技術的にも内容的にも一線を画することは明白である。このことは、完成された文化複合として水稲耕作のシステムが一括して朝鮮半島から伝播したことを物語っている。その文化複合とは、環濠集落という集落形態、支石墓《しせきぼ》をはじめとする墓制、水田耕作に関する祭祀、金属器の使用などが含まれる。

これらの特徴のなかでも、弥生時代の水田を特徴付けるのは①の灌漑システムを伴っていることである。したがって、このことは、水田稲作はその当初から乾田で行われたことを示している。稲作は湿田から開始され、半乾田・乾田へと栽培耕地を発展させたというこれまでの定説は大きな変更をせまられることになった。

以上のように、朝鮮半島から完成した形態で伝播した水田稲作は、晩期後半のうちに、中国・四国から近畿の一部に広がり、弥生時代前期後半には青森県弘前市付近まで伝わった。なかでも、気候などの自然的条件から水田稲作が不可能と考えられていた東北北部における水田遺構の発見は画期的な出来事であった。それを決定付けたのが、一九八一年の垂柳《たれやなぎ》遺跡の発見と八八年の砂沢遺跡の発見である。

前者は弥生中期の遺跡で、水田は四〇〇平方《メートル》にわたって発掘され、水路が引かれ畦畔によって整然と区画されていた。後者はさらに遡って弥生前期末の水田址で、これにも水路が伴っていた。このことは、水田稲作が相当早いスピードで日本海側を北進し伝播したことを示している。

ところで、ここまで述べてきたことは、あくまでも水田稲作の伝播の特色についてであって、その生産力的な特徴（生産の水準など）についてはは別に考える必要があることはいうまでもない。これについては次々項「水田稲作の技術」でふれる。

弥生時代の始期をめぐって　最近の炭素14年代測定法と年輪年代法によると、水田稲作の北部九州への伝播はおおよそBC一〇世紀、約三〇〇〇年前といわれるようになった（白石・二〇〇八）。それまでは、BC三〇〇年頃といわれていたから、約七〇〇年も古い時代から水稲耕作が行われていたことになる。これまでの時代観では、縄文時代晩期後半に相当する。しかし一方で、弥生時代の始まりを示す最古の弥生土器である板付Ｉ式の成立は二七〇〇年前を遡らないという。ここで、弥生時代の始期をめぐって大きな齟齬《そご》が生まれてしまった。

現在、これら弥生文化の始期を示す重要な指標である水田稲作の開始と弥生土器の成立とのズレについて、以下のような二つの理解が示されている。一つは水田稲作の開始をもって弥生時代の始まりとする説で、これによると、縄文時代晩期後半＝弥生時代早期という考えになる。もう一つは、水田稲作技術の受容ではなく、その結果としての農耕社会の成立をもって弥生時代とする説である。前者はわかりやすいので、後者をもう少し詳しく説明すると、縄文時代から継続する突帯文《とったいもん》土器と朝鮮半島の無文土器とが一体化して成立した遠賀川《おんががわ》式土器の成立と、戦いの時代の到来を告げる環濠集落の出現がほぼ同時期であることから、これをもって新しい農耕社会の成立と評価し、ここに弥生時代の始まりを置こうという考え方である（白石・二〇〇八）。

炭素14年代測定法に基づく弥生時代始期の繰り上げ、さらになにをもって弥生時代というかについてはいまだ決着を見るに至っていない。ことは水田稲作という日本文化を象徴する事柄であるだけに、一点突破的な理解ではなく、イネの伝播の際紹介した「文化複合」という考え方を生かした総合的な評価が進むことを期待したい。

水田稲作の技術　朝鮮半島から伝播した水田稲作が完成した稲作体系をもっていたことは前述した

が、それは農具の面でも確認できる（上原・二〇〇〇）。穂摘具としての石包丁、脱穀用の杵・臼などは当然であるが、初期の水田稲作の遺跡から出土する木鍬は、すでに地面に深くくい込む刃幅の狭い狭鍬（打ち鍬）と、掘り起こした土を掻き砕いたり、多くの土を引き寄せるための刃の幅が広い広鍬（引き鍬）などに機能分化していた。ほかにも、粘土質でも刃身に土がへばり付きにくくした又鍬、水田面を平らに均すために刃幅を広くした横鍬なども出土するという（図1）。木製ながら機能に応じた道具が製作されていたということができる。

初期の水田稲作が灌漑システムを伴っていたことから、その当初から乾田が利用されていたことも前述した。それとの関係で注目されるのが、田植えの存在である。岡山県百間川《ひやっけんがわ》遺跡では、小区画の水田址からイネの株跡と判断される小さな窪みが多数発見された（図2）。その窪みは配列にも規則性があることから、七人前後の人々が横一列に並んで田植えを行った跡ではないか、と推測されている。これに類する遺構の発見が徐々に増えていることから、弥生時代に一部の水田では田植えが行われていたことが確実になりつつある。

しかし、このように完成した体系をもっていた水田稲作であるが、その水田の全面からイネが収穫されたわけではない。佐藤洋一郎の静岡市曲金北《まがりかねきた》遺跡の雑草種子に関する研究によれば、雑草種子が少なく毎年イネが作付けされていたと考えられる水田はごくわずかで、大半の水田からは多量の雑草種子が発見されたという（佐藤・二〇〇二）。このような状況は、数値に違いはあれ、他の遺跡でも確認されている。福岡県の板付遺跡でも水田雑草とともに二五％前後の畠雑草が検出されているし、

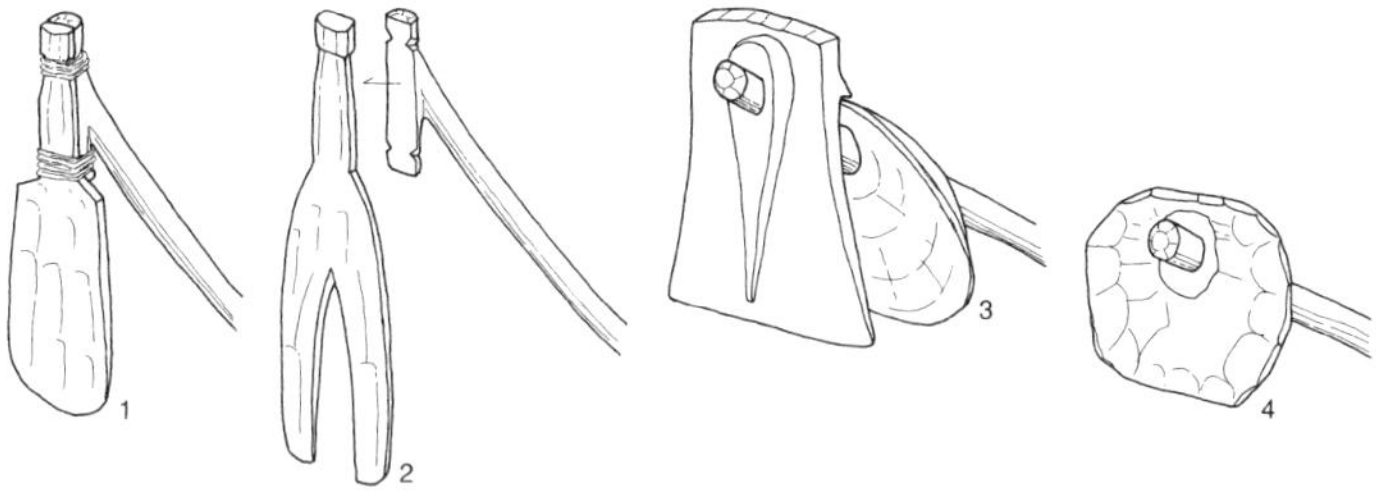

図1　近畿地方における弥生中期の耕具様式概念図　（上原・2000より）
1：膝柄平鍬　2：膝柄又鍬　3：泥除付き直柄広鍬　4：直柄横鍬

図2　百間川遺跡水田跡

岡山県津島遺跡では畠雑草の方が優位に検出されている。また、最北端の水田址として有名な青森県垂柳遺跡においても、その水田土壌のプラントオパールを分析した結果、検出された水田域のなかでもイネが長期に生産された場所は限られ、イネよりもキビ属の生産量の方がはるかに多かったことが明らかにされている。

これらの事実は、水田稲作が受容されたとしても、その占める割合はそれほど高くなかったことを示している。これまでも述べてきたように、水田稲作は、縄文時代以来続いてきた狩猟・漁撈や採集を主体とした生業のなかに、一つの新しい手段として加わったのであって、それが当時の人々の生業のなかで大きな位置を占めるにはもう少し時間が必要であった。

弥生時代の食料事情　水田稲作が受容されても、食料のなかにイネの占める割合がそれほど高くなかったことは縷々述べてきたところである。このことについて、具体的な出土遺物を例にとりながら説明しておこう。

表3　弥生時代の栽培種子出土の遺跡数

イネ	アワ	ヒエ	キビ	モロコシ	ムギ類	コムギ	オオムギ	ソバ	マメ類	アズキ	ダイズ	リョクトウ	対象遺跡数
256	31	22	14	2	13	15	28	5	17	26	10	2	484

出典：後藤・2004をもとにした伊藤・2005の作表。

表3は後藤直が整理した二〇〇四年までの「弥生時代の栽培種子出土の遺跡数」である。これに基づく限りイネの出土が圧倒的に多く、水田稲作が優位であったような評価も可能だが、稲作および水田址に比べ畠作および畠作址に関する研究が非常に遅れていた考古学の現状を考えると、アワからリョウトウまで多様な雑穀種子が発見されていること自体、弥生時代がイネだけ

で考えられないことを如実に示しているといえよう。とくに、アワ・ヒエ・ムギ類（コムギ・オオムギを含む）、マメ類（アズキ・ダイズを含む）の多さは、律令制以後の雑穀の種類と共通しており、基本的な畠作の体系がすでにできあがっていたと評価することが可能なほどである。

しかし、この表の限界は「栽培種子」であって、採集などによる食料が集計されていないことである。そこで、やや古いが寺沢薫が一九八一年までの発掘成果に基づいて集計した「植物遺体」を見てみよう（図3）。ここでは、イネを超えたドングリの出土の多さが注目される。また、ムギ類、マメ類に混じって、モモやクルミ・クリ・トチなどの堅果類の出土も多い。ヒョウタン類やマクワウリも

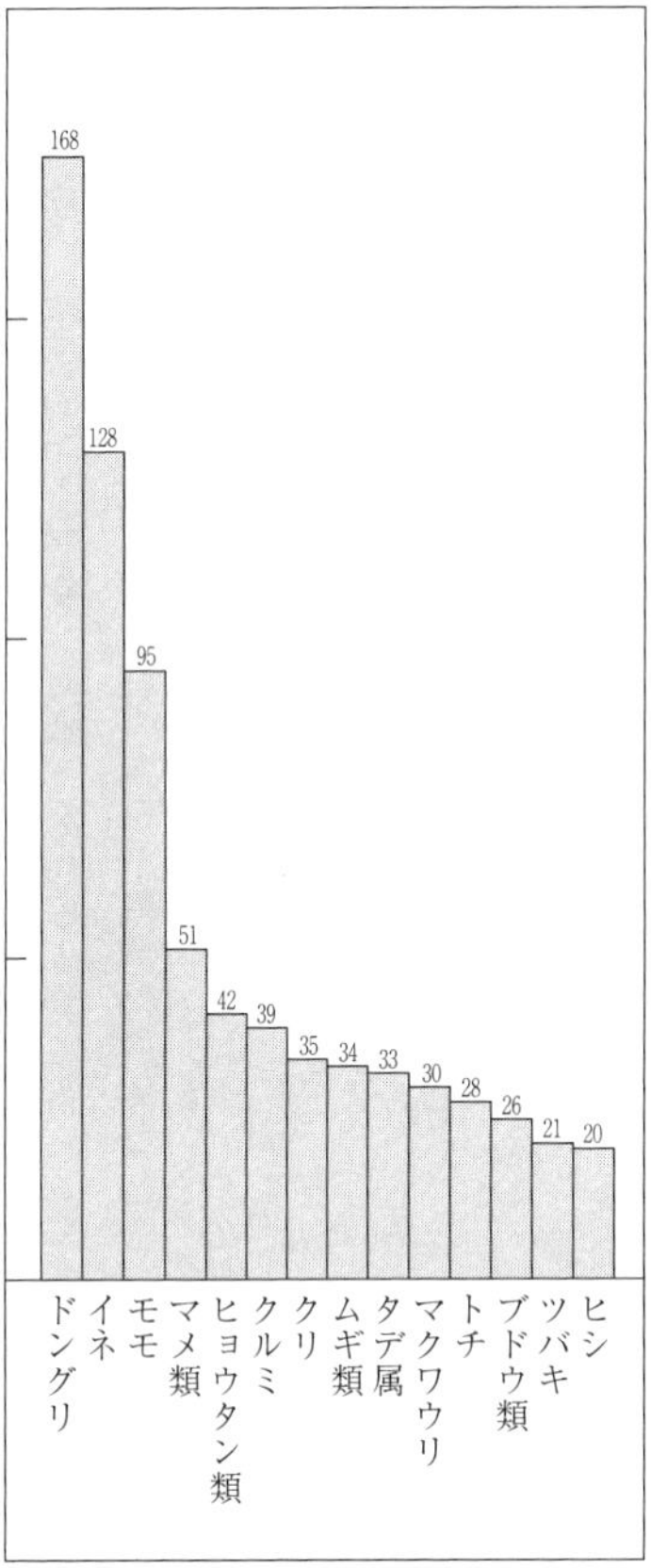

図3　弥生時代の出土遺跡数の多い植物遺体（寺沢・1981より）

相当数確認されている。

ここでは、本書のテーマから狩猟・漁撈によって得られる多様で多量な食料については述べないが、すでに明らかにされている獣・鳥の肉類や魚類の遺体などを含めるならば、水田稲作は、縄文時代以来続いてきた狩猟や採集を主体とした生業のなかに、一つの新しい手段として加わった、という評価の正しさを実感できるのではないだろうか。

3 耕地の拡大と技術の発展

古墳時代の耕地の拡大をめぐって　五世紀は耕地が大開発された時代であった、と評価されることが多かった。このような評価は、巨大な前方後円墳の全国的な広がりと、それを実現した土木技術を前提にしていた。しかし、このような理解は、巨大古墳の造営と耕地の大開発とを短絡的に結びつけた理解であって、現在の発掘の成果から「五世紀＝大開発期」説を裏付けることはできないという（広瀬・二〇〇〇）。

「五世紀＝大開発」を象徴する遺構である河内古市《ふるいち》大溝の開削時期についても再検討がせまられている。一九六七年に発見されたこの大溝は、古市古墳群のなかを貫流することもあって、その開削時期と機能について多くの説が出されてきた。当初『日本書紀』「仁徳紀」に記載された「感玖大溝」に比定され、五世紀における南河内地域の開発を準備したと評価されていたが、この大溝が五世紀末～六世紀前半に建造された四基の古墳を破壊していることが明らかになるなど、五世紀説を承認することができなくなった。

その後も、六世紀説・七世紀説が提唱されているが、大溝の近くに存在するはさみ山遺跡から、大溝から派生した支流と思われる七世紀の溝が数条発見されていること、同じくはさみ山遺跡では、七世紀初め頃から多数の掘立柱の建物が急速に造られ始めていることなどから、古市大溝の開削は七世紀初頭としか考えようがないといわれる。

この説を主張する広瀬和雄は次のように結論している。

古市大溝は七世紀初頭に南河内地域の洪積段丘《こうせきだんきゅう》ならびに沖積平野の統一的耕地開発を目的として、およそ一〇kmの長きにわたって掘削された一大灌漑水路であった。そして、人為的に付け替えられた旧東除川《ひがしよけがわ》の流路と接続することによって、石川に取水して平野川に排水するという、およそ一五kmにもおよぶ長大な灌漑水路が建設された。それは国家主導型開発というべきものであった。

以上のような理解を前提に、広瀬は水田開発の画期は二つあった、と主張する。第一段階はすでに述べた縄文時代晩期後半＝弥生時代先Ⅰ期で、灌漑システムを伴う完成された水田稲作の技術体系が受容された時期である。第二は七世紀初頭で、畿内およびその周辺に、最新の技術を駆使した灌漑技法――長大な灌漑水路とため池の建設――が定着した時期である。

六世紀後半から七世紀の変革　第二の画期を七世紀初頭に求めるとしても、それを実現する技術革新が一斉に起こったわけではない。それぞれいくつかの小画期が存在した。

一つは農具の鉄器化である。両端折り曲げのクワ先からU字形鋤先《すきさき》、直刃鎌・手鎌から曲刃鎌への変化である。二つ目は長大な堤防の建設によって、中小河川を制御しようとしたことである。三つ目は、六世紀後半から七世紀にかけての馬鍬《まぐわ》・カラスキなどを駆使した牛馬耕の開始である。そして四つ目は、七世紀後半に条里地割が登場し、徐々に普及したことである。

以下、いくつかを選んでその具体的な様相について簡潔に紹介しよう（上原・二〇〇〇）。

〔農具の鉄器化について〕　それまでも鉄製刃先の利用を確認できる。それは長方形の鉄板の両端を折り曲げた方形板刃先であるが、この刃先は古墳の副葬品に多く、かつ出土する木製の鍬身や鋤身で、鉄の刃先を装着した痕跡があるものはわずかしかない。また、その痕跡があるものでも、刃幅は木製の鍬・鋤とほぼ同じであることから、方形板刃先の利用は、それまでの木製の鍬・鋤の農具体系を基礎としていたにすぎないといえる。

そのような状況を一変させたのが鉄製のU字型刃先の出現で、五世紀中頃のことである。U字型刃先は、それまでの板刃先が単に鉄板の両端を折り曲げていたのと比べて、木製の台（風呂）にはめ込む溝をタガネで刻み出す、あるいは二枚の鉄板を鍛接するなど、高度な金属加工技術を前提としていた点でも技術段階の違いが読みとれる。

また、U字型刃先を装着した痕跡のある平鍬の幅は一五チセン《チセン》内外で、痕跡のないものが一〇チセン《チセン》内外であるのに比べて大型である。これは、それまでの、掘り起こした土を掻き砕いたり、多くの土を引き寄せるための木製広鍬と大きな違いがない。ということは、U字型刃先の出現によって、地面を掘り起こすための狭鍬と上記のような機能をもった広鍬という、水田稲作伝来当初からの木鍬の機能分化は解消されることになったのである。これまた、新しい段階を示していることは明らかである。

〔牛馬耕の開始〕　U字型刃先を伴う鍬の利用は、農具利用の新しい段階を示していることはまちがいないが、それをいっそう飛躍的に高めたのが、畜力を利用した農具の導入である。その畜力耕具の代表が、耕起に用いる犂と、代掻《しろか》き（田植え前に水を入れた水田の土塊を細かく砕くとともに、耕地面を平にする作業）に用いる馬鍬である。

日本で古代の犂が発見されたのは一九八五年で、香川県下川津遺跡から七世紀代の犂が出土した。その後、滋賀県川田川原遺跡で八世紀のものが出土するなど、現在まで約一〇例ほどが確認されているが、西日本に集中するという特徴をもつ。それらはいずれも鉄製犂先をはめた痕跡のある長床犂《ちょうしょうり》である。この場合の犂先も、鍬や鋤と同じようにU字型刃先であったと考えられている。長床犂とは犂床が七〇～一〇〇チセンのもので、犂床が長いので安定的であるが、小回りがきかない。その意味では、条里地割など直線距離の長い耕地に利用度が高いといえる。

ちなみに、犂はほかに無床犂《むしょう》（床長〇チセン）、短床犂《たんしょう》（床長三〇～三五チセン）に分けられる。無床犂は安定性に欠けるが、小回りがきいて深耕するのに適している。短床犂は両者の長所を取り入れて、近代に改良されたものである。

馬鍬は六世紀後半以前から出土し、西は九州から北は東北まで広く使用されている点に特徴がある。馬鍬は、水田を耕起した後の代掻きに用いられたが、現在出土している古代の馬鍬の歯はすべて樫などの堅い木からできている。歯が鉄製に変わったのは平安時代初期ではないかといわれている。

このように、犂と馬鍬では使用される時期に違いがあるが、牛馬耕が開始され本格化するのは、六世紀後半から七世紀にかけてであることはまちがいないであろう。

〔ため池の築造〕　ため池の代表として、わが国最古のため池の一つとされる狭山池（大阪府）の築造年代について紹介しよう（広瀬・二〇〇〇）。狭山池の年代についても諸説が提示されていたが、平成の大改修によって、その年代が確定した。狭山池の北堤には、東・中・西の三つの樋が設置されており、その東樋には上下二層の樋管が残されていた。上層は江戸時代初期（一六〇八年）に設置されたものであるが、下層は、その樋管に使用されていたコウヤマキを年輪年代法によって測定したところ、六一六年に伐採されたものであることが判明した。

この年代は、北堤外側斜面には須恵器窯《すえき》の灰原があって、そこから出土した大量の須恵器が七世紀前半のものであったこと、さらに北堤北側の池尻遺跡から六世紀後半頃の水田が発掘されており、それが須恵器窯の灰によって覆われていることによってほぼ支持されている。すなわち、狭山池の北堤を利用して営まれた須恵器窯が六世紀後半から七世紀前半まで継続しているということは、狭山池も当然この時期に築造されたと考えざるをえないからである。

狭山池の築造年代がほぼ七世紀初頭だとすると、先述した古市大溝との関係が問題になる。それもまた七世紀初頭だったからである。ふたたび広瀬の評価を借りて、その要約を記すと次のようになる。

前五～四世紀に伝播した水田稲作は沖積平野を対象として拡大・展開していった。そしてそれが一定の飽和状態に達したとき、洪積段丘の本格的開発が計画された。そのために、巨大なため池（狭山池）と長大な水路の建設（古市大溝）、自然河川の人口河川への転換、それらに自然河川や中小のため池を、一定の計画的意志のもとに有機的に組み合わせた一大灌漑システム（図４）が

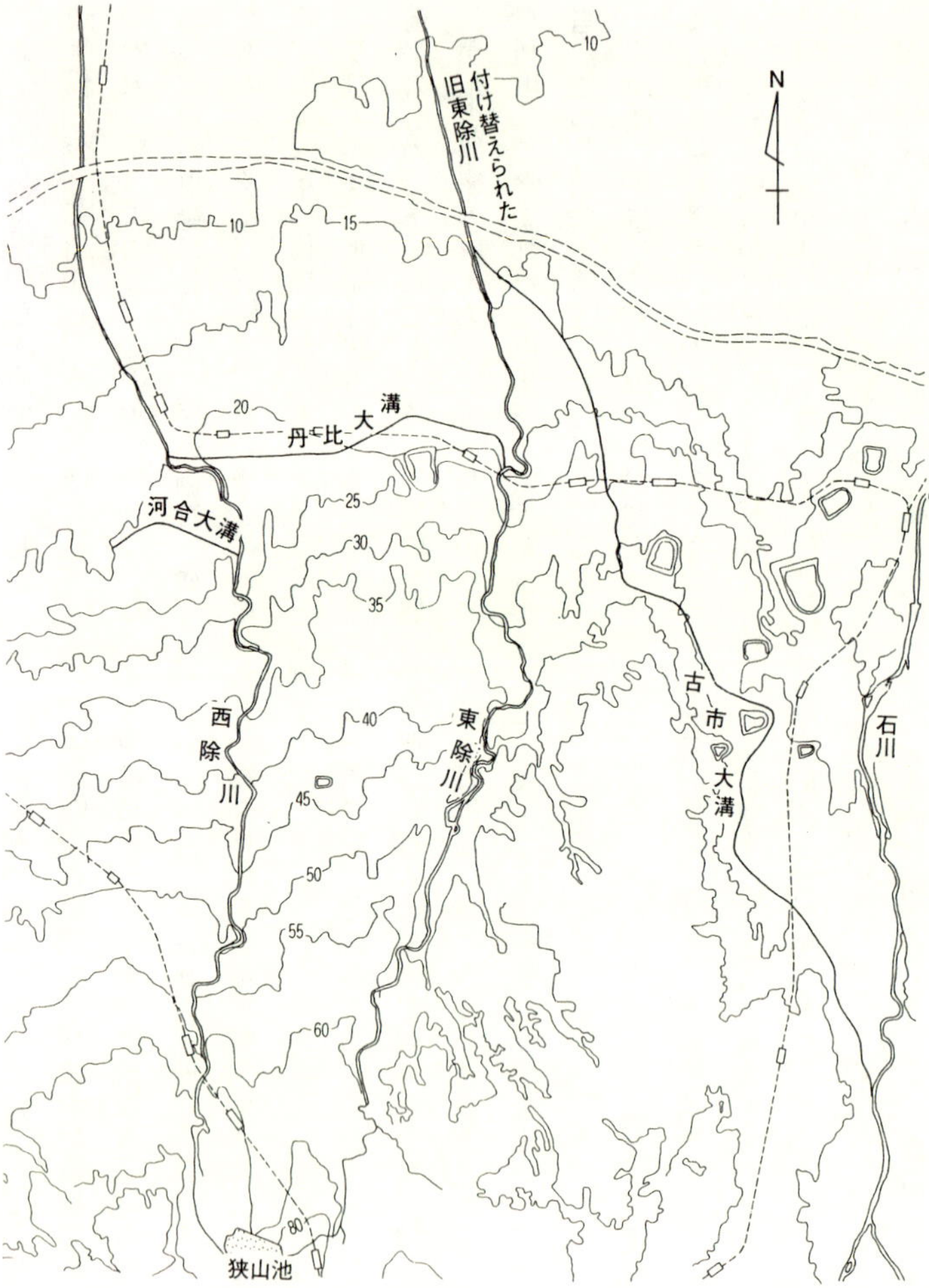

図4　南河内地域における7世紀の一大灌漑網（広瀬・2000より）

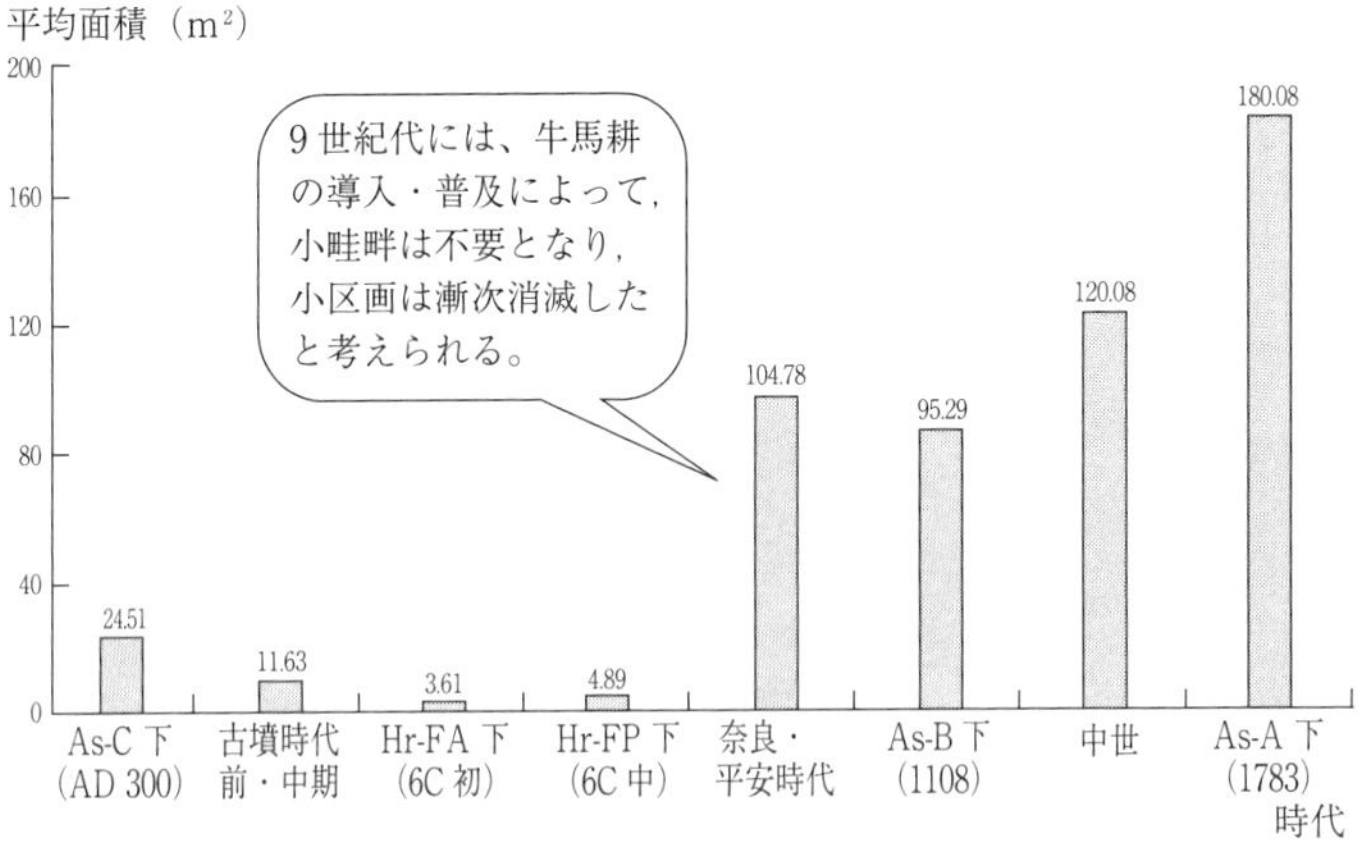

図5　群馬県における水田区画面積の時代的変遷（斎藤・2003より）

七世紀初め頃に国家権力によって創出された。

〔水田面積の拡大〕　古代における田畠の発掘調査が進んでいる群馬県の事例によれば、弥生時代から古墳時代にかけての水田一区画の面積は時代が下るほど小さくなり、その面積が飛躍的に拡大するのは奈良時代から平安時代初期であるという（図5）。このことと、牛馬耕の導入が古墳時代であることを前提に、区画面積拡大の時期と牛馬耕導入の時期とにはかなりの時差が存在するとする見解もあるが、前述のように、牛馬耕導入の時期を六世紀後半から七世紀にかけてに求めることができるならば、評価は変わらざるをえない。

東国における犂の発掘事例がほとんどないので、その伝播過程を検証することはできないが、七世紀頃西日本に本格的に導入された牛馬耕が、七世紀初期の畿内地方における国家的な大規模開発と連動していたことを考えるならば、東国がヤマト王権さらに律令国家に編成されていく過程で進んだ技術を継受し、八世紀前後には水田区画面積の拡大を実現した、と推定することも可能であろう（以上、「原始」に関する記述は伊藤・二〇〇五の成果に依拠している部分が多い）。

Ⅲ　古　代

1 農耕神話の世界

記紀神話①――「陸田種子」と「水田種子」 考古学の成果に基づいた縄文・弥生・古墳時代における農耕の実態の究明が、この間、大きな前進を見せていることは、その成果の要約にすぎない前章を読んでいただくだけでも明白であろう。しかし、文献史料を用いて日本列島における農耕の開始を叙述することは非常に難しい。例えば、『魏志倭人伝《ぎしわじんでん》』（正式は『魏書《ぎしょ》』烏丸鮮卑《うがんせんぴ》東夷伝倭人条）には、三世紀の倭の様相として次のような記述が見える。

　禾稲《かとう》・紵麻《ちょま》を種《う》え、蚕桑《さんそう》緝積《しゅうせき》し、細紵《さいちょ》・縑緜《けんめん》を出だす。その地には牛・馬・虎・豹・羊・鵲《じゃく》無し。

少なくともこの時代の列島に馬がいたことは確認されているから、「禾稲・紵麻を種え、蚕桑緝積し、細紵・縑緜を出だす」という箇所もそのまま信用するのは難しい。

次に列島の農耕を物語る古い資料は『日本書紀』『古事記』である。これもまた「神話」的叙述が多いので、そのまま使用することはできないかもしれないが、次のような農耕神話が残されている（『日本書紀』巻第一〈神代上〉の一書の第一一）。

A：月夜見尊《つくよみのみこと》が天照大神《あまてらすおおみかみ》の命を受けて保食神《うけもちのかみ》の所へ降りていったところ、保食神は首を回して口から米や魚や毛皮を出してもてなした。月夜見尊は「口からはき出したものを食べさせようとするとはけがらわしいことだ」と怒って、保食神を打ち殺してしまった。その後、大神の命で使者が保食神を見に行ってみると、神は死んでいたが、頭からは牛馬がうまれ、額の上には粟が、眉の上には蚕が生まれ、眼の中からは稗が生じ、腹の中に稲が生じ、陰部には麦と大豆・小豆が生じていた。使者がそれらを持ち帰ったところ、大神は喜んで、「この物は、うつしき蒼生《あおひとくさ》の、食《くら》ひて活くべきものなり」、すなわち「これらの物は庶民が生きていくうえで必要な食物である」と述べたので、粟・稗・麦・豆を「陸田種子《はたつもの》」とし、稲を「水田種子《たなつもの》」とした。

少々長くなったが、食物の神である保食神の死体から粟・稗・麦・豆、そして稲が生まれ、それらが庶民の食料となったという内容である。ここで注目したいのが、稲だけでなく、稲を含めた五種の穀物がともに生成し、それらが庶民の必要な食料として対等に記されていることである。そのうえ、それらが、すでに陸田（畠）種子と水田種子に区分されていたことも注目される。すなわち、この神話は、稲作が畠稲作段階から水田稲作へ進んだ段階の実状を反映していると考えられること、しかし、稲と他の四種の穀物がともに対等に記述されていることは、稲だけを選び取るという段階＝稲作中心の穀物観には達していなかった段階の実状を反映していると考えられる。その意味では、水田稲作が列島に伝播した後、それまでの畠作と調和しながら一定の定着をみた段階の農業事情を表現していると考えられる。

記紀神話②――「斎庭の穂」　一方、次のような神話もある（『日本書紀』巻二〈神代下〉の一書の第二）。

天照大神は、子天忍穂耳尊《あまのおしほみみのみこと》を地上の支配者として天降らせようとしたとき、自分の宝鏡を与えて祝うとともに、「吾が高天原に所御《きこしめ》す斎庭《ゆにわ》の穂を以て、また吾が児に御《まか》せまつるべし」と勅した。しかし、天忍穂耳尊は地上に行かず、その子の瓊瓊杵尊《ににぎのみこと》を天降らせたのだが、そのとき、大神から授かった「斎庭の穂」などを瓊瓊杵尊に与えた。

以上が概要であるが、ポイントは、地上の支配者になる者に、天照大神から与えられた「斎庭の穂」の内容である。これまでは、これを「高天原で作っていた神に捧げる神聖な稲穂」と理解し、それが「天孫降臨」神話と結びついて伝来されてきている点は、天皇制と稲作との密接な関係を物語っていて興味深い、などと評価されてきたが（木村・一九九六など）、近年、斎庭の「穂」が稲の穂を示しているということは自明のことなのか、という根本的な疑念が出されている。

その疑念を提起した藤井貞和によれば、まず、天照大神が地上にもたらしたという肝心の稲種に関する記述は、記紀の本文にはまったく記されていない、という。そして、前述のように、「一書」という異伝によって初めて「穂をもたせて地上に降ろす」という記事が現れるが、そこにも「稲」の穂であるとは明記されていない。すなわち、「天孫降臨」神話と「稲」との関係は自明のことではなかったのである。藤井はさらに筆を進め、この「穂」が稲を意味するようになった起源を求め、それが九世紀初頭（八〇七年）に斎部《いんべ》広成によって奏進された『古語拾遺《こごしゅうい》』であることを確認している。そこには、「斎庭の穂是、稲種そ」と明記されていた。

斎部氏はもと忌部《いんべ》氏といい、中臣氏とともに宮廷祭祀を担当していたが、徐々に中臣氏におされるようになったため、中臣氏を批判しつつ、斎部氏が宮廷祭祀を預かるべき家柄であることを主張するために著したのが本書であった。すなわち、「斎庭の穂」=稲穂=稲種という解釈は、平安時代初期に、斎部氏が宮廷祭祀の職を吾がものにしようとして考え出したものである、ということができる。繰り返しになるが、「斎庭の穂」=稲穂という神話は、本来の「天孫降臨」神話に根拠をもつものではなく、平安初期に、宮廷祭祀を担当していた斎部氏が自分の地位を確かなものにするために、生み出した「神話」であったのである（藤井・一九九六）。

以上、農耕に関わる神話をながながと紹介してきたが、神話世界においても、農耕=稲作という関係はまだ成立していなかったことは明らかであろう。日本の古代国家が稲を選び取るのはもう少し後のことなのである。

稲か五穀か　そこで注目すべきは「五穀」という穀物類のとらえ方である。鎮守社の秋の祭礼などで「五穀豊穣」などという幟《はた》が立てられるので知っている方も多いであろう。前述の「記紀神話①」で、保食神の死体から生まれた穀物は、陸田種子としての粟・稗・麦・豆と水田種子としての稲の五種類の穀物であった。五つの穀物、すなわちこれこそ「五穀」という認識である。

「五穀」の用例としては、同じく記紀神話のなかに、「稚産霊《わくむすび》の神の頭の上に蚕と桑がなり、臍《へそ》から五穀が生《な》った」とあるのが早い用例であるが（『日本書紀』巻第一）、実際の生活との関わりで五穀が使用されるのは、同じく巻五の崇神《すじん》天皇七年十一月の記事が早い例であろう。そこでは、大物主《おおものぬし》大神

や倭の大国魂神《おおくにたま》、さらに「八十万の群神」を祀ったところ、
　ここに、疫病《えのやまい》始めて息《や》み、国内漸くに謐《しずま》りぬ、五穀既に成りて、百姓饒《にぎわ》ひぬ、
という状況になったという。大物主大神をはじめとする重要な神々を祀ったところ、疫病が治まり、五穀が実って民衆の生活が豊かになった、というのであるから、五穀が民衆にとって重要な食物であったという認識の反映であろう。繰り返しになるが、保食神の死体から生じた五つの穀物を見て、天照大神が「これらの物は庶民が生きていくうえで必要な食物である」と言った、ということに共通する考え方である。

以上は神話に属する話題であるが、次のようなより歴史具体的な記述も見える。同じく『日本書紀』の持統天皇七年（六九三）三月十七日条には、
　天下をして、桑・紵・梨・栗・蕪菁《かぶら》らの草木を勧め植ゑて、以て五穀を助けしむ。
と記されている。この記事からは、「五穀」の栽培を前提に、それらを補うために桑以下の「草木」＝作物の栽培が奨励されていることは明らかである。とくに、桑以下の作物にはいわゆる雑穀がまったく含まれていないから、逆にここでいう五穀が米・粟・稗・麦・豆などの穀物を意味していたことはまちがいないであろう。

このように、律令国家成立直前の時期までの農業生産は、稲作＝水田耕作に収斂されるようなものではなく、「五穀」というとらえ方に代表されるように、稲を含んだ多種の穀物栽培が主流であった、ということができるのである。

耕地開発神話　記紀神話のついでに、耕地開発を示す『風土記』神話を一つ紹介しておこう。それは『常陸風土記』行方《なめかた》郡条に記された「夜刀神《やつのかみ》」に関する話である（木村・二〇〇二など）。要約して記すと次のような内容である。

古老の言うことには、継体天皇の頃、箭括《やはず》氏麻多智《またち》が常陸国行方郡の葦原の開発を行おうとした。しかし、この葦原に住む夜刀神（蛇神）が仲間を率いて邪魔をするので、それに怒った麻多智は「甲冑」を着て「仗《ほこ》」をもって打ち殺し、山の口まで追いつめ、ついには標《しるし》の「梲《つえ》」を堺の堀に立てた。そしてそのうえで、「此より上は神の地と為すことを聴《ゆる》さむ。此より下は人の田となすべし。今より後、吾、神の祝《はふり》となりて、永代に敬ひ祭らむ。冀《ねが》はくは、な祟《たた》りそ、な恨《うら》みそ」と告げて、社《やしろ》を設けて初めて祈った。

人間の新たな開発行為に対する夜刀神＝在地神の抵抗を示す興味深い内容であるが、ここで注目すべきは、その抵抗する在地神を山の口まで追いつめ、そこに堺のシンボルである堀を掘りかつ「梲」を立てたことであり、さらにその地に「社」を建てて祀ったことであろう。ここから読みとれる人間と神との関係は、「神の地と人の田を区分しよう」という麻多智のことばから明らかなように、敵対的な関係にあった。そして、その敵対する神と人との境界に建てられたのが社＝神社であったのである。神社は在地神を祀ることによって神の怒りを慰撫《いぶ》し、開発した「人の田」を守る役割を果たしたのであった。

「継体天皇の頃」というから六世紀前半の頃の話になっているが、この「神話」は当時の耕地開発

＝自然への挑戦がいかに難しかったかを、在地神の抵抗としてみごとに表現しているといえよう。

しかし、この話に続く壬生連麿《みぶのむらじまろ》の開発伝承ではこの関係がやや変化している。それは、麿がその谷に池を造ろうとすると、同じく夜刀神が現れ妨害しようとするのだが、麿は「此の池を修《おさ》めしむるは、要《むね》は民を活《い》かすにあり。何の神、誰の祇《あまつかみいずれくにつかみ》ぞ、風化に従はざる」と声高に唱え、開発に参加していた民衆に「目に見る雑の物、魚虫の類は憚り懼《おそ》るるところなく、随尽《ことごと》に打ち殺せ」と命じた、という話である。ここには神の地と人の地とを区別しようとする考えはない。「要は民を活かすにあり」、「風化（＝皇化・教化）に従はざる」ということばに象徴的なように、敵対する神であっても、民を生かすためには、天皇（広くは人間）の施策に従うべきであるという一方的な価値観しかない。境界を保つ神社も出てこない。ここに、人間社会が「文明」の名のもと自然を凌駕《りょうが》していく新たな段階が示されているということができよう。

２　律令的土地制度と農業

律令制下の地目　六四六年の「大化改新詔」の存否については意見が分かれているものの、七世紀中頃から、朝鮮半島の政治情勢ともからみ、日本が中央集権的な国家形成に向かったことはまちがいないところであろう。その国家形成の中心に位置したのが「律令」の継受である。「近江令」・「飛鳥《あすか》浄御原令《きよみはらりょう》」を経由して七〇二年の「大宝律令」の制定によって、本格的な律令をもつことになった。その後「養老律令」も制定されるが、「大宝律令」と大きな相違はないといわれる。

このようにして制定された律令のなかで、耕地に関して規定しているのは第九番目に位置する「田《でん》令《りょう》」である。「田令」は全部で三七ヵ条あるが、第一条の、田の面積の単位や田租の徴収基準を規定した「田長条」以下三七条の「役丁条」まで、その内容は口分田《くぶんでん》の班田や位田・職分田《しきぶんでん》・功田《こうでん》に関するものがほとんどで、田地以外の地目に関する規定はわずか、第一五条の「園地条」、第一六条の「桑漆条《そうしつ》」、第一七条の「宅地条」の三ヵ条しかない（表1）。ここに、田地＝稲作を中心とする律令国家の土地政策および農業政策の基本を見ることができる。

しかし、「桑漆条」があるように、田地以外の耕地が存在しなかったわけではない。律令の他の条文や追加法令である「格《きゃく》・式」などを参考に、当時の耕地の地目を、所有権の強い順に整理すると次

表1　田令の構成

1	田長条	11	公田条	21	六年一班条	31	在外諸司職分田条
2	田租条	12	賜田条	22	還公田条	32	郡司職分田条
3	口分条	13	寛郷条	23	班田条	33	駅田条
4	位田条	14	狭郷田条	24	授田条	34	在外諸司条
5	職分田条	15	園地条	25	交錯条	35	外官新至条
6	功田条	16	桑漆条	26	官人百姓条	36	置官田条
7	非其土人条	17	宅地条	27	官戸奴婢条	37	役丁条
8	官位解免条	18	王事条	28	為水侵食条		
9	応給位田条	19	賃租条	29	荒廃条		
10	応給功田条	20	従便近条	30	競田条		

のようになる（宮本・一九七三）。

①宅地・園地、付陸田《りくでん》　②口分田、付乗田《じょうでん》
③墾田、付空閑地《くうかんち》　④荒廃田　⑤山川藪沢《さんせんそうたく》

宅地・園地、付陸田　宅地は住居・倉屋などの敷地で、耕地には含まれない（宅地条）。園地はその宅地の周囲に存在する畠地である（園地条）。この両者は非耕地と耕地という違いがあるが、手続きを踏めば、相続・売買・質入れ・譲与などが認められたもっとも私有権の強い土地であった。園地には、主に桑・漆を栽培する耕地として想定されていた。それは、次条の「桑漆条」に戸の等級に応じて桑と漆を植栽する本数が規定されていることによって明らかである（表2）。

律令に規定された畠地は園地だけであるが、令外《りょうげ》の制として「格《きゃく》」に定められた陸田がある。その陸田の耕営を命じた七一五年（霊亀元）の「詔」によれば、備荒対策として男夫一人につき陸田二段に麦と粟を栽培することが命じられていることから、陸田が麦・粟などの穀物を栽培する耕地であったことは明らかである。

陸田は、この詔より六年前の七〇九年（和銅二）の「弘福寺《ぐふくじ》田畠資財帳」にすでに記載されていたり（『寧楽遺文』）、七二九年（天平元）の班田の際は、水田が不足する山城・阿波《あわ》両国では陸田を混ぜて班給することが認められているように、相当広範に存在し耕作されていたことはまちがいない。しかし、律令に規定がないため、その制度的な性格は残念ながら不明である。ただ、陸田を含めた古代畠作の具体的な様相についてはある程度判明する。これについては「3古代農業の展開」の「雑穀栽培奨励策」の項でふれることにしたい。

以上のように、宅地や園地およびその周囲の畠地の存在形態については不明な部分が多いが、平安時代後期には「畠は百姓の住所である」とか、鎌倉時代初期には「畠を収奪されれば百姓はどこに住み、どうやって課役を納めればよいのか」という主張がたびたび見られるように、宅地・園地・畠地は一体のものとして理解されており、当時の農民の生活と生産を維持していくうえで必要不可欠の存在であったのである。

表2　「桑漆条」に規定された植栽の本数

	桑	漆
上戸	300根	100根
中戸	200根	70根
下戸	100根	40根

これらは、私有性が強く、したがって国家的な支配に十分組み込まれなかったこともあって、その存在形態の面では不明確な部分が多いが、農民の生活・生産を支える根幹に位置していたことはまちがいない。時代を遡るほど、国家的支配の対象に組み込まれた水田＝稲作に関する史料の残存性が高くなるが、そのことと農民の生活にとってなにが重要であったか、ということとはまったく別次元の問題であることを理解していただきたい。

口分田、付乗田　口分田は律令制的土地制度の中心的地目であったから、それを班給する班田《はんでん》収授《しゅうじゅ》の制を中心に詳細な規定が見られる。すでに教科書などで周知の事実もあるが、主な規定を摘記すると次のようである。

(a)　六年に一度造られる戸籍をもとに、六歳以上の「良」の男子は二段、女子はその三分の二（一段一二〇歩）、「賤」はそれぞれ「良」の三分の一が班給される。

(b)　口分田の少ない郷は、郷土の法によって班給してもよいし、不足分を近くの郷に班給してもよい。

(c)　地味が悪く毎年耕作できない「易田《えきでん》」の場合は、倍に班給する。

(d)　死亡したときは、次の班年を待って収公する。

まず、(a)と(d)から、口分田の班給・耕作については明確な規定があり、宅地・園地などとは異なり、きわめて制約されたものであったことがわかる。とくに、ここには記さなかったが、処分については、原則として賃租《ちんそ》（一年間の賃貸借制度）以外の売買・相続・譲与などは許されなかった。一方、(a)を原則としながらも、(b)・(c)のような例外規定があったことは注目してよい。このような例外規定の存在は、律令国家が班田をいかに徹底して実施しようとしていたかを如実に示している。

ただ、農業史の観点からいえば、「易田」という地目が存在し、それを含めて班田が実施されていたことも注目される。前述の陸田の説明で、口分田が不足する山城・阿波両国では陸田を混ぜて班給する、という事例があったことを紹介したが、この易田の班給の容認とを合わせて考えると、当時の水田耕作の状況がそれほど安定的ではなく、班田の実施も容易ではなかったことを示している。と同時に、律令制国家の根幹的な制度である班田収授の制が、易田や陸田を含み込んで成立していたことは明記しておかなければならないであろう。

乗田は、口分田を班給し、官位と官職に応じた位田・職田を給与した後に残った田地＝剰余田のことである。乗田は輸地子田《ゆちしでん》（租ではなく地子を納入する田）とされ、国司の責任管理のもと賃租経営が行われた。地子率は収穫量の十分の二で、その収益は太政官に送られ、雑用料として使用された。剰余田とはいえ、口分田等班給の予備田として、つまり律令制の公地制を維持するための調整的役割を果たしたのである。

墾田、付空閑地　養老令の規定によると、墾田の開発は、空閑地《くうかんち》（未開地の開発可能地）において国司のみに認められており、それも国司交代の日は還公（国家に返還する）すべき田地であった。これは、国司に空閑地の開墾権という最大の経済的特権を付与することにより、公田の維持を図ろうとしたためであるといわれる。

では、国司以外の人々による一般の墾田制の成立はいつか。普通は七二三年（養老七）の三世一身法を想起するが実はそれ以前から認められる。七一一年（和銅四）の詔には、初めて空閑地の開発について「国司を経て、然る後に官（太政官）の処分を聴け」とあることから、この頃に一般的な墾田の制が認められた、と考えられている。この後、七二二年には食料の支給を条件に、良田《りょうでん》百万町歩を開墾しようとするいわゆる「百万町歩開墾計画」が発布されているし、さらには三世一身法、七四三年（天平十五）には墾田永年私財法が出され、墾田制が大きく展開することは周知の事実である。

荒廃田　空閑地が「未開地の開発可能地」であることとは異なり、荒廃田は、既熟の田地がなんらかの理由で荒廃化した土地のことである。類似の語として「損田」があるが、これが春の播種後に損傷し不熟になった田地を意味するのに対し、荒廃田は播種以前に荒廃し再開発を必要とした田地のことである。

ところで、七四〇年（天平十二）の「遠江国浜名郡輸租《ゆそ》帳」に基づいて浜名郡一郡の土地状況を整理すると表3のようになる。郡全体の総田数（管田総計）一〇八六町余のうち荒廃田（不堪佃田《ふかんでんでん》）が二二七町四段余であるから、荒廃田の割合は約二〇％になる。そして、荒廃田の内訳を見てみると、口分田・乗田・墾田からなっている。そのうち面積では口分田の荒廃田が一番多く五五％を占めるが、口分田全体での荒廃率は一四％にすぎない。次に乗田の荒廃率は約四九％と半分が荒廃田である。最後に墾田であるが、墾田は「堪佃田」に記載がないから、すべてが荒廃田であったことになる。口分田の荒廃率が一番低く、次が口分田の剰余田の乗田、最後が墾田であった。このことは、律令国家が耕作条件のよい耕地をまず口分田として確保・班給し、その次は乗田として口分田の調整耕地を確保し、一番の耕作条件が悪い耕地を墾田の対象地としていたことを示している。まさに国家的な政策としての口分田制＝班田制であったのである。

このような耕地状況を見ると、田地荒廃の原因として、自然災害、農業技術の低さ、班田農民の浮浪・逃亡などが指摘されるが、これはあくまでも一般的な説明であって、実際はそうではなく、口分田とその予備としての乗田以外は当時の農業技術をもって開発することが非常に難しい耕地であったことを示している。

具体的には後述するが、平安時代後期の荘園や国衙領においても、二〇～三〇％の未耕地が存在したことを考えると、浜名郡における「不堪佃田」＝荒廃田の多さを、農業技術の低さ、班田農民の浮浪・逃亡などに求めることはいかがなものであろうか。このような評価の背景には、当時の生産力水準を無視した、律令国家の勧農イデオロギーと同様の「満作」主義（すべての田地は耕作されなければならない、という考え方）があるように思えてならない。

表3　天平12年遠江国浜名郡田種別田積表

管田総数　1086町 1段 145歩						
	堪佃田			不堪佃田		
	858町	7段	074歩	227町	4段	071歩
放生田		4.	000	／		
公廨田		6.	000	／		
駅起田	3.	0.	000	／		
入　田	1.	6.	133	／		
郡司職田	6.	0.	000	／		
口分田	753.	4.	216	127.	0.	060
欠郡司職田	6.	0.	000	／		
射　田	1.	0.	000	／		
乗　田	86.	6.	085	83.	7.	135
墾　田		／		16.	6.	236

出典：宮本・1973。

山川藪沢

山川藪沢《さんせんそうたく》はその名のとおり、既耕地や開発可能地のように耕地としての利用を前提にした地目ではなく、そのまま自然の状態で利用する土地を指す。その利用は、養老律令「雑令」に「山川藪沢の利、公私これを共にせよ」と規定されているように、特定人による永続的占有や排他的独占は認められておらず、共同利用を原則とした。しかし、この規定は、だれでも自由に用益することができるという解釈も成り立つことから、貴族や地方有力者による実力を背景とした

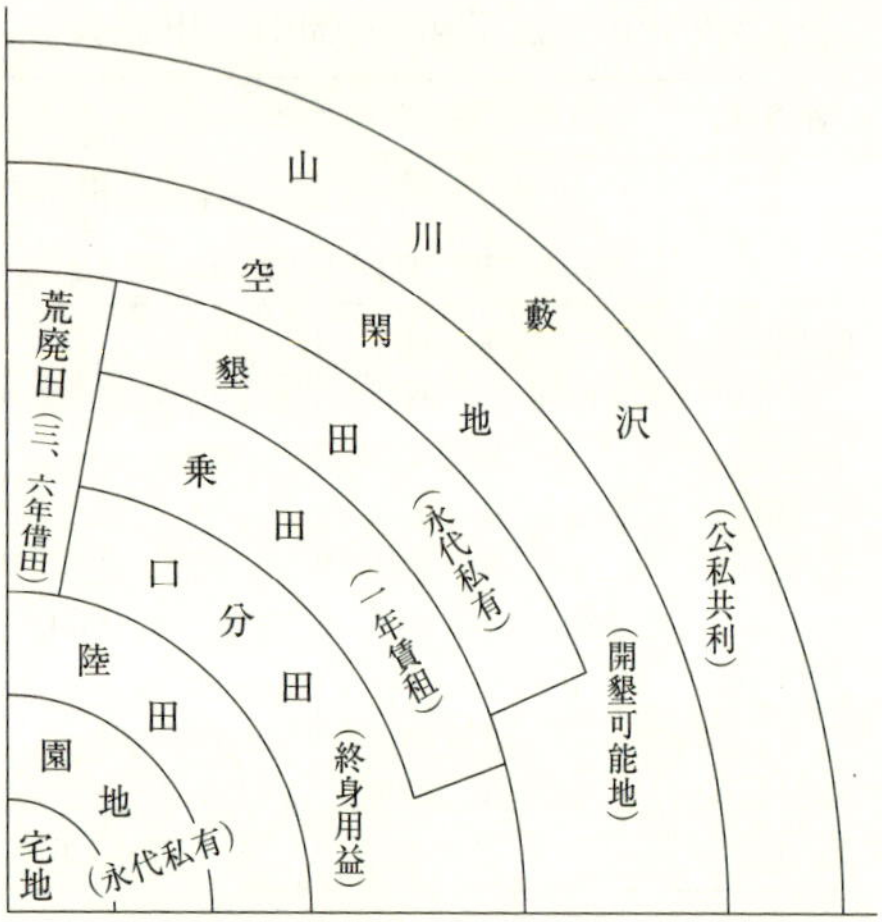

図１　主要地目の所有・用益・利用関係図
（宮本・1973より）

排他的な占有が進んだ。それによって、たびたび民利＝百姓の産業《なりわい》が妨害されたため、律令政府はたびたび禁令を発布して「公私共利」の原則を維持し百姓の産業を守ろうとしているが、その禁令が、すでに七〇六年（慶雲三）、七一一年（和銅四）と律令制が始まって間もない時期から出されていることを考えると（『類聚三代格』〔以下『類三』〕巻一六）、その原則を維持することは相当難しかったと思われる。

山川藪沢の具体的な利用形態は、(a)果実の採集、狩猟、漁撈、(b)燃料、(c)建築材料、(d)調庸物の材料、(e)飼料、(f)肥料、(g)鉱物などの地下資源、(h)灌漑用水の水源など、多様である。そして、これらの用益が口分田経営を中心とする百姓の生活と生産にとって欠くことができない、というより、これらの用益によって百姓の生活と生産が補完され維持されていたことはまちがいない。だからこそ、律令政府は山川藪沢を「民要地《みんようち》」と位置付け、その保全に努力しなければならなかったのである。

以上、百姓の耕地に対する所有権の強さを基準に、律令および格式から理解できる地目の概略を説明してきた。生活・生産の拠点としての宅地・園地を中心に、口分田→乗田→墾田→空閑地→山川藪沢と、外延的に広がっていたことが理解できよう。それらを整理し図示すると図1のようになる。当時の農業の具体的な構造はわからないが、当時の百姓が生活・生産のためにどのような性格の地目と関わりをもっていたかは読み取ることができよう。

律令制下の耕地の種類としては、上記以外に、天皇の直轄領である官田、職務に応じて給される職(分)田、官位に応じた位田、国家に功績があった者に与えられる功田、さらに、神社・寺院に給せられる神田・寺田など特権的な土地があるが、これらは直接農業に関係しないので、ここではその指摘にとどめ、これ以上の説明は省くことにしたい。

③ 古代農業の展開

奈良時代初期の農業奨励　「①農耕神話の世界」の「稲か五穀か」の項で紹介したように、持統天皇の時代（六九三年〈持統七〉）に、「天下をして、桑・紵・梨・栗・蕪菁《かぶら》らの草木を勧め植ゑて、以て五穀を助けしむ」という詔が出されたが、その後に農業に関わる法令が出されたのは七一五年（霊亀元）のことである。十月に出された詔《みことのり》には次のように記されている（『類三』巻八、以下は木村・一九八八による）。

国家の隆泰《りゅうたい》は、要《ま》ず民を富ましむるにあり。民を富ましむる本は、務、貨食《かしょく》に従ふ。故に、男は耕耘《こううん》に勤め、女は紝織を脩《おさ》め（下略）

（国家が発展するためには百姓が富むことが必要である。そして百姓を富ますためには、政治の要点を「貨食（食貨）」＝経済に置くことである。だから、男には農業を、女には機織りを勧めさせるのが重要である。）

まさに農本主義に基づく農業の奨励である。しかし、この後に続く内容はやや趣を異にする。煩雑になるので大意を記すと、

しかし、百姓は農業に励まない。ただ水田耕作だけを行って「陸田の利を知らない」。そのため、

夏、旱魃《かんばつ》にあうと食料が不足し、秋の稲の蓄えがなくなるとたちまち飢饉になってしまう。したがって、これからは百姓男子一人につき「麦禾《ばっか》」二段を耕作させよ。

とあった。さらに「粟はなかなか腐りにくいので貯蔵には便利であり、諸々の雑穀のなかでもっともふさわしい穀物である」という、「推薦文」までついていたのである。

ここから、この詔が単なる農業の奨励策ではなく、「陸田」＝畠地における麦と禾《か》＝粟の栽培奨励であったことがわかる。そして、本文が旱魃・飢饉についてわざわざ記しており、かつこの詔が十月に出されていることなどを勘案すると、飢饉対策として麦・粟の栽培が奨励されたといえよう。実際、この年の夏には、丹波・丹後らの七ヵ国で飢饉が起きていた。平城京遷都後六年目に出された最初の農業奨励策が、飢饉対策としての陸田＝畠作奨励策であったことは重要である。

そして、その四年後の七一九年（養老三）には、「天下の民戸に陸田一町以上二十町以下を給し、地子を輸すこと段（別）粟三升なり」という詔も出されている（『続日本紀』〈以下『続記』〉）。これまた、陸田＝畠作奨励策であったことはまちがいない。そういえば、本項の最初に紹介した六九三年の詔も、五穀を助けるために「桑・紵・梨・栗・蕪菁らの草木」を植えよ、という内容であった。これらが広い意味で畠作物であることはいうまでもない。

これらのことは、律令国家が本格的に開始されるにあたって、一般庶民の生活を安定させるための当面の課題として律令国家が認識していたのは、稲作ではなく、雑穀を中心とした畠作物の奨励であったことを示している。古代の農業政策の特質を考えるとき、注目すべき事実ではなかろうか。

良田百万町歩開墾計画　実はこれだけではなかった。養老六年（七二二）に「良田百万町歩」の開墾計画を命ずる太政官奏が出されている（『続紀』）。これは、「農を勧め穀を積みて、以て水旱《すいかん》に備える」ことを目的に、「人夫を差発《さはつ》して膏腴《こうゆ》（肥沃）の地良田一百万町を開墾する」ことを目指したものであるが、その実施地域、耕地の種類をめぐってまだ見解の一致をみていない。

というのは、「百万町歩」という面積の大きさに比して、この計画を命じた太政官奏には、陸奥国の百姓に農桑を勧課し、射騎を教習させることなども記されているからであり、さらに、荒野閑地を開墾したときに与えられる勲位の基準が「雑穀」の石数であったからである。すなわち、この開発の対象地域は陸奥国なのか全国なのか、さらに水田の開墾なのか畠地なのか、不確定なのである。

現在のところ、十世紀前半に編纂された『倭名類聚抄《わみょうるいじゅうしょう》』に記載された全国田数の合計が八六万町余であり、計画の「百万町歩」は陸奥国に限定するには面積が大規模すぎることから、全国規模の開発計画であった。また、開発の地目は、勲位の基準が雑穀の石数であったこととその面積の規模とを勘案して、水田も含みつつも、主に畠地＝陸田を中心とした開墾であった、と評価されている。そしてさらに、先の引用にもあるように、この開発は「水旱に備える」ためであったのである。

以上のように、この計画においても、飢饉・旱魃に備えるために開墾が奨励されていたのは畠地であった。もちろん、本計画が班田制を本格的に実施するために、かつ条里制施行に伴う国家的な開発を推進するための政策としての意味合いをもっていたことを否定するものではない。しかし、そのような重要な施策の中心的な課題として畠地の開発が挙げられているのは、古代律令制国家の農業政策というとすぐに水田稲作と考えることが多いだけに、注意を喚起しておく必要があろう。とくに、先の七一五年（霊亀元）の詔との一貫性は重要である。

奈良時代の墾田政策　畠地＝陸田の開発を強調しすぎたかもしれない。水田の開発も着手された。その関係はまだ議論の余地があるが、良田百万町歩開墾計画の翌年、七二三年（養老七）に、有名な三世一身法が発布された（『続紀』）。これは「頃者《このごろ》、百姓漸《ようや》く多くして、田池窄狭《さつきよう》なり」という状況のもと、新たに溝池を造って開墾した場合には三代、もとの溝池を修復して開墾した場合は一身に限り、私有を認めることを条件に「田疇の開闢《かいびやく》」を承認したものである。

前述のように、百万町歩開墾計画の翌年に、三世・一身という期限をつけた水田開墾奨励策がなぜ出されたのか、不明な点が多いが、現在は、七二三年が班田の年（七二一年造籍、七二二年校田）に当たっていたため、「田池窄狭なり」という状況を打破することを目的にこの法令が出されたと考えられている。この三世一身法は、開墾面積と開墾期日になんら制限がないこと、期限の後収公されることに伴う経営の不安定性などの矛盾があった。とくに前者は貴族や有力寺社による無制限な墾田開発とその私有を生み出した。

これらの矛盾を解決すべく発布されたのが七四三年（天平十五）の墾田永年私財法であった。これは開墾面積と開墾期日を限定し、所有期間・処分を制限せずに、墾田の永年私有＝私財化を認めたものであった（『続紀』）。例えば、開墾面積は官位などに応じて表4のように規定されていたし、開墾申請したとしても三年間で耕地化できなかった場合は、他人の開墾申請が認められることになっていた。

表4　墾田私有制限額

1　位	500町
2　位	400
3　位	300
4　位	200
5　位	100
6~8位	50
初位~庶人	10
郡　　司	
大領・小領	30町
主政・主帳	10

出典：宮本・1973。

このような墾田制の本格的な展開を認める法令が、七四三年に発布された意図は未確定な部分が多いが、疫病の流行（七三七年）、藤原広嗣の乱（七四〇年）、恭仁《くに》・難波《なにわ》・紫香楽《しがらき》への遷都（七四〇〜七四五年）などの政治的社会的動揺と、それを鎮護するための国分寺（七四一年）と盧舎那《るしゃな》大仏の造営（七四三年）などの国家的大事業の遂行といった事情を背景に、そのための税収の増徴と有勢家の協力を図ろうとしたためであろうといわれている。それに加えて、律令制国家始まって以来の本格的な班田が七二九年（天平元）に実施されて以後、七四二年は三度目の班田が行われた年であった。これによって、律令制的土地制度の根幹を固めることができた、という事情もあると思われる。

この後、七六五年（天平神護元）には、墾田の開墾をめぐる有勢家による百姓駆使の激化を理由に一時廃止され、寺院の「先来定地」と百姓の一・二町を除いて「加墾」が禁止された（『続紀』）。しかし、七七二年（宝亀三）には「加墾」の禁止が解除され、ふたたび七四三年の墾田法に復帰することになった（『類三』巻一五）。このようにして、三世一身法と墾田永年私財法を契機に展開した墾田法は、公地主義を原則とする律令制的土地制度に大きな変更をせまることになった。

しかし、その変更が律令制的土地制度を崩壊させ、荘園制への道を開くことになった、とする旧来の理解こそ「大きな変更」をしなければならない。吉田孝の研究によると、この墾田永年私財法によって、開墾予定地の占定手続きやその有効期限（三ヵ年）が明確にされ、開墾田は「輸租田」として田図に登録されることになったのであり、大宝律令のシステムでは十分に把握できなかった未墾地と新墾田を支配体制のなかに組み込むことができるようになったのである。これらのことから、吉田は、墾田永年私財法の発布によって「田地に対する支配体制は、総体として深化されたのである」と評価している（吉田・一九八三・一九九四）。

雑穀栽培奨励策①——粟の奨励　以上のように、墾田政策が進められ、墾田が飛躍的に増加するのであるが、それと並行して、律令国家成立期からの畠作奨励策もまた展開していた。それを雑穀栽培奨励策ととらえ、その特質を見てみることにしよう（以下、「雑穀奨励策」という）。

現在確認できる雑穀奨励策は八通である（表5）。いま、雑穀奨励策と一括したが、奨励されている作物に注目すると変化が見られる。第一段階は七二〇年代前半までで、粟の栽培が奨励されている。第二段階はそれ以後八二〇年代までで、大小麦の奨励が目立つようになる。第三段階は八二〇年代以後で、粟・麦以外の穀物が奨励されるようになる。

第一段階で粟が奨励されているのは、先に紹介した七一五年（霊亀元）の詔がよく示しているように、律令国家が本格的に始動するに際し、窮乏・飢饉対策もまた重要な課題であったためである。このことは律令国家の窮乏対策の一つである義倉《ぎそう》制によく現れている。

義倉制は、備荒のために穀物を人々から徴収して倉に貯蔵し、飢饉・旱魃のときに貧民・弱者に分け与えることを目的とした制度であるが、その貯蔵する穀物として律令に規定されていたのが粟で

表5　雑穀栽培奨励策

	西暦	年号	月日	主な内容	出典
①	七一五	霊亀元年	十月七日	男夫一人二段、麦禾を兼種せよ。稲の代りに粟を輸すことを許す。	『三代格』
②	七二二	養老六年	七月十九日	飢饉に備え晩禾蕎麦及び大小麦を種樹させる。	『続紀』
③	七二三	養老七年	八月二十八日	大小麦を耕種せよ。耕種の町段、収穫の多少を毎年計帳使に付して申上せよ。	『三代格』
④	七六六	天平神護二年	九月十五日	大小麦を種えよ。国郡司各一人に専当させ、その人名を朝集使に付して申上せよ。	『三代格』
⑤	七六七	神護景雲元年	四月二十四日	農桑を勧める。国司・郡司・民のなかから各一人を選んで専当させ、その名を申上せよ。	『三代格』
⑥	八二〇	弘仁十一年	七月九日	大小麦を種えよ。「月令」を引用し、八月以降にそれを播種することに勤め時を失することなかれ。（④官符を引用）	『三代格』
⑦	八三九	承和六年	七月二十一日	蕎麦を播種せよ。国司の介以上一人に専当させ巡検を加えよ。	『三代格』
⑧	八四〇	承和七年	五月二日	陸田を営むべし。掾以上一人に専当させる。黍稷稗麦大小豆及び胡麻等の類は凶年を支える。しかし水田を務めず陸田に変えることは許さない。（③官符を引用）	『三代格』

あった。律令「賦役令　義倉条」には次のように規定されている。

凡そ一位以下、及び百姓、雑色人等は、皆戸が粟を取り、以て義倉と為《せ》よ。

この後、戸（家族）を「上々」から「下々」までの九等級に分け、その等級に応じて粟の徴収量が決められている（表6）。

この目的は、七一九年（養老三）の詔にもよく現れている。そこでは、「天下の民戸」に「陸田一町以上二十町以下」を給与し、その代わりに地子（地税）を段別「粟三升」徴収することが命じられている。義倉による徴収ではなく、陸田を給与し地子として粟を徴収しようというのである。この詔が出された同じ日に、全国的に旱魃なので「義倉を開いて」救援物資を配ったことが記されているから、旱魃による義倉粟の大量放出によって生じた不足を補充するためであった、とも考えられる。

表6 『賦役令　義倉条』（粟の徴収額）

上々戸	2石	中上戸	1石	下上戸	4斗
上中戸	1石6斗	中々戸	8斗	下中戸	2斗
上下戸	1石2斗	中下戸	6斗	下々戸	1斗

出典：木村・1996。

このように、第一段階において粟が奨励されたのは、義倉粟に代表されるような備荒対策という緊急課題に対応するためであったと考えられる。

雑穀栽培奨励策②——粟から麦へ　第二段階では粟に代わって麦の奨励が中心になる。七二三年（養老七）、七六六年（天平神護二）、八二〇年（弘仁十一）の官符がそろって「大小麦」の栽培を奨励していることがそれを示している。とくに、「救乏の要、此（麦）に過ぐるはなし」とか「麦は絶を継ぎ、乏を救ふ」などと記されているのは興味深い。この文言は七一五年の詔では粟に贈られた「推薦文」であったからである。粟から麦への転換は明らかであろう。

さらに、八二〇年の官符では、中国の農事暦をまとめた『月令《げつれい》』の文章を引用しながら、麦を「八月より始めて勤めて播種せしめ、時を失ふこと得ざれ」と語気を強めて命じるだけでなく、それを実施しない国郡司は「違勅罪《いちょくざい》」（天皇の詔勅に違反した罪）に処す、とまで命じられている。麦の奨励が本格化したということができよう。

ではなぜ麦の奨励が行われるようになったのか。一つ考えられるのは、七二三年という年である。というのは、この年は七二九年（天平元）の六年前にあたるからである。先にも述べたように、七二九年は本格的な班田が実施された最初の年であった。そして、その班田では、山城・阿波両国に限ってではあるが、水田に陸田を混交して班給されたのである。班田は六年に一回であるから、七二九年の班田で陸田を班給するためには、一回前の七二三年に陸田の耕作を奨励し、それを掌握しておかなければならなかったのである。そして、班田された陸田から徴収する地子は粟ではなく麦であったから、急遽、麦の栽培奨励策が出されたと推測される。

大小麦が奨励される背景には、陸田を国家的な土地制度のなかに取り込もうという政策的な意図も含まれていたと考えられる。

冬作物としての麦　話が少々ずれるが、八二〇年の官符で「麦を八月以降に播種せよ」とあったことの意味を考えてみたい。というのは、このことは当時から麦は冬作物であったことを示しているからである。実際、七二三年官符は八月二十八日、七六六年は九月十五日、八二〇年は七月九日に発布されているから、古代において栽培が奨励されていた麦は秋蒔きの冬作物であった。

実際に麦が冬作物であったことは、平安初期の仏教説話集『日本霊異記《りょういき》』の一話からも明らかである（中巻第一〇話）。そこには、「春三月」の麦畠の様子として「麦生ひたること二尺ばかり」であった、と記されている。この麦が秋蒔き、冬作の麦であったことはまちがいない。

では、麦が冬作物であったことがなぜ重要かというと、この栽培法が普及していたとすると、少なくとも畠地の夏と冬の二度の耕作が可能になり、畠作の生産力が飛躍的に増大するからである。もちろん、畠の連作は作物の病気を発生しやすくするし、古代では肥料の利用が不十分なので地力の維持も難しいから、冬作の麦が存在したからといってすぐ夏・冬の連作が可能になったとはいえないが、その可能性が出てきたことはまちがいない。

そしてさらに、冬作麦の普及は、古代において水田二毛作の前提ができていたことを示している。もちろん、これも水田の乾田化や夏と冬との用水の管理技術の確立など、難しい問題が残されているが、しかしこのような技術が達成していたとしても、冬作物の栽培が実現されなければ水田二毛作はありえないのであるから、冬作麦の確認はそれへ向けての大きな前提になることは明らかである。

雑穀栽培奨励策③——雑穀栽培へ　八三九・四〇年（承和六・七）に第三段階を迎える。それは大小麦に加えて、蕎麦や黍、さらに豆・胡麻などの雑穀の栽培が奨励されるようになったことである。八三九年には蕎麦が奨励されている。八四〇年には「陸田を営むこと」が命じられ、そこでは「黍・稷・稗・麦・大小豆及び胡麻などを播種すべきこと」と品目を具体的に挙げて栽培が奨励されている。まさに雑穀栽培奨励策にふさわしい官符である。

このように相次いで雑穀が奨励された背景には、八三九年から始まった飢饉があったと思われるが、その飢饉に際し、それまでの粟そして麦ではなく、陸田の耕作、すなわち上記のような雑穀の栽培を奨励しているところに第三段階の特色がある。とくに、麦を除いた蕎麦・黍・豆などがすべて夏作物であったことは注目してよい。なぜなら、これは飢饉対策を名目にしながらも、雑穀＝畠作一般の奨励をしたことを意味しているからである。

さらに八四〇年の官符で注目すべきは、その末尾に、

ただこれによって水田を務《つと》めず、変えて陸田と為すをえざれ、

という但書きが記されていたことである。すなわち、陸田耕営の奨励を口実に、水田を陸田に変えるようなことはあってはならない、というのである。このような法令が出ること自体、水田を陸田に変えるような事態が起こっていたことを示している。畠作技術の進展や生産力の発展に伴って、百姓のなかでも畠作への評価が高まり、水田を畠地化する動きが相当明確になってきていたことの反映と理解することができよう。この一文をもってしても、八三九・四〇年の雑穀奨励策を単なる飢饉対策であると評価することはできない。水田を維持しつつ陸田＝雑穀栽培を奨励しようという意図のもと発せられたのが、これらの官符であったのである。

以上の経過から、私は、九世紀中頃に古代の畠作生産は一つのピークを迎えたと考えている。

墾田開発と雑穀奨励　やや雑穀奨励策に焦点をあてすぎたかもしれない。最後に墾田制と雑穀奨励策との関係について記しておこう。そこで注目されるのが、七二二年（養老六）と二三年の雑穀奨励策である。なぜなら、前述のように、七二二年は良田百万町開墾計画、二三年は三世一身法が発布された年だからである。雑穀奨励策と墾田開発はリンクしていたのである。

もう少し詳しく見てみると、それぞれの日付は、百万町歩開墾計画が閏四月二十五日、雑穀奨励策

は七月十九日、三世一身法は四月十七日で同年の雑穀奨励策は八月二十八日である。田植えなどが開始される初夏の四月・閏四月に墾田開発令が出され、早稲の収穫が始まろうとする七月下旬から収穫が本格化する八月下旬に雑穀奨励策が出されるという関係が見出せる。

この関係は、初夏に墾田開発令が出されたものの、秋になって水田稲作の収穫が芳しくなく、飢饉の恐れがあると判断されると、雑穀奨励策が出されたことを意味している。すなわち、墾田奨励と雑穀奨励とは別個の政策ではなく、年間を見通した一貫する政策であったのである。このことは、墾田永年私財法の発布日が五月二十七日であったこと、そして、他の雑穀奨励策が、表5を見ると明らかなように、七月上旬から十月初旬にかけてであったことによっても確認できる。

これまでは、墾田奨励と陸田＝雑穀奨励とを関連させて理解することはあまりなかったが、上記のような関係が成り立つならば、両者を分離して考えるのではなく、古代国家の農業政策として一括して検討する必要があろう。前項で八四〇年（承和七）の雑穀奨励策を説明した際、「雑穀は奨励するが、その結果として水田を陸田＝畠地に変えてはならない」という但書きがあったことを紹介したが、このこと自体が、水田＝稲作と陸田＝畠作とを区別して議論することの無意味さを示している。

古代のお触れ書き　最後に、二〇〇〇年に石川県加茂遺跡から出土した「加賀郡牓示札《ぼうじ》」に記された農業政策について簡単にふれておこう（平川・二〇〇一）。これは八四九年（嘉祥二）に加賀郡司が「国符」（加賀国司の命令）を受けて、深見村、諸郷の駅長・刀禰らに下した「壱拾条」を主な内容とする郡符であるが、そこには農作業を中心に百姓の生活に関わる条項があるため、「古代のお触れ書き」と呼ばれている。

なかでも、農業に関連する条項（①〜⑧は条項の番号）は、

①一、田夫、朝は寅の時をもって田に下り、夕は戌の時をもって私に還るの条。

②一、田夫、意に任せて魚酒を喫《くら》うを禁制するの条。

③一、溝堰を労作せざる百姓を禁断するの条。

④一、五月卅日前をもって、田殖えの竟《おわ》るを申すべきの条。

⑥一、桑原なくして、蚕を養う百姓を禁制すべきの条。

⑧一、農業を填（慎カ）勤すべきの条。

など、多数を占める。農作業の時間（①）、勝手な「魚酒」（労働の対価）の禁止（②）、溝堰の修復（③）、田植え期日の下限（④）、桑畠の所有と養蚕（⑥）、勧農の指示（⑧）と、その内容はなかなか細かい。この牓示札の性格についてはまだ確定されておらず、どこまで実行されたのか、など不明な点が多いが、国符を受けて郡司が上記のような条項を百姓に告知していたことは注目してよい。次節で、最近発見された稲の「種子札《たねふだ》」についてふれるが、これらが郡衙関連遺跡から出土することが多いことから、平川南は郡司層による稲の品種の管理を想定している（平川・二〇〇八）。この牓示札による郡司の農作業の管理も、平川の評価と通じるものがあるといえよう。古代における農業政策と郡司との関係は今後追究されなければならない課題といえよう。

[4] 古代の農業技術と経営

稲の品種と技術　以上、墾田制にしろ雑穀奨励策にせよ、政策面からの分析に偏ってしまった。といっても、残念ながら古代の農業経営の実態や技術を示す史料はほとんどない。本節ではその少ない史料から技術と経営の実態にせまることにしたい。

まず、律令の規定から始めよう。「仮寧令《けにょう》」は官人の休暇に関する事項を規定した令である。その第一条「給休仮条」には、在京の諸司には五月と八月に「田仮《でんか》」をそれぞれ一五日ずつ給するとある。「田仮」とは農繁期の休暇のことであるから、これは田植えと収穫の時期の休暇に該当しよう。これだけだと、在京している官人も農繁期には地元に帰って農作業を行うのだ、という意味にしかならないが、実はこの後に「風土宜しきを異にして、種収等《ひと》しからずは、通ひて便に随ひて給え」と規定されていた。風土＝地域によって「種収」（田植えと収穫）の時期が異なる場合は、便宜に合わせて給え、というのである。一応、五月と八月に給すると規定されてはいるが、田植えと収穫の時期が地域によって異なっていることを前提にこの規定は定立されていたのである。

では、時期の相違とはどのようなものであろうか。律令の解釈書の一つである「古記《こき》」には、「種収」に早晩がある例として、大和国添下・平群郡は四月に種を蒔き、七月に収穫するが、葛上・葛

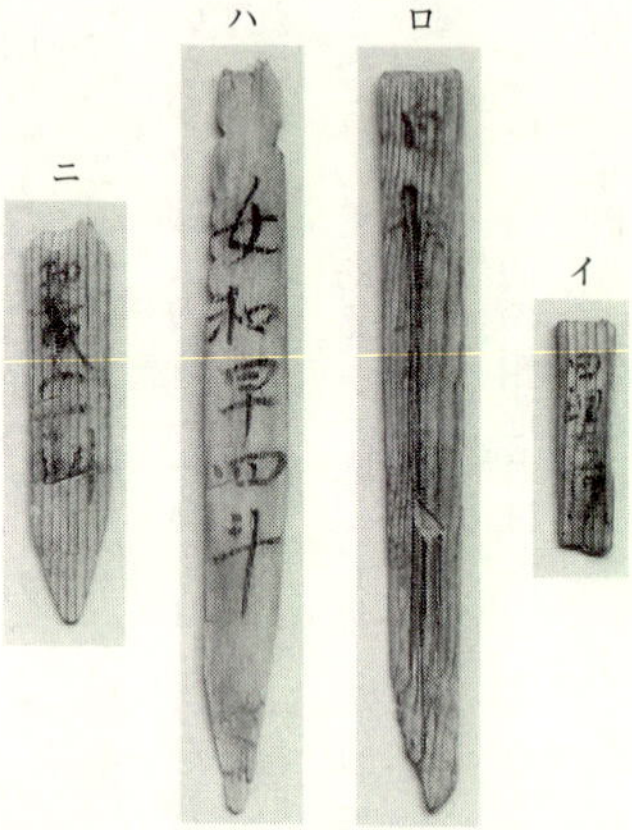

図2　種子札木簡

福島県荒田目条里遺跡出土（イ～ロは表7の6～9に対応）

表7　古代における稲の種子札一覧

	品種名	出土遺跡名	品種の掲載文献
1	畔越（あぜこし・あせこし）	山形県上高田遺跡（九～十世紀）	『清良記』（十八世紀前半）
2	足張（すくはり）	福島県矢玉遺跡（九世紀前半）	『清良記』
3	長非子（ながひこ）	福島県矢玉遺跡	『夫木和歌抄』（十一世紀後半）
4	荒木（あらき）	福島県矢玉遺跡	『三国地誌』（十七世紀末～十八世紀初め） 『両国本草全』（十八世紀前半）
5	白和世（しろわせ）	福島県矢玉遺跡	『八戸弾正知行所産物有物改帳』（十七世紀前半）
6	古僧子（こほうしこ）	福島県荒田目条里遺跡（九世紀なかば）	『散木奇歌集』（十二世紀前半）・『清良記』

出典：平川・二〇〇八。

7	白稲（しろいね・しらしね）	福島県荒田目条里遺跡	『清良記』『八戸弾正知行所産物有物改帳』
8	女和早（めわさ・めわせ）	福島県荒田目条里遺跡	『万葉集』（八世紀後半）
9	地蔵子（ちくらこ？）	福島県荒田目条里遺跡	『散木奇歌集』『清良記』
10	小白	滋賀県柿堂遺跡（八世紀後半〜九世紀）	『享保書上』（十八世紀前半）
11	はせ	大阪府上清滝遺跡（十二世紀後半）	『清良記』
12	和佐（わさ）	福岡県高畑廃寺遺跡（八世紀前半〜十世紀）	『万葉集』
13	大根子（おおねこ）	石川県上荒屋遺跡（九世紀なかば）	
14	許庭（こば？）	石川県上荒屋遺跡	『清良記』
15	富子（とこ？）	石川県上荒屋遺跡	『清良記』
16	酒流女（するめ）	石川県畝田ナベタ遺跡（九〜十世紀）	
17	須芃目（するめ）	石川県畝田ナベタ遺跡	
18	否益（いなます）	石川県畝田ナベタ遺跡	
19	比田知子（ひたちこ）	石川県畝田ナベタ遺跡	
20	須留目（するめ）	石川県西念・南新保遺跡（八世紀後半〜九世紀前半）	
21	三国子（みくにこ）	石川県吉田C遺跡	
22	狄帯建（えみしたらしたける）	山形県古志田東遺跡（九世紀後半〜十世紀）	
23	和世種（わせ）	奈良県下田東遺跡（九世紀初頭）	
24	小須流女（こするめ）	奈良県下田東遺跡	

下・宇智郡は五・六月に蒔き、八・九月に収穫することを挙げている。これに先の「田仮」を合わせると、「種収」の組み合わせは四月—七月、五月—八月、六月—九月の三通りが成立する。この組み合わせが、早稲・中稲・晩稲に相当することはいうまでもないであろう。律令成立時にはすでにこれら三種の稲が成立していたのである。実際、『万葉集』に、

娘子《おとめ》らに　行きあひの早稲を　刈る時に　なりにけらしも　萩の花咲く　（二一一七番）

と詠まれているように、早・中・晩の三種の稲がすでに奈良時代に成立していたことはまちがいない。それだけではない。近年の発掘の成果によって多くの「種子札《たねふだ》」が確認され、奈良時代から稲の多くの品種が存在したことが確認されている。詳細は平川南の研究に拠られたいが、その成果に基づいて少々紹介しておこう（平川・二〇〇八）。

表7は平川が現時点の成果をまとめたものであるが、いかに多くの品種が栽培されていたか明らかであろう。そして、「和佐」（No12）＝早稲という名前が象徴的なように、これらの種子にも早・中・晩の三種が確認できるのである。一例を示すと、奈良県下田東遺跡から出土した木簡には、

種蒔日　和世種三月六日
　　小須流女十一日蒔

と記されていた（No23・24）。この遺跡では「和世」という品種は三月六日に、「小須流女」という品種は（三月）十一日に播種＝苗代立てが行われたのであるから、四月末～五月初旬に田植えが行われたのであろう。同一地域ですでに二種の早稲種が植え付けされていたのは注目してよい。

さらにこの木簡には注目すべき記載があった。それは木簡の裏面に、小支石という人物が「田苅」のために七月の十二・十四・十七日などに「五日の役」を勤めたと記されていたのである。これによって、三月上旬に苗代立てが行われた早稲が七月中旬に収穫されたことが明らかになったのである。このような内容に関し平川は次のように評価している。

この木簡の登場により、古代における早稲種の場合、播種日から刈り取りまでの日数が約一二〇日前後であることが初めて明らかになった。しかもこの一二〇日という日数は、(中略)近世の農書とほぼ近似しているのである。

以上、近年の発掘の成果に基づいて、古代における稲作技術の水準の高さの一端を紹介した。今後の発掘によって、どれほどの新しい成果が発見されるのか期待されるが、問題はこれ以後の時代の研究との接続であろう。中世においては木簡という新たな史料が期待できないだけに、その接続は容易ではなさそうである。

最後に、平川が、「種子札」の出土遺跡が郡衙関連遺跡の場合が多いことに着目し、地方における稲作農耕にもっとも深く関与し、指導的な役割を果たしたと考えられる郡司層が稲の品種を管理・統制していた可能性が高いこと、そしてその背景に国家による管理・統制の存在を想定していることを紹介しておこう。

稲作の発展と国家による品種の管理・統制という問題は、稲作の性格、さらに古代国家の性格を考えるうえで大きなテーマとなることはまちがいない。

公営田・官田における農業経営　古代における農業経営を伝える史料は少ない。以下、ややレベルの異なる史料になるが、その一面の復原を試みることにしたい。

最初は、公営田《くえいでん》と官田に見られる経営である。公営田は八二三年（弘仁十四）に大宰府管内九ヵ国の口分田・乗田あわせて七万六五八七町歩のなかから一万二〇九五町歩の良田を割き取り、国家直営田として設置したものである（『類三』巻一五）。それは、大宰府管内における連年の不作と疫病の流行による百姓の疲弊と涸渇を救済することを目的としていた。

救済のための国家的な施策については省いて、経営だけに着目すると、「徭丁《ようてい》」＝百姓六万二五七人を対象に、一人に三〇日の労働をさせ、五人で一町を耕作させる。村里の有能な者を「正長《しょうちょう》」に任命して一町以上の監督に当たらせる。百姓には人別に食料一日二升と耕作料一石二斗（一二〇束）が支給されることになっていた。年間三〇日という労働時間、一人当り二段という耕作面積、食料と耕作料の支給ということから判断して、百姓の雇用労働による直接経営とは考えられず、百姓の個別経営に委託されて、彼らの口分田経営の一環として耕作されたと考えられる。しかし、当時の国家が、二段の水田経営をするにあたって、一人の百姓にどれほどの食料と耕作料を支出しなければならないと考えていたかを知る材料とはなろう。

一方、八七九年（元慶三）に設置された「元慶官田《がんぎょう》」は、中央財政の支出増大に対応するための施策で、山城・河内・摂津国に各八〇〇町、大和国に一二〇〇町、和泉国に四〇〇町、計四〇〇〇町の良田（上田・中田）を割いて設置し、公営田方式に倣《なら》い政府主導で行おうとしたものである（『類三』

巻一五など)。その経営法は、

①耕作料として上田・中田区別なく町別一二〇束を支給する。

②穫稲(納めるべき稲)の基準を町別上田五〇〇束を三二〇束に、中田四〇〇束を三〇〇束に減じる。

③耕作には百姓・浪人を問わず「力田の輩」(耕作能力に優れた者)を選んで「正長」とし、下級官吏で郷里が推薦する者を「惣監」として郷ごとに配置する、

とされていた。

まず、①耕作料が公営田と同額であるのは、公営田を倣ったからであろう。②の穫稲は、公営田の場合四六〇束ないし四〇〇束であったから、相当減額されている。③の労働編成としては、浪人も含めて耕作能力ある者を正長に任命している点に、公営田とは大きな違いがある。すなわち、耕作者の負担を少なくしつつ、かつ能力のある者であれば身分を問わず耕作を請け負わして、実質的な利益を上げようという、現実的な方策を採用している点に、公営田とは異なった官田経営の特色があるといえよう。

大名田堵の経営　官田経営に採用された「力田の輩」が、一つの身分呼称として現れたのが「田《た》堵《と》」である。田堵は九世紀中頃の荘園ですでに確認できるが、その具体的な活動を知ることができるのは十世紀後半以降のことである。著名な「尾張国郡司百姓等解《げ》」(九八八年)にも田堵の様相が記されているし(『平安遺文』三三九号)、一〇一二年(寛弘九)の和泉国符案では、国衙領の再開発を委

ねられているのが「大小の田堵」であった（『平安遺文』四六二号）。
このような田堵の具体像を知ることができる史料が「新猿楽記」（『古代政治社会思想』）である。この史料は十一世紀前半に文人貴族藤原明衡が著した往来物（初級教科書）で、猿楽見物にきた「右衛門尉」一家に託した職業尽くしになっている点に特徴がある。実は三女の夫の職業が「田堵」だったのである。「三の君の夫は、出羽権介田中豊益、偏に農耕を業と為して、更に他の計なし、数町の戸主、大名の田堵なり」と始まる文章はテンポもよく内容も興味深いが、ここではそこに記されている経営能力にしたがってまとめておこう（表8）。

春の農作業から官使の接待、さらに租税の納入まで、さまざまな農作業を「いささかも違い誤ることな」く遂行し、秋には「五穀成就」して「稼穡《かしょく》豊贍《ほうせん》の悦び」にひたることができるのが農業専門家としての田堵の職能であった。具体的には、農具の種類、用水整備の作業、作物の種類の多さなどは、当時の経営の高さを示している。

なかでも注目すべきは③労働編成である。③には二様の労働力編成が記されていた。一つ目は「堰《い》塞《せき》・堤防・溝渠《ほりけみぞ》・畦畷《あぜなわて》の忙《いそぎ》において、田夫農人を育」うことであり、二つ目は「種蒔《たねまき》・苗代・耕作・播殖《ばんしょく》の営において、五月男女を労《いたわ》るの上手なり」という記述である。これは、春の農作業に向けて堤防や畦畔を修復するための労働力と、苗代作りや田植えなどに投入する労働力が区別されていたことを示している。前者はその労働内容や労働期間の長さなどから判断して、家内労働力の使用を記したものであり、後者は短期間における労働力の集中が必要であることから考えて、周辺農民の雇用労働

表8　大名田堵の経営能力

①農具の整備	鋤・鍬を調え、馬杷・犂を繕う
②春の農作業	堰塞・堤防・溝渠・畦畷の忙、種蒔・苗代・耕作・播殖の営
③労働力の編成	田夫農人を育い、五月男女を労るの上手
④作る農作物の種類	稙穜・粳糯・苅頴、麦・大豆・大角豆・小豆・黍・稗・蕎麦・胡麻
⑤農法	兼ねて水旱の年を想い、暗に腴え迫せたる地を度る、春は一粒をもて地面に蒔き散らすといえども、秋には万倍をもて蔵の内に納む、旱魃・洪水・蝗虫・不熟の損に会わず
⑥官使の供応	検田収納の厨、官使逓送の饗
⑦租税等の納入	地子・官物・租米・調庸・代稲・段米・使料・供給・土毛・酒直・種蒔・営料・交易・佃・出挙・班給等

出典：木村・2001。

力の編成を示していると理解できよう。すなわち、大名田堵田中豊益が用いた労働力は、彼の経営に包摂されていた隷属農民と、周辺の農民の雇用労働力からなっていたのであった。

宮内省内膳司の農業経営　古代の農業経営を示す史料のなかでも、特異な位置を占めているのが『延喜式』の「内膳司《ないぜんし》式」に記された記事である。『延喜式』とは十世紀前半に律令法の施行細則（式）を集大成した法典で、「内膳司」とは宮内省に属し、天皇のための供御《くご》（食事や食品など）一般を担当した役所である。したがって、「内膳司式」とは内膳司がつかさどる職務について規定した法典である。

その「耕種園圃」条によると、内膳司には直属の園地三九町五段余と雑菓樹四六〇株、田六段余が所属していた。ここで天皇に供する農作物が栽培されていたのである。

まず、田と雑菓樹を見てみよう。田地は山城国乙訓《おとくに》郡に所在したが、そこでは稲を栽培していなかった。それは芹と水葱など水性の蔬菜を栽培するための田地であった。このような耕地も田といったのである。

次に雑菓樹であるが、そこには、続梨と桃と柿が一〇〇株、柑《みかん》と小柑が四〇株、大棗《なつめ》と郁《いく》が三〇株、橘が二〇株植えられていた。そして、これにはイチゴ園二段が付属していた。いま、私たちが食べている果物とほぼ同種の果樹が栽培されていたことがわかる。ただ、イチゴが果樹に入り、それも他の果樹とは異なって面積で表記されているのも、その栽培法から考えると当然ではあるが、興味深い。

さて最後に四〇町にも及ぶ園地である。この園地は七ヵ所に分かれていたが、それらをまとめると、表9のようになる。二五種もの多種多様な作物が栽培されていたことがわかる。現在ではあまり食しない作物もあるが、一方、葱《ねぎ》と水葱《みずねぎ》が分化しており、早生の瓜と晩生の瓜も成立していたように、品種の改良もそれなりになされていたことが知られる。

さらに「耕種園圃」条で注目すべきは、その作物の栽培法についても詳しく記されていたことである。例えば、大麦の項を見てみると次のようである。

大麦一段を営むには、種子一斗五升、総単功一四人半、耕地一遍、把犂一人、駇牛一人、牛一頭、料理一人、畦上作二人、子下半人、刈功二人、択功五人、搗功二人、

大麦一段（約一〇ア《アー》ル）を耕作するためには種子が一斗五升必要で、耕作にかかる総労働力は一四人半であるという計算である。その内訳は、犂を使う人一人、牛の口取りをする者一人、料理＝整地に一人、畦立てに二人、子下＝種蒔きに半人、刈り取りに二人、択＝脱穀に五人、搗＝臼で搗《つ》くために二人、計一四人半である。「耕地一遍」とあるから、耕地の耕起は一回しか行わなかったのであろう。また、一段に蒔く種子一斗五升は、江戸時代のそれに比べると二倍ほどにもなる。発芽率が低かった

表9　内膳司の園地における作物

大麦・小麦・大豆・小豆・大角豆・蔓菁《かぶら》・蒜《ひる》・韮《にら》・葱・薑《はじかみ》・蕗《ふき》・薊《あざみ》・早瓜・晩瓜・茄子《なす》・蘿菔《だいこん》・萵苣《ちさ》・葵《あおい》・胡荽・蕓薹《あぶらな》・蘇良自《そらし》・蘘荷《みょうが》・芋・水葱・芹

のであろうか。

肥料についての記載もあった。上記二五種の作物中一六種には「糞」という記載があるから、畜糞が肥料として施されたのであろう。しかし、すべての作物に施肥が行われたのではない。施肥が行われたのは蔓菁・蒜・韮・葱・薑・蕗など一六種で、すべて葉菜であった。なかでも蒜・韮・薑は、他の一三種が一段につき一二〇担前後であるのに対して、二一〇担の糞が施されており、肥料を消費する作物であったようである。施肥を行う作物でもそれなりの差があったことは、作物の性格を的確に見抜いて栽培が行われていたことを示している。ところで、この糞は牛馬の飼育を担当した左右馬寮から運ばれることになっているから、牛馬が排泄した畜糞が利用されたのである。

一方、大麦・小麦・大豆・小豆・大角豆の穀類や晩瓜・茄子・蘿菔《だいこん》などの実菜や根菜には施肥が行われていない。理由は不明だが、豆類による土中の根粒バクテリアなどの増幅作用があったのかもしれない。

以上、長々と内膳司の農業経営の実相を見てきた。ここは、天皇の供御を供給する最先端の農場なので、どこまで一般化することができるか心許ないが、播種量を決め、労働力を配分し、さらに施肥の量まで計って二五種の作物を栽培している様子は、日本の伝統的な「箱庭農法」の原型を彷彿とさせるものがある。

この農場と前項の大名田堵の経営の技術の高さをあわせて勘案すると、古代の農業技術・経営は平安時代中期にはある水準まで達成していたと評価することが可能のように思う。これらの技術・経営が次の中世荘園制社会を創り出していくのである。

Ⅳ 中　世

1　中世的農業生産の形成

大開墾時代の開発　鎌倉幕府の御家人の性格として、鎌倉時代末期に成立した訴訟手続きの解説書「沙汰未練書《さたみれんしょ》」に「往昔以来、開発領主として、武家の御下文《くだしぶみ》を賜る人の事なり（開発領主トハ、根本私領ナリ、又本領トモ云フ）」と規定されているように（『中世法制史料集』第二巻）、中世社会の根幹を形作っていた御家人は、なによりも「開発領主」であったのであり、「根本私領」を「本領」として領有する存在であった。このことからも、中世社会の特質を理解するとき「開発」が重要なキーワードであることは理解できよう。

このような意味を含めて、フランスの歴史学者マルク・ブロックの仕事に学んで、中世成立期を「大開墾の時代」と呼んだのは戸田芳実であった（戸田・一九六七）。ブロックが「フランスとなづけることができる国家と国民集団とが形成されはじめたとき」を中世ととらえ、「中世の出発点たる未開性の克服過程――中世的な開発の歴史的意義を浮き彫りにした」ことに学び（ブロック・一九五九）、日本における中世文化形成の基礎的な前提として、古代末期の農村における「開発」を問題にしたのである。その後戸田は、「宅《たく》の論理」と呼ばれるような私有権の強い宅・屋敷を本拠に、中世的な大規模開発を進展させる在地領主の存在形態を明らかにした。

戸田が中世成立期を「大開墾の時代」と呼んだのにはもう一つ理由があった。それは時代区分論争に関係することである。戸田が研究を始めた頃は、中世封建制社会の始まりを南北朝期やさらに太閤検地にまで引き下げて理解しようとする傾向が強く、その要因の一つが中世開発停滞論にあったからである。平安時代後期をもって中世の始期と考える戸田にとっては、中世開発停滞論を克服するためにも、中世成立期が大開墾の時代であったことを明らかにしなければならなかったのである。

表1　伝統的な諸国田数表　（単位：千町歩）

年　代	耕地面積（拡大率）		典　拠
930 年頃（平安中期）	862	(100)	『倭名類聚抄』
1450 年頃（室町中期）	946	(110)	『拾芥抄』
1600 年頃（江戸初期）	1,635	(190)	『慶長三年大名帳』
1720 年頃（江戸中期）	2,970	(344)	『町歩下組帳』

出典：木村・1996。

表2　儀式書の諸国田数（五畿内のみ）　（単位：町）

書名＼国名	山 城	大 和	河 内	和 泉	摂 津
『倭名類聚抄』	8,961	17,905	11,338	4,569	12,525
『掌中歴』	8,961	17,850	11,338	4,569	12,525
『色葉字類抄』	8,962	17,750	10,977	4,126	11,314
『拾芥抄』	8,961	17,614	10,977	4,126	11,314

出典：木村・1996。

　中世開発停滞論の主な根拠は、古代後期から中世中期に編纂された儀式書に記載された「諸国田数」にあった（表1）。これを見る限り、平安時代中期から室町時代中期まで耕地の拡大はほとんど見られず、江戸時代初期になって急激に増大したと理解できる。しかし、『倭名類聚抄《わみょうるいじゅうしょう》』から『拾芥抄《しゅうがいしょう》』までの儀式書の田数資料を詳細に検討した弥永貞三によれば、『掌中歴』以下の儀式書は『倭名類聚抄』の田数を引き継いでいるにすぎず、それぞれの時代の田地の実数を示したものではない、という（弥永・一九六六）。一例を示すと、表2のようである。わずか五畿内の比較ではあるが、四つの儀式書の田数

表3　能登国における荘園の成立

立荘の年代別	荘園数	面積	
		町. 反. 歩	%
A（「往古荘園」）	1	30. 0．0	2
B（1051年）	1	85. 6．7	6
C（1136～50年）	8	1067. 9．5	74
D（1184～97年）	9	197. 9．9	14
E（1204～75年）	9	56. 0．2	4
合　計	28	1437. 6．3	100

出典：石井・1970より。

表4　若狭国における荘園の成立

区分（成立年代）	荘保数	面積	
		町. 反. 歩	%
a「本荘」（11世紀後半以前）	5	184. 1. 175	16
b「新荘」（後白河院政期）	11	474. 7. 48	43
c「便補保」（11世紀末から12世紀）	6	153. 4. 266	14
d「山門・寺門沙汰」（12世紀以降）	14	299. 1. 152	27
合　計	36	1111. 4. 281	100

出典：網野・1969に基づく石井・1970の作表より。

がこれほど近似しているのはなんらかの作為が働いているといわざるをえない。儀式書としての性格から、それ以前の伝統的な記載や記述を踏襲することに重点が置かれたためであろう。これらの事実から、表1を根拠にした中世開発停滞論はなんら根拠がないことは明らかである。

それに対して、七〇年代からの大田文（一国別の土地台帳）の研究によって、平安時代末期が荘園の増大期であったことが明らかにされた。立荘の時期がある程度判明する能登国と若狭国の大田文を整理したのが表3と表4である。能登国の場合、荘園数ではC以後変化がないが、面積を見ると十二世紀三〇年代から五〇年代にかけて飛躍的に増大していることがわかる。若狭国の場合は能登国ほど明瞭ではないが、十二世紀以後の立券が多く、中でもbの「新荘」が目立っている。これらのことから、若狭国の場合十二世紀中頃がピークであったといえよう。若干のズレはあるが、能登・若狭両国において荘園が最高に増大するのは十二世紀中頃であったと評価することができる。

また、国衙領内部における大規模開発所領としての保・別名はほぼ十一世紀中頃（永承年間）に見え始め、約一五〇例ほど確認できるが、鎌倉時代には新たな成立が確認できないという（義江・一八七四）。ということは、保・別名などの開発所領の形成は平安時代後期に特有の現象であったのである。

以上のことから、戸田が中世成立期を大開墾の時代として理解しようとしたことは、ほぼ認められるのではないだろうか。

次に、この時期の開発の代表的な事例を紹介しておこう。中世史研究ではよく知られているが、秦《はたの》為辰《ためとき》による播磨国赤穂郡の久富保《ひさとみのほ》の事例を見てみたい。為辰は開発に先立って久富保の領有を申請しているが、そのとき彼は久富保を「先祖相伝の領地屋敷なり」と主張していた。為辰にとって久富保は「屋敷」であったのである。先に紹介した戸田の「宅の論理」の典型である。宅の論理によって久富保の領有を認められた為辰は開発に着手したが、一〇七五年（承保二）国衙に提出した文書によれば、三〇町の荒れた溝を修復し、土樋を五ヵ所、木樋を五段余りも渡し、さらに無限の巌《いわ》を五段余も破砕するなどして道を二町余開削し、最終的には、延べ五〇〇〇人もの労働力を動員して荒田五〇町余を開発したという（『平安遺文』〔以下「平」〕一一一三号など）。荒れた井溝を修復し荒田五〇町を開発するのがいかに困難な事業であったかを物語っている。

集約的農業経営の形成　大規模開発が進行する一方で、農民的な小規模開発も活発に展開した。その代表的な事例を示すのが一〇一二年（寛弘九）の「和泉国符案」である（平四六二号）。これは、国内の郡司に荒田の開発を命じた文書であるが、そこには、

普《あまね》く大小田堵《たと》に仰せて、古作の外、荒田を発作せしむべき事

と記されていた。古作＝現作田を維持しつつ荒田を「発作」＝開発せよ、と命じているのであるが、その対象が「大小田堵」であったことに注目したい。田堵とはすでに述べたように農業専門家としての農民であるから、和泉国では、先の久富保のような大規模開発ではなく、田堵らによる小規模開発によって国衙領の耕地拡大を意図していたのである。開発の二形態とでもいうべきであろう。

このような事例は枚挙に遑《いとま》がない。平安後期の山城国賀茂荘では、荘の住人たちが「荊棘《けいきょく》」＝いばらを切り開いて田畠を造成してきたが、近年はそこにできた荒地に近隣の荘園の住人が栗林を造成している、と記されているし（平二〇四〇号）、同時期、美濃国茜部《あかなべ》荘でも古い河跡を少しずつ桑原にしてきたとあった（平二四六九号）。また、平安末期の紀伊国では、紀ノ川の氾濫原のなかの微高地を「嶋畠」として開発していることが確認できる（平補一三四号）。

このように、荊棘や河川敷などの「自然」を対象に、農民たちが開墾の手を入れ、田畠や栗林・桑畠・島畠などに造成する努力がなされていたのである。中世成立期の開発が、領主層による大規模開発と農民層による小規模開発との二重構造によって展開されていたことを確認しておきたい。

二毛作の成立　このような農民層による努力の延長線上に二毛作の成立がある。水田二毛作を示す史料として有名なのは、一二六四年（文永元）の鎌倉幕府の追加法四二〇条である。そこには、諸国

の百姓が稲作の後に麦を蒔き「田麦《たむぎ》」と称していること、それに対して地頭が税を賦課してはならないことなどが記されている。詳細は次節で検討するが、このことから、少なくとも稲作の裏作として麦が栽培されていたこと、すなわち水田二毛作が成立していたことはまちがいない。

しかし、この史料は十三世紀後半の史料であり、中世成立期とはいえないが、近年の研究によって十二世紀初頭に二毛作が開始されていたことが判明した（河音・一九六五）。一一一八年（元永元）の史料によれば、伊勢国で藤原兼房《かねふさ》が古作田二段三〇〇歩に稲を作り、九月に収穫を終えていたところ、藤太《とうた》なる男がその稲刈り跡に麦を蒔こうとした。それで兼房が藤太の行為の停止を伊勢大神宮に訴えたところ、大神宮は兼房が麦を作るようにと裁定を下している（平一八九二号）。「稲刈り跡に麦を蒔く」とあるから、これは裏作の麦であり、したがって、水田二毛作が成立しつつあったことはまちがいない。しかし、田地の所有者が藤原兼房であるのに対して、裏作麦を蒔こうとしたのは藤太であったように、この段階では、同一人物が表作も裏作も＝二毛作を行うような段階には至っていなかった。その意味では、裏作の権利はまだ未確立の段階にあったということができよう。

実はこの頃二毛作が始まっていたのは水田だけではなかった。畠地においても二毛作が成立していたのである。その典型的な例が、十二世紀中頃の山城国弓削《ゆげ》荘である（木村・一九七七）。弓削荘には一一六〇年（永暦元）年の「田畠検注帳」が残されているが、その畠地の記載を見ると「畠」と「夏畠」の二種が確認される（表5、平三一一九号）。二種の畠地は同一面積で、どちらか一方の畠地面積と水田面積とを足すと荘園全体の耕地面積になるから、「畠」と「夏畠」は同一の耕地であり、それ

表5　弓削荘の畠地の地目と面積

合		32町 3反 88歩			
田	(細目略)	12.　7.　310			
畠		19.　5.　138	夏畠		19町 5反 138歩
	除			除	
	常荒	1.　6.　200		常荒	1.　6.　200
	神所	1.		神所	1.
	堂所	2.　210		堂所	2.　210
	不作畠	4.　280		不作畠	(5)
	損畠	5.　252		損畠	3.　4.
	得畠	11.　8.　276		得畠	13.　6.　88
	預所給	1.		預所給	1.
	御荘司給	1.		御荘司給	1.
	公文給	5.		公文給	5.
	定使給	5.		定使給	5.
	荘検校	1.		荘検校	1.
	職事	2.		職事	2.
	定得畠	8.　5.　226 (7)		定得畠	10.　3.　88
	所当御油	4斗2升8合8勺		御地子麦	10石3斗2升4合

出典：木村・1996。

を二度検注した結果が上記の「田畠検注帳」だったのである。ちなみに、両者に賦課される税を見てみると、「畠」は油であり「夏畠」は麦であった。当時の油の原料は荏胡麻《えごま》で、夏作の作物であった。それに対して「夏畠」の麦は冬作物であり、初夏に収穫し領主に納入されるから「夏畠」といったのである。すなわち、弓削荘の「畠」と「夏畠」は畠地二毛作を示していたのである。

畠地二毛作の例は水田二毛作より多い。例えば、一一六九年（嘉応元）の畠地二段の売券には「西寄り一段の所当（地税）夏冬二斗は祝《はふり》分として弁済すべし」とあって、この畠には夏と冬の所当が賦課されていた（平三五一四号）。また、鎌倉幕府追加法四五条では、地頭が「畠地《じ》子《し》二ヵ度春夏」取るべきかどうかが問題になっている。この場合も、水田の裏作麦と同様に地頭は二度取ってはならない、と結論されているが、この条文には「領家二ヵ度収納せられるか」ともあるから、荘園領主は二度税を取っていたことが判明する。

これらの事例は、平安時代末期には畠地二毛作が相当普及しており、荘園領主は二毛作に合わせて一年に二度の税を徴収していたことを物語っている。畠作の集約化は意外に早かったといえよう。

荘園制下の耕地　では、確立した荘園はどのような耕地から構成されていたのであろうか。一一二九年（大治四）に立券された遠江国質侶《しどろ》荘の「田畠在家山野目録」に記された地目を整理すると表6のようになる（平二一二九号）。

大きく区分すると、田畠と田畠以外になる。田畠は主要な耕地であったから、その状態に応じて、それぞれ「見作」「田代」「常荒」に区分されている。「見作」とは「現作」のことで、その年実際に耕作した田畠のことである。「田代」とは開発可能耕地のことで、「常荒」はこの数年間耕作されていない田畠のことである。他の荘園では「年荒」とか「損」などという地目もある。それぞれその年に限って「荒」になった耕地、その年作付けをしたにもかかわらず稔らなかった耕地を指す。

表6　遠江国質侶荘の地目と面積

地目	面　積
田	209町 9 段 3 杖
見作	186町 2 段
田代	17町 6 段
常荒	6町 1 段 3 杖
畠	126町 4 段 2 杖半
見作	75 町 5 段 2 杖半
畠代	22 町 3 段 4 杖
常荒	28 町 5 段 1 杖
原	210町
山	547町
野	291町
河原	360町
在家	218宇

面積を見てみると、田と畠の比率は約一〇：六

になる。この畠の比率は他の荘園に比べると高い。一方、耕作率を見てみると、田の現作率は九〇%を超えて非常に高い耕作率を示している。それに対して畠は六〇%にすぎない。そのうえ、常荒率が約二三%にも及んでいる。このように、畠地の比率は高いが、その耕作率が低いというのは、質侶荘が大井川中流域に存在し、かつ河原が三六〇町も存在していることなどを勘案するならば、河川敷などの畠地化が進んでいたものの、川の流路などの影響も多く、不安定であったからであろう。

田畠は町・段・杖（五杖で一段）、さらにその半分（「半」）まで細かく丈量されており、支配の基本的な耕地であったことを示している。それに対し、原や山などは町までしか丈量されておらず、大まかな支配しか及ばなかった、という評価をしてしまいそうだが、逆に、野や河原までも丈量しようとする領主の意志の強さの方を考えるべきかもしれない。

中世荘園の代表的な類型を領域型荘園といい、「四至《しいし》」（東西南北の境界）と牓示《ぼうじ》（艮巽坤乾の四隅）によって領域を確定し、その内部を一円的に支配しようとしている点に特色があるが、田畠以外に原・山・野・河原・浜など（他の荘園では栗林や桑畠・池・岡なども）を書き上げた立券文の存在は、領域内にある有用な地目はすべて一円的に支配しようとする領主の強い意志を示している。

畠地の地目と存在形態　畠地は収取の主要な対象から外されていたため、その地域に応じた多様な地目表記が見られる。例えば、一一七七年（治承元）の山城長福寺領では吉畠・野畠という地目（平三八一七）、一一九七年（建久八）の近江石山寺領では上畠・下畠という地目が使用されていた（鎌九四五）。その表記から見て生産力の違いによる命名である。

また、次のような表記もある。一三二一年（元亨元）、伊達宗綱は地頭職などを子息の貞綱に譲っているが、そこには所領の一部が「平畠・野畠・山畠・山林等」と表記されていた。田地・山林と区別された畠地にさらに平畠・野畠・山畠という区分があったのである（鎌二七九〇〇）。この譲状を分析した伊藤寿和は、平畠は「屋敷周辺の平地に位置する安定した『里の畠』」、野畠は「傾斜の緩やかな原野を伐り開くことによって一時的に耕作される不安定な『野の畠』」、山畠は「山の斜面を伐り開くことによって一時的に耕作される不安定な『山の畠』」と評価している（伊藤・一九九五）。詳細はもう少し検討しなければならないとしても、ほぼ納得できる見解であろう。

これらの評価をもとに、伊藤は「野畠」に関する網羅的な研究を行い、野畠が平安時代後期以後全国的にその存在が確認できること、作物も麦をはじめ、粟・稗・野稲・大小豆・桑・麻・苧など多様な畠作物が栽培されていたことなどを明らかにした。また、伊藤は「山畠」に関する研究も進め、「山畠」と「山畑」の差異は明確でないこと、焼畑を含んでいるがすべてが焼畑とは言えないこと、などを指摘し、「明確に線引することができない当時の多様な実態こそ重要である」と結論づけている（伊藤・二〇〇一）。

以上のように、伊藤の精力的な研究によって、平畠＝定畠以外の野畠・山畠・山畑の研究は飛躍的に進んだが、収取の主要な対象から外されていたこともあって、収取体系として整備されなかったため、その存在形態と性格はいまだ未確定な部分が多い。さらなる研究の深化が期待される。

最後に、畠と畑の違いについて記しておこう。畠と畑はともに日本で作られた国字で、中国で作られたいわゆる「漢字」には含まれていない。＊畠は田＝水田との対比のなかで作られた字で、水田の周囲に存在した常畠を指している。検注帳などには「白」とも記載されているから、水を入れない乾いた「田」(中国では「耕地」の意)という意味であろう。それに対して畑は「火の田」であるから、焼畑を指していると解釈されている。このような地目名が作られるのは、支配者がその土地に収奪の対象としての有用性を見出したときであるから、まず現れるのは常畠としての畠で、焼畑の畑は平安時代後期にならなければ見出せない。もちろん、このことは焼畑がこの時期から始まったことを意味するのではなく、領主が焼畑を支配の対象に組み込もうとしたのがこの時期からであった、ということを意味しているにすぎない。

＊最近、韓国で「畠」の文字が記された木簡が出土した。「畠」という文字が作られる過程は再検討されなければならない(李・二〇一〇)。

早稲・中稲・晩稲　南北朝期に著された『庭訓往来《ていきんおうらい》』に「粳《うるち》・糯《もち》、早稲《わせ》・晩稲《おくて》ら耕作せしむべし」と記されていたように(「三月状　往」、東洋文庫)、中世の稲には粳と糯があり、かつそれらには早稲と晩稲があったことがわかる。ここには中稲《なかて》がないが、鎌倉時代には早田との対比して「中田」という区分も見られるから、中稲もまた栽培されていたことはまちがいない。実際、鎌倉後期の若狭国太《た》良《ら》荘では、九月上旬納入の米が二五石余、翌年二月下旬納入の米が二一石余だったのに対して、その中間に位置する十一月上旬の納入が六四石余にも達している。やはり中稲の栽培が一般的であったと考えられる(古島・一九七五)。

一方、早稲と晩稲の栽培は、その年の天候による被害を平均化しようとする判断があったと思われるが、早稲の場合は別の要因が働いていた。それは、当時の社会が慢性的な食料不足の状況にあったことと関係する。すなわち、夏四月〜七月は秋に収穫した米が不足し始め、初夏に収穫された麦などの加工食品（うどんなど）によってそれを補わなければならなかったのである。そのため、領主たちは一日でも早い米の収穫・収納を望んだのであった。「早田」の収納に関する史料が多く残されているのはこのことによると思われる。

実際、早い例では七月上旬（現在の八月中旬）に稲を刈り入れているし、遅くとも七月下旬（同九月上旬）に刈り入れは終了している（古島・一九七五）。八月一日の年中行事「八朔《はっさく》」は、鎌倉末・室町期には「頼《たの》み」の行事といわれ、上司に贈答品を贈るのが慣例であったが、これは「田《た》の実《み》」＝初穂《はつほ》行事に由来するともいわれており、早田＝早稲の重要性を示していよう。

早稲・中稲・晩稲とは別に「野稲」も存在した。野稲は主に『阿蘇文書』によく見られ、早く十三世紀前半には確認できる。多くの場合「野稲畠」のように、大豆・粟と並んで畠の地目として検注されているから、畠地で栽培された陸稲を指していると考えられる。「野」という表記や地子が低いことから「焼畑」的栽培であると評価する向きもあるが、検注帳では「得畠」の一つとして書き上げられているから、定畠で栽培されていた陸稲であったと考えるべきであろう。

稲の品種　稲の品種については不明な点が多いが、和歌などを資料に明らかにされている品種として、「たもとこ（ちもとこ）」・「ほうしこ」・「そてのこ」・「ふしくろの稲」・「めくろの稲」・「こひすみ」・「しやうかひけ」などが知られているが、あまり詳しいことはわかっていない。「ちもとこ」には「千本子」の字が当てられ、分けつの多い品種、「ほうしこ」は「法師子」が当てられ、野毛のない無芒種であろうといわれている。「ふしくろの稲」・「めくろの稲」は『田植草紙』に詠われた品種で、「めくろの稲」は、京都から伝えられた新種の稲で、稲三束を蒔くと三石も収穫できる非常に多収穫であったため、「福の種」とも呼ばれたことがわかる。また、「こひすみ」は酒を醸造するための早稲、「しやうかひけ」は備中国新見荘で栽培されていた晩稲であった（宝月・一九六三）。

最後に大唐米《だいとうまい》について記しておこう。大唐米は、占城《チャンパ》＝安南（ベトナム中部）地方原産の長粒の赤米で、食味が劣っておりかつ風害に弱いという欠点もあったが、虫害・旱害に強く、多収穫で炊き増えもするという利点があったため、農民に歓迎され、畿内・中国・四国・九州などに広がった。大唐米が日本に伝わったのは十一世紀後半から十二・三世紀の間といわれるが、実際に栽培が確認されるのは十四世紀初頭である。丹波国大山荘西田井村では、三町六段のうち八段が「たいとうほうしのいね」であった（『鎌倉遺文』〔以下「鎌」〕一二三三七九号）。備前国矢野荘でも十四世紀中頃から大唐米の栽培が確認でき、平均すると総年貢額の二〇％を占めていた（福島・一九九九）。いま、大山荘で大唐米が「たいとうほうしのいね」と呼ばれていたことを記したが、この名称が先に紹介した「ほうしこ」に近いことから、「ほうしこ」もまた大唐米系の稲であった可能性が高いといわれている。

畠作物・果樹　続いて畠作物について見てみよう。ふたたび『庭訓往来』「三月状　往」を参照すると、「次に畠の事」として、蕎麦・麦・大豆・小豆・大角豆・粟・黍・稗が挙げられている。ほかに荏胡麻《えごま》・紅花《べにばな》・藍なども栽培されていた。これらのうち中心的位置を占めるのが麦で、畠地の地子の多くは麦であったし、水田裏作にも麦が栽培されていたことは前述した。麦は、うどんや素麺《そうめん》に加工され、米の代用食として重要な役割を果たした。次に多く見られるのは大豆で、これも醤《ひしお》や味噌の原料として大きな意味をもっていた。荏胡麻は、菜種が栽培される以前まで油の原料であったし、紅花・藍は染料として用いられた。

蔬菜はまとまった史料がないので、不明な点が多いが、荘園の公事《くじ》として納入されているものに、御菜・瓜・茄子・諸蕷《しょよ》・野老《ところ》・牛房《ごぼう》・蒟蒻《こんにゃく》・ニラ・葱《ねぎ》、さらにいまでは山菜に入るが、土筆《つくし》・蕨《わらび》・平茸などがあった。瓜・茄子は盆の供物として納入されたことが散見する。これは食物ではないが、麻や苧麻《ちょま》などの繊維製品の原料も広く栽培されていた。

果樹は『庭訓往来』「三月状　返」に、「次に樹木の事」として、「梅・桃・李《すもも》・楊梅《やまもも》・枇杷・杏・栗・柿・梨子・椎・榛子《はしばみ》・拓榴《ざくろ》・棗《なつめ》・樹淡《こねり》・柚柑《ゆこう》・柑子《こうじ》・橘・雲州橘《うんしゆうきつ》・橘柑《きつかん》・柚《ゆ》以下、心の及ぶところ尋ね植えしめ候」とあるが、それらの中心は栗と柿であった。鎌倉中期の丹波国大山荘では、搗栗・甘栗・生栗、さらに串柿が納入されているし（鎌五八七五号）、鎌倉初期の紀伊国阿氐川《あてがわ》上荘では、桑一八九〇本と並んで柿五九八本、栗林三一町七〇歩、漆三二一本が検注されている。栗の本数は不明だが、同時に検注された畠が二一町八段余であったから、栗林の広さは想定できよう（鎌六八八号）。栗や柿は「果子」として重宝されていた。いま、漆とあったように、漆も広く栽培されていた。さらに前述の大山荘では、栃や胡桃《くるみ》も納入されている。

鋤・鍬と犂　最後に、当時の農具について概観しよう。同じく『庭訓往来』「三月状　往」に「鋤・鍬・犂等の農具を役し」とあり、平安末期の紀伊国では「農業の輩、鍬・鋤を以て先と為す」ともいわれているように（平三―五三号）、農具の基本は鍬と鋤であり、それに犂が加わることもあった。例えば、『今昔物語集』には、土佐国幡多郡の農民が田植えをするために準備した「家の具」として、「馬鍬《まぐわ》・辛鋤《からすき》・鎌・鍬・斧・たつき（鐇）」が挙げられているが（巻二六―第一〇話）、この話が鎌倉時代前期の『宇治拾遺物語』に再録されたときは、「なべ・かま・すき・くは・からすき」に整理されている（第四巻四話）。農具としては、鋤・鍬・犂が基本であったということができよう。

農具そのものではないが、中世成立期の特徴として「小鞍」の発達が指摘されている。中世の農具研究の第一人者河野通明によれば、牽引用具として牛・馬に付ける小鞍の発達史の第一の画期は平安時代末期にあったという（河野・一九八四）。河野は小鞍使用の意義として次の三点を挙げている。

①牽引点を首と胴の二つに分けることによって、首の当たりをやわらげる。

②耕深が浅くなる。

③抵抗が小さくなり引くのに軽くなる。

犂耕と密接に関係する小鞍の発達の画期が平安時代末期であったことは注目してよい。なぜなら、これが平安時代後期から展開する「大開墾の時代」とみごとに符合するからである。これによる限り、「大開墾の時代」は犂耕とその際に牛馬の負担を軽くする（労働効率を上げる）小鞍の発達によって裏付けられていたということができよう。

[2] 鎌倉・南北朝期の農業生産

開発から勧農へ　本章の最初で、御家人がなによりも開発領主であったことを指摘したが、鎌倉幕府自身も政権成立以後関東の開発を積極的に推進した。それらを年表風にまとめると次のようになる（表7）。

一つ一つの開発の具体的内容は不明だが、二つだけ注目すると、まず、地名が挙げられている三ヵ所のうち太田荘・下河辺《しもこうべ》荘および榑沼《くれぬま》では堤の修復が伴っていることである。これは利根川沿いの低湿地の開発を目指したものだと考えられる。武蔵国を中心とした関東平野の開発は幕府の政治的経済的基盤を確立するうえで不可欠の作業であった。第二は、一二三〇年から四一年にかけての開発命令が多いことである。これは、清水亮が、地頭による荒野開発が一二三〇年代に頻発していることをもって、寛喜の飢饉（一二三〇～三一）による飢餓状況の復興を意図したものである、と評価したことと同様の対応と評価できよう（清水・二〇〇六）。その意味では、幕府による開発も、平安後期で確認したような所領形成のための開発というより、寛喜の飢饉などによる民政の不安定化の復興・克服を意図したものであった、ということができよう。

それは、鎌倉時代にはいると、地頭の所領支配が「開発」という行為よりは「勧農」・「勧農権」を

表7　鎌倉幕府による関東平野の開発

年　代	開発の様相
1189年	安房・上総・下総の荒野の開発を命じる
1194年	武蔵国太田荘の堤の修固を命じる
1199年	東国分地頭らに「水便」のよい荒野の開発を命じる
1207年	関東荒野などの開発を命じる。
1230年	武蔵国太田荘内の荒野の新開を命じる
1239年	武蔵国榑沼の堤を修復させる
1239年	武蔵国小机郷烏山などの荒野の開発を命じる
1241年	多摩川の水を「懸上げて」武蔵野の水田開発を行うことを命じる
1252年	下総国下河辺荘の堤の修固を命じる

めぐるようになることとも符合している。勧農とは「毎年春に、まず灌漑施設を整備し、斗代（年貢率―木村注）をきめて田地の耕作者を決定（＝散田）し、耕作者に対して種子農料を下行するという領主の行為を意味する」が、大山喬平は、鎌倉時代までの荘園の勧農権は多く荘園領主の側にあったが、鎌倉時代にはいって地頭との間に勧農権をめぐる争いが頻発することを明らかにしている（大山・一九六一a）。

実際の勧農は、播磨国福井荘で「勧農の時」百姓ならびに行事人の食料を準備するための「井料田」が「公文《くもん》代の沙汰」といわれ、若狭国太良荘では「勧農の事、もとより地頭の沙汰に及ばず。公文の計らいなり」といわれているように、公文など下級荘官・村落領主層によってになわれていたが、この太良荘の場合、その公文職の進止権を地頭が獲得した事実を背景とした地頭の主張であった。このことは公文らがもっていた勧農権を地頭が吸収することに成功したことを示している。その結果、越中国石黒荘のように「地頭公文等、勧農の沙汰を致す事、先の傍例なり」という主張となって現れるのである（大山・一九六一a）。

すなわち、鎌倉時代以前は「荘園領主－公文」というシステムで行われていた勧農が、地頭の設置後、「地頭－公文」ないし「地頭（＋公文）」というシステムに変化したのである。もちろん、大開墾時代の開発も勧農行為がなければ実際の経営を遂行することができなかったことはいうまでもないが、ただ、鎌倉時代になって「勧農」権が荘園領主と地頭の間でクローズアップされることは、この時期の領主制の特徴を如実に示していると考えられる。

集約的経営の展開　前節でも指摘したように、鎌倉中期になると水田二毛作が明確に確認できるようになる。その基本史料が文永元年（一二六四）の鎌倉幕府追加法四二〇条である。有名な史料なので引用しておこう。

一　諸国の百姓、田の稲を苅り取るの後、その跡に麦を蒔く。田麦《たむぎ》と号して、領主等件《くだん》の麦の所当を徴取すと云々。租税の法、あにしかるべけんや。自今以後、田麦の所当を取るべからず。宜しく農民の依怙《えこ》たるべし。この旨を存じ、備後・備前両国の御家人等に下知せしむべきの状、仰せによって執達件のごとし。

この要点を記すと、

①諸国の百姓が田稲（水稲耕作）の後に麦を蒔き、「田麦」と称している。

②領主たちがその田麦に所当（税）を賦課している。

③当時の「租税の法」に則ればそのようなことがあってはならないので、これからは田麦に所当を賦課してはいけない。

④田麦の収穫は百姓たちの「依怙」＝自由にしなさい。

農業史の観点からいえば、重要なのは①と④である。①からは水稲の裏作として麦が蒔かれていたこと＝水田二毛作が成立していたことが判明するからであり、④からはその裏作の収益が農民たちの自由＝取り分として認められていたことを示しているからである。すなわち、④は裏作が農民たちの努力によって実現されたことを裏付けているのである。この追加法は、最後に記されているように、備後・備前＝瀬戸内海地方の温暖な気候の国に命じられているので、その地域に限ったことのようにも解釈できるが、同様の追加法が肥前国にも施行されたことが確認できるから（『中世法制史料集』第一巻、補注四〇）、相当の範囲で二毛作が展開しており、その所当をめぐって地頭と百姓との対立が起きていたことが想定される。

実際、高野山領荘園では鎌倉前期から二毛作が行われていたことが確認できる。早い例としては、一二二一年（承久三）の「田地寄進状」に、「抑も三人の預《あずかり》、各作人に付け、目代に下し、夏秋の所出の多少に随いて、運上せしむ」と見える（鎌二七二六号）。水田の「夏と秋」の「所出」＝収穫に量に応じて運上するというのであるから、この前提には二毛作の実現があったことは明らかである。また、一二七六年（建治二）の「田地寄進状」には、

合二段者、壱反米九斗、麦六斗、壱反米八斗、麦五斗

とあって、それぞれ一段の水田から米と麦との両方を負担することになっていた（鎌一二三一六号）。これが二毛作を表していることはまちがいない。また、「定田五斗、夏麦においては検見あるべきな

り」という記載もある（鎌二五五五〇号）。田地に関する記載のなかで「夏麦」とあるのであるから、これも裏作麦のことである。高野山領においては、先の一二七六年以後、田地寄進状でありながら麦の所当について記してある史料が頻繁に見られるようになるから、鎌倉時代後期における二毛作の普及は確実と評価できよう。

二毛作とは違った意味で集約的な経営を示しているのが一二四四年（寛元二）の「八条朱雀田地差《さし》図《ず》」である（図1、鎌六七九八号、木村・一九七七）。この差図で興味深い点は、右京八条の朱雀大路沿いにあった田地「半」＝一八〇歩の耕作状況を示していることである。図によれば、田地は三区分されており、そこには籾種＝稲、麦種＝麦、井種＝藺草《いぐさ》が栽培されていた。夏作の稲と冬作の麦・藺草がどのように栽培されていたのかは不明だが、わずか一八〇歩の田地を三区分して三種の作物を栽培していたことは注目してよいであろう。このような小規模耕地を集約的に経営するためと思われるが、この差図の脇にはそれぞれを植え付けるべき時期や籾《もみ》の量、さらに肥料の有無などが記されている。この「農書的メモ」については後述するとして、ここでは京中という特殊性はあるとしても、一八〇歩という小規模田地における集約的な経営が存在したことを確認しておきたい。

次に述べるが、鎌倉後期から南北朝にかけて、「瀬町《せまち》」・「ほまち」などと呼ばれる小規模耕地が確認されるようになるが、そのような小規模耕地が価値あるものとして売買される背景には、以上のような集約的農業経営の進展があったのである。

農民的小規模開発の進展　この時期における集約的経営の展開を示していると考えられるのが小規

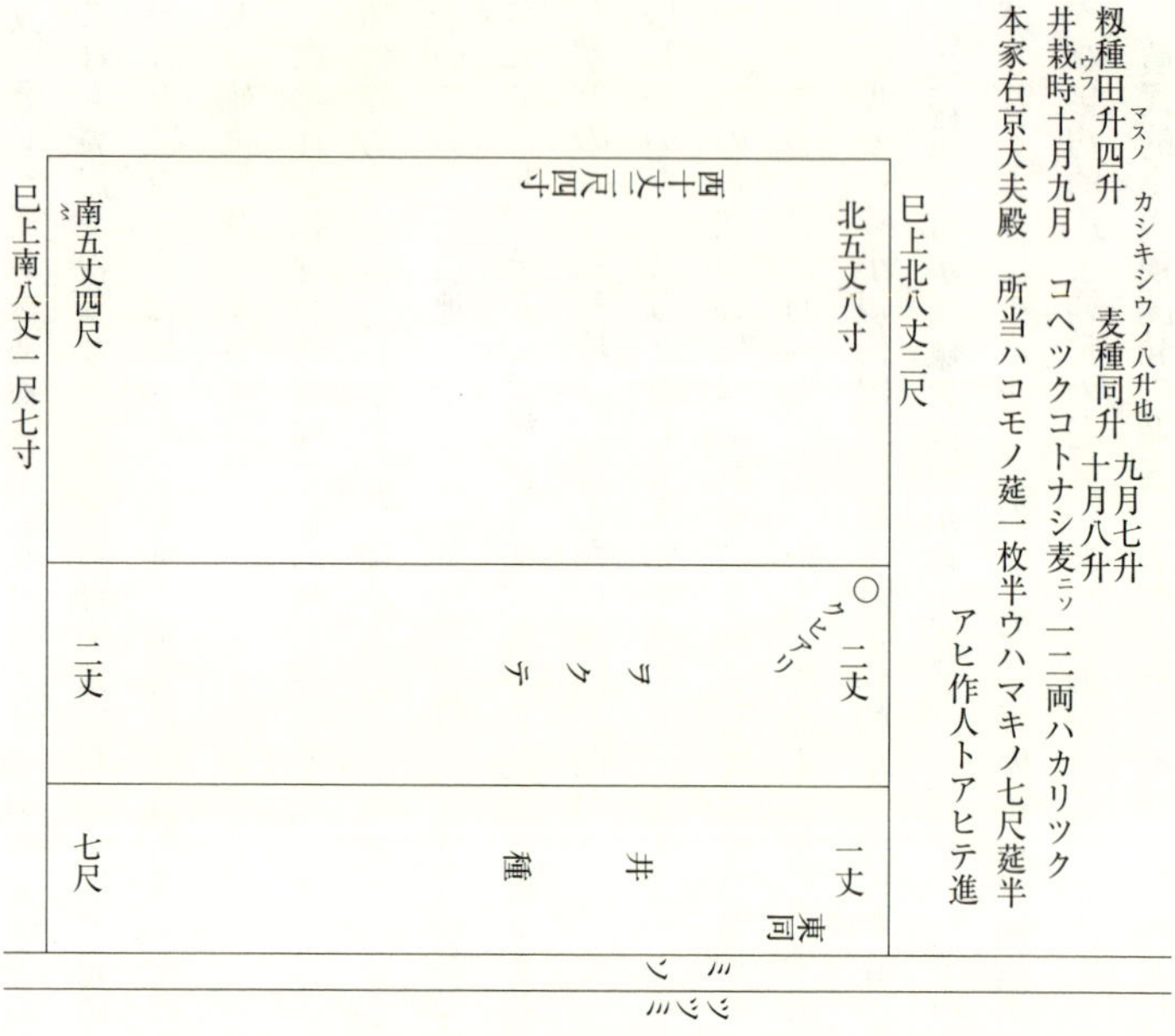

図１　八条朱雀田地差図　（木村・1977より）

模開発の進展である。小規模開発は、「瀬町」とか「伏田《ふせた》」・「棚田」などと称された「面積一段歩未満の小田地」のことで、宝月圭吾によれば、「紀伊、とくに高野山領内をはじめとし、山城・大和方面の山寄り地方、あるいは和泉・近江等において」発見され、年代的には「鎌倉末期頃からにわかに姿をあらわし、南北朝・室町時代に盛んに認められる」という（宝月・一九六三）。

小規模開発の進展という指摘は興味深いが、それを鎌倉末期からとしている点や、その開発主体を「領主や庄官等」にもとめ、総括的には畿内における開墾を「きわめて消極的かつ停滞的であった」と評価していることは納得できない。前項でも指摘したように、小規模開発は鎌倉時代前期から確認できるし、さらに面積の規模からだけで評価すべきではなく、そこに成立している集約的な経営にも注目すべきだからである。

例えば、平安末期の一一七九年（治承三）にも「一せ《(瀬)》町田六〇歩」と見えるし（平三八七六号）、一一五七年（保元二）の山城国笠置《かさぎ》荘検田帳にも、「佐田小」「小田小」「平尾尻三百卜又廿卜」などと一段以下の小地片が散見する（平二八七九号）。さらに紀伊国官省符荘《かんしょうふしょう》では、一二二四年（貞応三）の田地五〇歩の売券に「三せマチ《(瀬町)》ナリ」とも注記されていた（鎌三二一六号）。平均すると一七歩ほどである。このような事態はいっそう発展する。これも官省符荘の例だが、一三〇五年（嘉元三）にはわずか一〇歩（一段の三六分一）の田地が売買されているし（鎌二二〇八六号）、一三〇三年の二〇〇歩の畠地売券にも「此のうち田廿歩在り」と記されていた（鎌二一六六三号）。畠地二〇〇歩というのも狭いが、そのなかに含まれていた二〇歩（一段の一八分一）の田地が売買にあたってわざわざ注記されているのである。

このような小規模開発の性格を、例えば、十三世紀末、和泉国近木《こぎ》荘の百姓が「最薄地《さいはくち》（新開で生産力の低い土地）は後年の耕作叶《かな》い難し」としきりに訴えたところ、領主側も「薄地天水の所は、来年の耕作を勧め、年貢を全《まっと》うせんがため、最少分の余剰を許与」しようと百姓らに語らい、最終的には「在所に随って、田地十・二十歩の余分」が免許されたこと（鎌一八〇六七号）などを事例に、生産力の低い不安定な耕地ととらえる傾向が強い。もちろん、そのような性格があることは否定できないが、しかし、先に述べたように、そのような小地片でも売買の対象になっていることは、そこにおいてもある程度安定的な生産が可能な段階に至っていたこと、すなわち生産力的に価値があるものと認識されるようになった、と評価することが可能であろう。

そのとき参考になるのが、摂津国垂水荘《たるみ》の耕地の分析を通じて、「垂水荘では、鎌倉初期から室町初期にかけて耕地の零細化が進行」したことを明らかにした福留照尚の研究である（福留・一九六五）。福留はその要因を追究し、中世社会で行われていた所領の分割相続が決定的な要因にならないことを確認したうえで、「零細化をともなう粗放な耕地の集約化もまた、農民の努力の成果であった」こと、「すなわち、中世の課題であった不安定耕地の安定化は、粗放な耕地を適合した地種に選別することによって、また当時の農民の経営に適した形で零細化しながら安定された」と評価している。

まさにその通りである。前項の「八条朱雀田地差図」に見られた一八〇歩の田地を三区分して三種の作物を栽培している事実、田地五〇歩が「三せマチ（瀬町）」からなっていた官省符荘の例、二〇〇歩の畠地のなかにわざわざ注記された二〇歩の田地の存在は、福留のいうように、「粗放な耕地を適合した地種に選別することによって」「零細化しながら安定」した経営が実現されていたこと、集約的経営が実現されていたことを裏付けている。このような史料が多くなるのは鎌倉後期以後かも知れないが、その出発点を平安末期・鎌倉初期にもとめることは十分可能であると思われる。

溜池の築造　このような小規模開発を支えたのが、溜池の築造であった。黒田弘子によれば、紀伊国粉河《こかわ》寺領東村では、鎌倉後期から南北朝にかけてのおよそ半世紀の間に開析谷内《かいせきだに》に十数個の大規模な堰止《せきと》め池が築造され、「溜池築造時代」ともいうべき画期を迎えたという。黒田の復原によれば、一二九五年（永仁三）の「王子の池」から一四九九年（明応八）の「古屋の谷の池」まで一二例を数えるが、そのうち一〇例は十三世紀末から十四世紀中頃に築造されたと推定される。一つの村でこれほどの池が築造されるというのは、やはり時代の特徴というべきであろう（黒田弘子・一九八二）。

その池の築造を推進したのが惣村であった。一例を紹介すると、一二九六年（永仁四）、魚谷の田地三五歩に関する売券が残されているが、そこには「東村の人に池代《いけしろ》に（中略）永代売り渡すこと実なり」と記されていた（鎌一九二三三号）。すなわち、この年、東村の村人は共同して「池代」＝溜池予定地三五歩を購入したのである。そして、それから一三年後には、東村からの求めに応じて、領主である粉河寺は一三五歩の土地を魚谷池の「池敷《いけしき》」（池の敷地）として認可している（鎌二三五八四号）。新たに田地三五歩をつぶして一三五歩の池を築造したのであった。池代と池敷には一〇〇歩の開きがあるが、これはもともと一〇〇歩程度の池があり、三五歩はそれを拡大するためであった、と評価されている。このように、村人＝惣村が池代を購入して池の拡大を実現し、それを領主が池敷として認可して課税対象から外す、という処置がとられたのである。東村では、これ以外にも「池代」に関する売券が残されているから、小規模田地をつぶして池を築造して新たな開発を進めるというのが、この時期の東村の動向であったのである。

また、鎌倉時代後期の百姓らによる池の築造として著名な和泉国の梨本新池《なしもと》も、承元年中（一二〇七〜一二一一）に築造された梨本池が池水不足になったため、一二九四年（永仁二）に池田荘上方箕田村《みのた》沙汰人名主百姓《さたにんみょうしゅ》によって築造されたものであった（鎌一八四五八号）。東村と同じような動向という

表8　法隆寺による池の築造

築造年	池の名称
1273年（文永10）	大谷池
1320年（元応2）	悔過池
1350年（貞和6）	小池
1371年（応安4）	琵琶田という土地に新用水池

ことができよう。

また、宝月によれば、法隆寺は一二七三年（文永十）から約一世紀の間に、表8にあるように次々と池を築造している（宝月・一九四三）。これは荘園領主自らが築造した池で、「用水においてはシタタリ（滴）ニ至マテ、悉く以て寺家の進退疑いなし」という有名なことばを伴った、領主による用水管理の強さを示す事例として説明されるが、時期的に見れば、前述の粉河寺領東村とまったく同時期に築造されており、築造主体の違いはあれ、鎌倉後期から南北朝期にかけてが「溜池築造時代」であったことを補強してくれよう。

商品経済の浸透と畠作　以上、鎌倉期の開発、集約的経営の展開、その具体例としての小規模開発と生産力評価など、主に水田耕作を中心に述べてきた。これらの特徴について異論はないが、しかし、二毛作の展開が水田裏作＝畠作の技術的進展なくして実現しなかったことが象徴的なように、鎌倉・南北朝期の農業生産の特徴を水田耕作の側面からのみ論じることには賛成できない。この期の水田耕作の特徴を集約性に求めるならば、やはり畠作の進展にも留意すべきであろう。畠作の進展を明確に示すことは史料的に難しいが、荘園における銭貨の流通が畠作地帯が先駆けになって起こっていること、さらに絹・布・糸など畠作物を中心に代銭納が始まっていることなどの指摘は、銭貨の流通、代銭納の成立が畠作の進展を前提にしていたことを示している。

大山喬平は、丹波国大山荘において、一井谷村より「水田耕作を中心とする農業生産力の低劣な西田井村の百姓等が鎌倉時代の末、周辺村落にさきがけて、銭納を強く望ん」でおり、実際一三一七年(文保元)分の年貢算用状では、一井谷が「定米」で納入されているのに対し、西田井は「定用途」として一六貫余が銭納されていることを明らかにしている(大山・一九六一b)。また、大山は、尾張国富田荘を中心とする東海地方の荘園では、十三世紀後半以降、絹・綿・糸などの年貢が銭納化されていることも明らかにしている。大山の整理した表によれば、富田荘・茜部荘《あかなべ》においては、一二六五年(文永二)に茜部荘で絹の代銭納が初見し、七一年に富田下荘の代銭納を認める幕府の判決が下っている。

富田荘・茜部荘の例が典型的なように、畠作物を中心とした代銭納は文永年間(一二六四~七四)を画期として成立してくるといわれているから、この時期に畠作生産の大きな展開があったことはまちがいないであろう。

もう少し具体例を紹介すると、一三三四年(建武元)の「若狭国太良荘《たら》雑掌申状《ざっしょうもうしじょう》並悪党人贓物《ぞうぶつ》注文案」(『東寺百合文書』は—一一八号)を分析した佐々木銀弥は、当時の太良荘における商品流通の特徴を遠敷《おにゅう》市場との関係で次のように指摘している(佐々木銀弥・一九六四)。

①荘園内部における高利貸資本の進出

②守護代・在庁武士の結合と、商業・高利貸資本掌握過程における矛盾の発生

③畠作と市場接触を背景にした小農民の自立化傾向

④小農民の小商人的活動と農村市場の生成

本項との関係では、③の特徴が重要である。この点について佐々木は、寛元年間頃（一二四三〜四七）に衣料染料である茜・藍の生産とその銭納が地頭との間で問題になっていること、領主である東寺も一二五四年（建長六）には糸・綿・上美布など畠作を前提にした加工衣料の収納を行うようになっていること、鎌倉末期には名田の所当は現米であったが、小農民が主として貢納責任を負っていた零細畠地においては「地子銭」が納入されていることを確認したうえで次のように述べている。

このような小農民の畑《マ》地《マ》子銭貢納は、畑作物ないしその加工品の販売を前提にしていることはいうまでもない。それは一種の強制された市場接触といえるかもしれないが、その過程においては、小農民の自発的・積極的な余剰畑作物・加工品の販売の可能性が十分存在したはずである。要するに太良庄の小農民は、零細な水田小作に加えて、畑地開発、畑作物および加工品の販売等の中に、経済的・身分的自立化の基礎を見い出しつつあったものと考えられる。

最後の「経済的・身分的自立化の基礎を見い出しつつあった」という評価は別として、小農民の生産の基盤が畠地の開発を前提にした畠作物の生産とその加工品の販売にあり、それが小農民の貨幣経済への接触を作り出している、という評価は非常に説得的であろう。

これより約二五年後、太良荘の百姓は「作麦をもって農業を遂げるの条、諸国皆もって例なり」と主張しているが（『東寺百合文書』ハ一三—二〇号）、佐々木が明らかにした諸事実を前提に考えると、この文言は、当時の百姓の再生産にとって畠作がいかに重要だったかをみごとに表現しているということができる。

小農民の畠作依存は鎌倉後期の備中国新見荘でも確認できる。詳細は佐々木の仕事を参照されたいが、興味深い点を一つだけ紹介すると、文永年間（一二六四〜七四）の新見荘における主要生産物は米・麦・蕎麦・大豆・蔬菜・絹・漆・紙・油などであったが、桑・漆の栽培は上層・中層の農民に多く、彼らは米などの他に生糸・絹・漆などを用いて流通に関与していたと思われる。それに対して、零細農民の場合は畠作が中心でしかも桑・漆の作付けが少ないので、彼らの生産は麦・蕎麦・大豆などの雑穀および蔬菜が中心になっており、それらの余剰雑穀の販売を通じて流通に関わっていたというのである。この指摘は、畠作物においても階層性があったことを示すとともに、その異なった畠作物を通じて、上層・中層・零細農民がそれぞれに流通に関わっていたことを物語っており、生産と流通の階層性を具体的に示すよい事例ということができよう。

3 室町期の農業生産

土豪層による開発　鎌倉時代の開発を「開発から勧農へ」とまとめたが、室町時代の開発として注目されるのが、土豪層による開発である。これについてはすでに峰岸純夫の仕事があるので（峰岸・一九七三）、それに依拠しながらその特徴を概観することにしたい。

土豪層による開発をよく示しているのが紀伊国荒川荘の場合である。荒川荘は紀ノ川の南岸で、かつ貴志《きし》川との合流点に位置したため、広い氾濫原を含んでいたが、平安末期からの開発によって、畠地を中心とする耕地が造成されていた。ところが、一四一三年（応永二十）になって、三人の土豪から「安楽河荘大井」の再開削の申状《もうしじょう》が出され、開発が行われることになった。その申状によれば、その開発とは、一四一三年から三ヵ年の間に「大井」を上げて、昔のように「島」を田にする、というものであった（「高野山文書」又続宝簡集、一五四九号）。

このことから三人の土豪による開発は、まず、旧水路である大井を修復して昔のように「島」を水田化しようとしており、いわゆる再開発を目指すものであったこと、次に、その「島」とは当時「島田」と呼ばれていた旧河道の微高地で、一四一二年の大検注帳によれば、現作田二町六段弱に対して現作畠が二六町余という畠作地帯であったことから、荒野や荒廃田などの開発ではなく、畠地の水田化を主要な目的としたものであったことがわかる。前年の大検注によって畠作優位の地帯であることが確認され、かつ旧水路である大井の存在を知っていた土豪が急遽再開発に乗り出そうとしたものであろう。

同様の土豪層による開発の事例は、遠江国蒲御厨《かばのみくりや》や同国初倉荘《はつくら》でも確認できる（黒田日出男・一九六九）。蒲御厨の場合を簡潔に説明すると次のようである。蒲御厨は天竜川の西岸に位置する荘園で、西方は水田優位であったが、東方は畠作優位であった。そして、その水田も主に「天水」に依存しており、手を掛けなければ三年から五年で畠地になってしまった。このような生産条件を変更し水田優位の生産構造にするために、東方公文らは使用不能になっていた水路を復旧して水田化することを計画したのである。この計画の主目的が旧水路の復旧による畠地の水田化という「再開発」であったことはまちがいない。また、初倉荘では、十四世紀末以来、大井川の氾濫原に防水堤を築き「島」の開発が進められたが、その主体は大畠氏ら土豪たちであった。

また、一四四〇年（永享十二）、その地の土豪革島氏を代官に任命し再興が企てられた東寺領山城国上野《かみの》荘も同じような例として考えられる（木村・一九八七）。当時の上野荘は、一四二九年（正長二）の洪水によって井口や用水溝がことごとく埋まり、田地はみな「白河原」となってしまって、一三ヵ年の間年貢がまったく上がらない「亡所」である、といわれるほどであった。このような状況を、革島氏は、旧水路を修復し、三三ヵ年の計画で再興を図ろうとしたのである。

ここで問題は「白河原」である。この開発計画が出される八年前、上野荘と東寺との間で次のようなやりとりがあった。すなわち、上野荘荘民が、近年用水が塞がってしまい一荘全体が畠になってしまったので、東寺の援助を受けて用水を開削したい、と申し出たところ、東寺は、この五・六年多くの費用を投入して用水の修復を行ってきたが、まったく効果がなかった。今回援助しても成功しないだろうから、水田化はあきらめて「畠分ニテたしかに年貢を取り進《まい》らすべきか」と返答している。

このやりとりから、第一に、この「白河原」は荘民のいう「一荘全体が畠になった」ことと同じ内容を指していると考えられるから、この開発もまた畠地の水田化であったのである。第二に、この史料は、畠地を含んだ荒地を「白河原」と呼んで憚らない当時の領主層の水田志向をみごとに表現しているともいえるが、その一方で、無駄な出費を抑え、畠地は畠地として収奪しようという、現実的な判断を採ろうとしていることにも注目したい。ともあれ、その「白河原」の水田化は、結果的には東寺と百姓との間では実現できず、土豪の革島氏にそれを委ねなければならなかったところにこの時期の特徴があるのではないだろうか。

土豪層による用水管理　この時期、用水の修復・管理の主体として現れてくるのも土豪層であった。前項で紹介した荒川荘・蒲御厨・初倉荘などの事例は、主に用水の修復と開発という側面を示しているが、ここでは用水の管理という側面から土豪の働きを見ておくことにしたい。まず、高校日本史の資料集などでも有名な山城国桂川用水の事例を紹介しよう（「革嶋家文書」）。

暦応年間（一三三八～四二）、上久世《かみくぜ》・河嶋・寺戸の三ヵ郷は、「桂河要水今井」について以下のような契約を結んでいる。

右、契約の旨趣《ししゅ》は、此の要水の事に就《つ》きて、自然煩い違乱ら出来の時は、久世・河嶋・寺戸、尤も此の流水を受くるの上は、彼の三ヵ郷一身同心《いちみどうしん》せしめ、合体の思いをなし、面々私曲《しきよく》なく、其の沙汰有るべし。もし、同心の儀に背く郷においては、要水を打ち止むべし。此の契約の旨に、偽り申し候へば、上は梵天帝尺四大天王に始め奉り（以下略）、別《わけて》は郷々鎮守大少神祇の冥罰《みようばつ》を罷《まか》り蒙《こうむ》るべくの状、件《くだん》の如し

今井用水を共通の水源として利用していた久世・河嶋・寺戸の三ヵ郷は、その用水をめぐる相論などが生じたときは、一身（味）同心してこれに対処すること、これに背いた郷は用水を止められること、さらにこの契約を偽ったときは、梵天帝釈以下の冥罰を受ける、という厳しい契約を結んだのである。このような契約を結ばなければならなかったのは、三ヵ郷が農業経営を遂行するためには、なによりもこの用水が不可欠であったためであり、かつこの用水をめぐって他郷からの違乱が生じる危険性があったからに違いない。このような危機に直面していたからこそ、このような厳しい内容の契約を結んだのだが、実はこの契約状に三ヵ郷を代表して署名していたのは、「上久世季継／河嶋安定／寺戸親智」の三名であった。彼ら三人が郷名を名乗っていることから判断して、彼らがそれぞれの郷を代表する土豪たちであったことはまちがいあるまい。

このような郷の連合による用水の管理は、大河川流域で発展した。同じく桂川流域では、一四五八年（長禄二）、桂川から取水していた西岡一一ヵ荘とその取水口に位置した松尾社が争うという事件が起きている（宝月・一九四三）。桂川の流路の変化によって旧溝が使えなくなった一一ヵ荘が、新溝

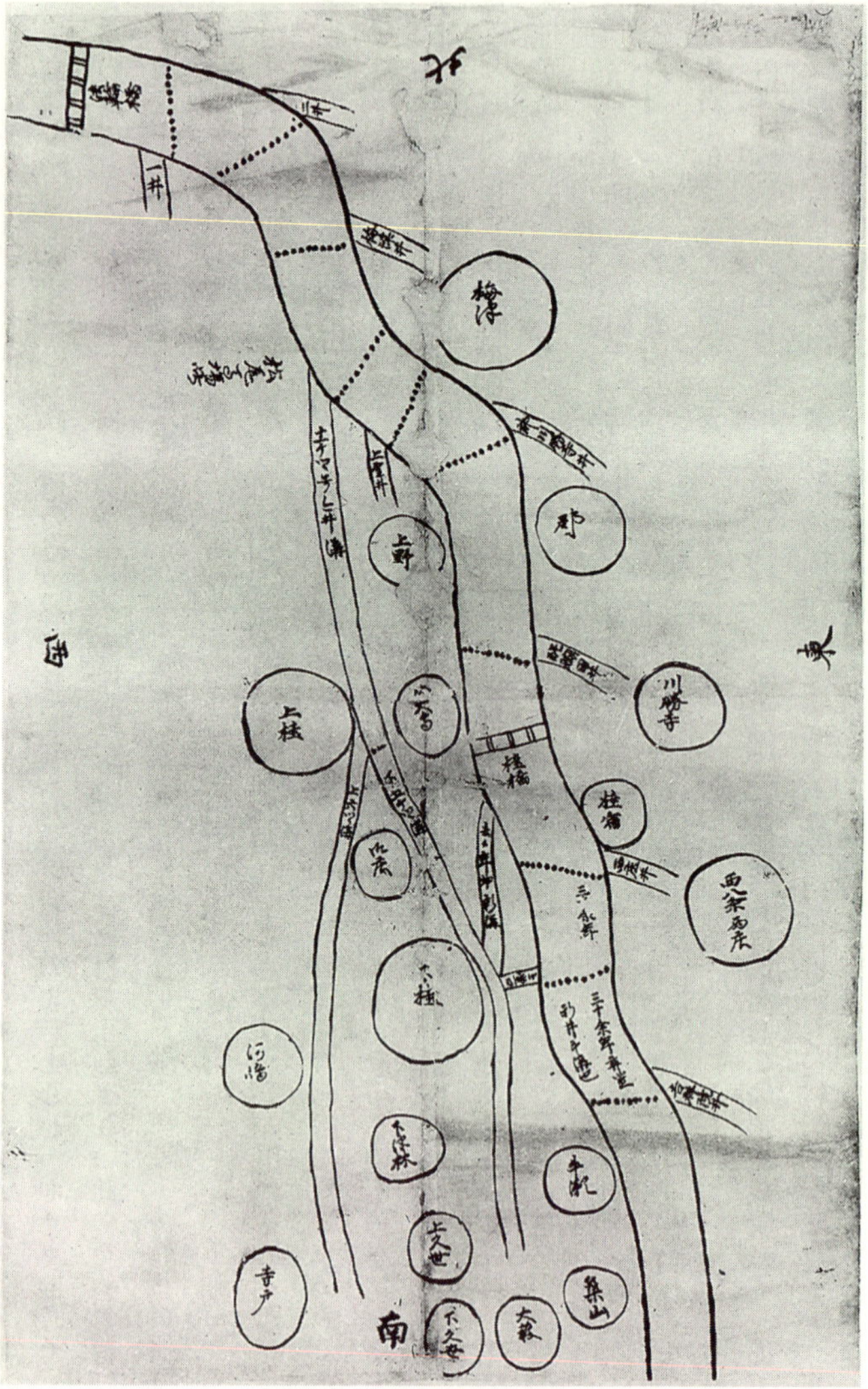

図２　山城国桂川用水差図

の取水口を松尾社の神前に設けたことが原因であった。実際は、一一ヵ荘のうち五ヵ荘が連合から脱落してしまったため、一一ヵ荘の連合戦線が崩れてしまい、松尾社の勝訴に終わってしまったが、用水路の使用をめぐってその流域の一一ヵ荘もの連合が成立したことの意義は大きいというべきであろう（図2）。

満作化と耕地の零細化　鎌倉時代後期から顕著になる溜池の築造、さらに南北朝・室町期で確認できる土豪層を中心とした用水の修復と再開発、さらに土豪・郷の連合による用水管理などを通じて、耕地利用率の増加が実現されていく。荘園内の荒地や不作田の克服である。

これはまだ南北朝期の事例であるが、一三三四年（建武元）の山城国上野荘では合計一一町一段余のうち不作田は七段余、川成《かわなり》（川の流路の関係で河川敷になった耕地）は二町四段余であった。川成は多いが不作田は少ない。川成が多いのは、先に見た同荘における「白河原」の事例を考え合わせれば納得ができよう。さらに、これも山城国の事例であるが、一四三四年（永享六）の上久世《かみくぜ》荘では、合計五四町七段弱のうち荒田は二段一八〇歩と極端に少なくなっている（福留・一九六五）。このような耕地利用率の高さは山城国という先進地帯であったからだ、という意見も出るかもしれない。しかし、次の若狭国太良荘の事例は、耕地利用率の上昇は全国的な現象であったことを示している。

一二七〇年（文永七）における太良荘の現作田（実際に耕作している田地）は二六町四段余で、損田（不作の耕地）は五町九段余であった。不作地は約一八％に及んでいた。しかし、室町時代初期の一四二九年（正長二）段階では、地頭方と領家方合わせても不作地は三段余にすぎなく、不作地の減少、

表9　垂水荘榎坂郷4条1里36坪の耕地の零細化

1189年(文治5)	36坪　1町	包近2段　恒貞2段　延武6段
1343年(康永2)	36坪　1町	友正4段　荒120歩　損1段20歩　作3段240歩 宗友1段　荒 60歩　畠 300歩 藤三郎2段 光念2段　荒 60歩　損 270歩　作1段300歩 行念1段　損 240歩

出典：福留・1965。

すなわち耕地利用率が大幅に上がっていることが確認できるのである(佐々木銀弥・一九七五)。

　このような耕地利用率の上昇と密接な関係があるのが耕地の零細化の進行である。これも前に紹介したが、摂津国垂水《たるみ》荘では、鎌倉初期から室町初期にかけて耕地の零細化が進行したことが指摘されている(福留・一九六五)。一例に同荘榎坂《えさか》郷四条一里三六坪の一一八九年(文治五)と一三四三年(康永二)の記載を比較すると、表9のようになる。

　一一八九年段階では大きく名《みょう》別に三区分されていた耕地が一三四三年段階では五名に分割され、かつ名内部も最少六〇歩単位で丈量されていることがわかる。また、「荒」や「損」など不作田がやや多く、畠地も存在した。このような耕地の零細化過程を明らかにした福留照尚は、①鎌倉初期に作田とされていた耕地は完全に水田化されていたのではなく、後に畠地となるような耕地も含んでおり、年々の損害も大きかった。②鎌倉初期の作田は粗放な状態であり、その粗放性のゆえに作田と表記された、と評価する。そして、そのうえで、③中世の課題であった不安定耕地の安定化は、粗放な耕地を適合した地種に選別することによって、また当時の農民の経営に適したかたちで零細化しながら安定されていった、と評価している。

このような集約的経営の展開の結果として室町時代初期の三毛作の達成があるのである。一四二〇年（応永二十七）、将軍足利義持の回礼使《かいれいし》として朝鮮から日本に来た宋希璟《ソンヒギョン》は、その帰路、兵庫尼崎付近の様子を紀行文集『老松堂日本行録《ろうしょうどうにほんこうろく》』で次のように記している（岩波文庫）。

日本の農家は、秋に畓（水田）を耕して大小麦を種き、明年初夏に大小麦を刈りて苗種を種き、秋初に稲を刈りて木麦（蕎麦）を種き、冬初に木麦を刈りて大小麦を種く。一畓に一年三たび種く。乃ち川塞がれば則ち畓と為し、川決すれば則ち田と為す。

これによれば、秋に大小麦を蒔き初夏に刈り取り、その後に苗種＝稲を植え初秋に刈り取り、その後に蕎麦を蒔き初冬に刈り取り、その後にさらに大小麦を蒔く、という三毛作が行われていたのである。そして、このような三毛作が行われる前提に川＝用水の管理による田と畠の切替があったことを記しているのはさすが文人貴族である。

商品作物の栽培と特産物　以上、再開発と用水管理による土豪層を中心とした畠地の水田化および零細耕地化の進展に伴う集約的農業の展開を見てきたが、これは、中世後期における畿内を中心とした米市場の展開に即応する動向ととらえることができよう。

しかし、このような水田志向、商品米への需要の増大という動向とは異なった動きも現れてくる。それは畠作物を中心した商品作物の展開である。佐々木は、支配階級と商工業者の巨大な需要に対応して広範に展開しつつあった畿内各都市における手工業生産は、必然的に地方の農業生産、とくに畠作に大量な原料の供給を要求し、畠作に商品生産の方向を促すようになるのは当然であるという

（佐々木銀弥・一九六三・一九六五）。その代表として、生糸、苧麻《ちょま》、衣料染料、荏胡麻《えごま》を取り上げ、概観しておこう。

〔生糸〕　十三世紀後半以降、荘園領主層が品質の優れた輸入絹織物や年産絹織物を強く欲求するようになるにしたがい、それまで荘園より現物納されていた絹は暫時代銭納に切り換えられていった。その結果、十四世紀まで主要な原料生糸の生産地帯＝養蚕地帯であった東海・東山・山陰・北陸にやや変化が生じ、但馬・丹後・丹波・越前・加賀・越中など京都の絹織業に結びついた山陰・北陸地方がクローズアップされてくる。また、それと連動して、十四世紀末までには京都の大宮に大舎人織手《おおとねりおりて》座、四条に綾座・錦座など、絹織物の生産と販売を行う座が成立した。

〔苧麻〕　中世においては、庶民ばかりでなく支配階級の間でも麻《あさ》織物が日常の衣服として広く使用されたため、その原料である苧麻は全国的に生産され貢納されていたが、なかでも栽培に適した北陸・東山道産のものが品質的に優れていた。十五世紀になると畿内諸都市における麻布の需要の増大と商品生産化の拡大に伴い、京都や奈良・天王寺に白布座・布座が成立するとともに、北陸・東山道産の原料苧麻が急速に商品化されて流通するようになった。これらの地域からの流路は二つに分かれていた。一つは、越後青苧《あおそ》の直江津・柏崎－若狭湾－琵琶湖・坂本－京都・天王寺のルートで、もう一つは信濃産苧麻・青苧の東海道－桑名－八風・千草街道－近江－畿内のルートである。

〔衣料染料〕　衣料染料の一つである茜《あかね》も、十五世紀以降東海道産の茜の商品化と畿内都市への進出が著しく、遠江国染座商人一六人は室町幕府の政所《まんどころ》公文《くもん》としての任務を遂行する代償として京都における茜取引の独占を許されていたし、もう一つの染料である藍も十四世紀以降に京都・奈良などに紺座が成立している。

〔荏胡麻〕　以前の原料と同じく灯油の原料である荏胡麻の商品化も、鎌倉中期以降の現物油収取の困難化、代銭納に伴う商品油への依存、室町期における京都集住による灯油需要の増大に起因していた。なかでも灯油の二大消費地である京都と奈良をひかえていた大山崎（京都西南）と符坂（奈良）の両油座が大きな力をもっていた。大山崎油座の構成員である大山崎油神人《じにん》は足利氏や守護大名の崇敬を集めていた大山崎の離宮八幡宮の神人としての身分をもち、西国に分散する石清水八幡宮領荘園および別宮所在地、さらに有力守護の赤松氏や山名氏などの管国を仕入れ地域とし、彼らの権威を背景に独占的な仕入れを展開した。また、符坂油座商人は興福寺大乗院を本所とし、大和・紀伊・河内地方からの特権的な購入権をもっていた。しかし、十五世紀になると、大山崎の油座は摂津・近江国の諸所の土民の活動によって荏胡麻購入と油製造の独占が揺らぎ始め、符坂油座も摂津国木村、大和国箸尾・坂本・片岡・吉田などの油商人の進出によって、その独占が崩れつつあった。このことは、一方で、荏胡麻の生産と油の商品化が畿内近国においていっそう拡大・展開していたことを示している。

以上のように、室町期における畠作物を中心とした商品作物＝原料作物の展開は目を見張るものがある。いま紹介したのはその一部にすぎないが、京都・奈良の主要都市や守護の城下町さらに交通の要衝地にできた港町・宿《しゅく》などへの人口の集中によって、その商品の流通圏に応じた特産物が形成されていったのである。

施肥の普及　生産の集約化、多毛作化は当然地力を消耗する。したがって、これらの経営を維持するためには肥料の補給が不可欠になる。施肥に関する史料は『延喜式』内膳司式や鎌倉幕府追加法一八七条（「牛馬を放って、土民の作物草木を採り用いる事」）などによって、室町期以前から確認できるが、やはり史料が多く確認できるのは南北朝・室町期に入ってからである。

例えば、鎌倉末期に成立したといわれる『沙石集《しゃせきしゅう》』には、小法師が田に入れるために糞を馬に付けて運んでいる様子が記されているし、建武政権の混乱ぶりを批判した『二条河原の落書』には「肥《こえ》桶《おけ》」という語も見えているから、この頃には人糞尿が肥料として利用されていたことがわかる。

さらに、一四四七年（文安四）の山城国上久世荘に関する史料には、

既になゑ《苗》をすえ、あせ《畦》をぬり、こゑ《肥》はい《灰》を入れ候て作り候。

と記されていた（「東寺百合文書」を）。「肥灰」とあるから、これが草や木を焼いた後にできる灰（草木灰）であることはまちがいない。記載の順序から判断して、田植え後の追肥として草木灰が利用されていたのである。

また、これは有名な史料であるが、一四〇八年（応永十五）、紀伊国粉河寺領では「肥灰」に関する法令が出されている（粉河寺御池坊文書）。

定め置く、肥灰の事

右、当寺内に於て、恣《ほしいまま》に肥灰を他所に出す事然るべからず。これによりて寺内畠田疲極して作

毛を得ず。既に得間旁々衰微《かたがたすいび》この事なり。大海の一滴、九牛の一毛、不聊《ぶりょう》の事、眼前の支証なり。しかる上は、向後においては他所に出すべからず。たとへ出作たりといえども、堅くこれを停止す。もしこの旨に背く輩出来せば、罪科に処すべきものなり。衆義に依りて定むる所の状、件のごとし。

応永十五年戊子三月廿九日

三ヶ所沙汰人（花押）
公文代衛門（花押）
預所代衛門大夫（花押）

簡潔に要点を記すと、

①粉河寺領内においては勝手に肥灰を他所に出してはならない。
②他所に出す者がいるので、寺領内の田畠の地力が疲弊してしまい、作物を得ることができない。
③もし、この決まりに背く者がいれば罪科に処す。

ということになろう。

この法令は、沙汰人・公文・預所三名の連署をもって発せられているが、文中最後に「衆義（議）に依りて定むる」と記されているから、単なる領主法というより「惣掟」に類するものと考えた方がよいであろう。実際、「掟書」を集めた『中世政治社会思想（下）』では、「紀伊国粉河寺寺内肥灰掟」という文書名を付けている。また、この掟が発せられた時期に注目すると、「三月廿九日」であった。この時期は水田の荒起こしが終わり、いよいよ本格的な農作業に入っていく時期である。そのときに、肥灰を守るための掟＝禁令が出されているのも象徴的である。肥灰の生産と管理は惣村が農業生産を維持していくうえでいかに重要な課題であったかを如実に示している。

このように理解することができるとすると、南北朝・室町期に入って頻出するようになる惣掟・村掟のなかに、惣内の木・柴・桑などの切木、森林の伐採、草木の葉などの採取を禁じる項目があり、それに違反したときは厳しい罰則が加えられると記されているが（一四八九年〈延徳元〉近江国今堀地《じ》下《げ》掟『中世政治社会思想（下）』）、これは、中世後期における農業の集約化に伴って、惣内での肥料の確保と草木の共同利用を実現するためであった考えることができよう。

室町時代農業生産の方向性　以上見てきたように、室町時代の農業生産は、土豪層の再開発による水田開発と、耕地の零細化と施肥の普及に見られるような経営の集約化、さらに商品作物の特産物化という三つの方向性をもっていた。しかし、これら三つの方向はそれぞれ相反するものではなく、それぞれ関係しながら、室町時代の農業生産の特色をかたちづくっていた。

前の二者は、佐々木銀弥の研究によれば、室町幕府の成立による支配者層の京都周辺への集中、そして一方における荘園制の弱体化に伴う荘園領主層の畿内米市場への依存の深化などによって、米の需要が増大し、米の商品化が進むという傾向に対応した特徴ということができよう。また、商品米への依存は京都だけでなかった。詳細は略するが、商品流通の進展に伴って陸上・海上交通の結節点に発展した港湾都市、それまでの寺院酒造に加えて発展した摂津西宮、河内、近江大津・坂本などの地方新興酒造地帯、さらに自然的な条件に制約されて稲作生産力が低位ないし困難な地方などにおいても、商品米への需要が高まった。その結果、畠地の再開発による水田造成と水田の満作化が飛躍的に進展することになったのである（佐々木銀弥・一九六三・一九六五）。

第三の地方商品作物の特産物化も、やはり京都の都市としての肥大化および商品流通の展開による地方都市の発展に起因するということができよう。すでに指摘したが、「支配階級と商工業者の巨大な需要に対応して広範に展開しつつあった畿内各都市における手工業生産は、必然的に地方の農業生産、とくに畠作に大量な原料の供給を要求し、畠作に商品生産の方向を促すようになるのは当然」なのである。その結果、中央市場の要求に応じ、質の高い原材料としてその商品流通ルートに乗ることができた畠作物が特産物化したのであった。中央市場の需要が多くなればなるほど特産物は豊富化する一方で固定化されていったのである。

例えば、国内産業において大きな比重をもっていた東海・東山地方の養蚕・製糸の関連史料が著しく少なくなる一方で、京都など畿内諸都市における絹織物業の発展と結びついて、品質がすぐれ、運送条件に恵まれていた山陰・北陸地方の養蚕・製糸が進出してくるということが、それをよく物語っている。

このような農業生産の方向は、必然的に勧農の主体の交替を導くことになった。鎌倉時代の開発を「開発から勧農へ」とまとめたが、室町期の勧農は「荘園領主・在地領主から土豪へ、さらに惣村へ」と移行したということができよう。

京都を中心とした中央市場の肥大化は荘園や国の枠を超えた商品流通を生み出した。この都市と地域を結ぶ広域的な商品流通を個別の荘園領主が掌握することは当然無理であったし、その流通に対応する農業生産を管理する（＝勧農）こともできなかった。このような変化のなかで流通の主体として現れてきたのが有徳人《うとくにん》であり、寺社などから特権を得た商人であった。そして彼らと結びつきながら惣村における農業生産を主導したのが土豪層であったのである。しかし、室町期の土豪層は、鎌倉期までの土豪層と異なって、有徳人や特権商人を通じて常に中央勢力に結びつく契機をもっていたこともあって、上昇志向の強い彼らの主導権は徐々に惣村へと移っていかざるをえなかったのである。

このことは、黒田日出男が戦国時代の農業生産の全体的な特徴を理解することが難しくなることの要因として、次のように指摘していたことと合致する（黒田日出男・一九八五）。すなわち、直接的な要因は、戦国時代になると、荘園領主の文書群に農業技術上の魅力ある記載がある文書を見出すことが困難になってしまうことにあるのだが、実はこのことは、「すでに、中世後期になると、荘園領主および在地領主階級はいわゆる「勧農」から遊離して毎年の収納に腐心するだけの寄生的存在になっており、農業技術の発展は基本的には土豪層以下の在地の住民たちが推進していることを端的に示している」と。

4　戦国時代の農業

戦国時代の技術的特徴　先の黒田日出男の指摘にあるように、戦国時代の農業生産の全体的な特徴を理解することは非常に難しい。そのことをふまえたうえで、黒田は、戦国時代の生産技術を中心とした革新について、次のように整理している。

①木綿栽培の導入による軍事的利用と民衆の衣料変革。

②鉱山技術の変革。灰吹き法の採用によって日本の銀産が飛躍的に高まり、当該期の世界の銀産出高の四分の一を占めるに至ったこと。

③建築技術上の革新。台鉋《だいがんな》と「台切鋸《だいきりのこ》」の発明が戦国期から織豊期の一大建築ブームと軌を一にし、それを技術的に支えたこと。

④築城技術の発展。天正初年に急転回した「土の城」から「石の城」への発展である。

⑤造船技術の飛躍。近世の代表的な和船である「大和型船」の登場に代表される。

⑥製塩技術の革新。室町期の伊勢湾では、すでに近世入浜式塩田の先駆形態ともいうべき塩浜が成立していた。

⑦窯業の発展。これは豊臣秀吉の朝鮮侵略による朝鮮人陶工の強制移住によって大きな発展が作

られた。

⑧製鉄技術の発展。史料的に確定することは難しいが、中央の鋳物師《いもじ》集団の統制に従わない「隠鋳物師」集団の存在、日明貿易における刀剣輸出量の厖大さ、カンナ（鉄穴）流しによる砂鉄採集の革新、鉄船の活発な交通、などの状況証拠によって、この時期に製鉄技術の発展があったことはまちがいない。

黒田は、以上のような特徴を指摘したうえで、このような発展の出発点として、農業史・農業技術史上の発展と製鉄技術の革新、多様な職人たちの登場、そして民衆の主体的な生産力（労働能力）の成長・発展の四点を挙げている。この評価について、いま、私の意見を加えることはできないが、この整理を見るだけでも、この時代の技術の発展の中心が農業生産・農業技術に関する分野にないことは明らかであろう。実に多様な分野での技術的な発展が実現されていたのである。

このような多分野における技術的発展の背景に、鎌倉時代以来の農業生産の発展と都市の成熟があることはまちがいないにしても、黒田もいうように、多分野の技術的な発展に即応して様々な職人が具体的な姿を現してくることは注目してよい。黒田に倣って、「職人歌合」に採録されている職人を比較してみると、「東北院職人歌合」から「七十一番職人歌合」までの職人の増加は目を見張るものがある（表10）。

戦国時代の農業生産の特徴　黒田は、戦国時代の技術発展の出発点の第一に挙げた農業・農業技術上の発展について、「田遊び」から農書へ、惣村の池築造と灌漑技術、木綿栽培、そして最後に治水

表10 『職人歌合』の職業一覧

『東北院職人歌合』五番本

1医師・陰陽師　2鍛冶・番匠　3刀磨・鋳物師　4巫・博打　5海人・賈人
判者　経師

『東北院職人歌合』十二番本

1医師・陰陽師　2仏師・経師　3鍛冶・番匠　4刀磨・鋳物師　5巫女・盲目　6深草・壁塗　7紺掻・筵打　8塗師・桧物師　9博打・船人　10針磨・数珠引　11桂女・大原人　12商人・海人

『鶴岡放生会職人歌合』

1楽人・舞人　2宿曜師・算道　3持経者・念仏者　4遊君・白拍子　5絵師・綾織　6銅細工・蒔絵師　7畳差・御簾編　8鏡磨・筆生　9相撲・博労　10猿楽・田楽　11相人・持者　12樵夫・漁父
判者　神主

『三十二番職人歌合』

1千秋万歳法師・絵解　2獅子舞・猿牽　3鵜飼・鳥刺　4大鋸挽・石切　5桂の女・鬘捻　6算置・虚無僧　7高野聖・巡礼　8鉦敲・胸叩　9表補絵師・張殿　10渡守・輿舁　11農人・庭掃　12材木売・竹売　13結桶師・火鉢売　14糖粽売・地黄煎売　15箕造・樒売　16菜売・鳥売
判者　勧進聖

『七十一番職人歌合』

1番匠・鍛冶　2壁塗・桧皮葺　3研・塗士　4紺掻・機織　5桧物し・車作　6鍋売・酒作　7あぶらうり・もちゐうり　8筆ゆひ・筵うち　9炭やき・小原女　10むまかはふ・かはかはふ　11山人・浦人　12木こり・草かり　13えぼし折・扇うり　14おびうり・しろいものうり　15蛤うり・いをうり　16弓つくり・つるうり　17ひきれうり・かはらけつくり　18まむぢう売・ほうろみそ売　19かみすき・さいすり　20よろひざいく・ろくろし　21ざうりつくり・硫黄箒売　22傘張・あしだづくり　23翠簾屋・から紙し　24一服一銭・煎じ物売　25琵琶法師・女盲　26仏師・経師　27蒔絵士・貝磨　28絵師・冠師　29鞠括・沓造　30たち君・づし君　31銀ざいく・薄うち　32針磨・念珠挽　33紅粉解・鏡磨　34医師・陰陽師　35米売・まめ売　36いたか・穢多　37豆腐うり・索麺売　38塩うり・麹売り　39球磨・硯士　40燈心うり・葱うり　41すあひ・蔵まはり　42筏士・櫛挽　43枕売・畳刺　44瓦焼・笠縫　45鞘巻きり・鞍細工　46暮露・通事　47文者・弓取　48白拍子・曲舞々　49放下・鉢扣　50でんがく・猿がく　51ぬひ物し・組し　52すりし・畳紙うり　53葛籠造・皮籠造　65矢細工・箙細工　55蟇目くり・むかばき造　56金ほり・汞ほり　57はうちやうし・てうさい　58白布売・直垂うり　59苧売・綿うり　60薫物うり・薬うり　61山伏・地しや　62ねぎ・かんなぎ　63競馬組・相撲取　64禅宗・律家　65念仏宗・法花宗　66連歌し・早歌うたひ　67びくに・にしう　68山法師・なら法師　69華厳宗・倶舎じう　70楽人・舞人　71酢造・心太うり

の主体の四項目から説明をしている。惣村の池築造についてはすでに述べたし、農書と木綿栽培については後で取り上げるので、ここでは、当該期の大規模治水の評価に関わる治水の主体についての黒田の考えを紹介しておくことにしよう。

黒田は、鈴木良一が一向一揆が低湿地に展開したことを前提に、一向一揆が本願寺に頼らざるをえなかった要因として、本願寺がもっていた優れた治水技術があったことを示唆した見解を再検討して、次のように述べている。

木曽川・長良川流域に所在した円覚寺領尾張国富田荘の十四世紀前半の様相を描いた荘園絵図にすでに輪中《わじゆう》型の築堤が見られることから、治水・干拓技術が本願寺の指導によって発達してきたのではない。おそらくは逆で、「中世を通じて形成されてきた在地における治水・灌漑技術とそれを維持する地域的な結合の到達点こそが一向一揆の低湿地帯での発展の歴史的条件であったとみるべきではない」か、と。先の「惣村の池築造」や「土豪による用水管理」で見たように、南北朝・室町期における惣村・土豪層による治水・灌漑技術は相当発展しており、黒田の指摘は正鵠を射ているといえる。

黒田は、上記のような評価をふまえて、論を戦国大名による大規模治水事業の評価まで広げる。すなわち、戦国大名の治水技術として有名な武田信玄の信玄堤も、それがどこまで信玄の創意ということができるか疑問であるし、今川氏・毛利氏の場合も大規模な河川工事の事例はほとんど伝承にすぎない、と評価する。そして、「この時期、大名権力や統一権力による大規模な治水工事が活発に行われたと想定することは困難であ」り、「本格的な治水工事はやはり慶長以降のものが大部分といわねばならないのである」と結論する。黒田のこのような結論は、中世後期における遠江国初倉荘の開発、さらに近世初頭における出羽国庄内三郡の開発に関する研究成果を前提にしているだけに重要な意味をもっていると考える。

私も以前、『明治以前日本土木史』を整理した佐々木潤之介の表（佐々木・一九六七）を利用して、江戸前期の新田開発について、一年平均で見ると開発面積（石高を含めて）が非常に拡大するのは万治〜延宝期（一六五八〜八〇）であり、それに対して、慶長〜寛永期（一五九六〜一六四三）は「開発そのものよりも大規模な灌漑整備が行われたことが特徴であ」る、と指摘したことがある（木村・一九八七）。黒田の結論とまったく同じである。戦国大名による大規模治水事業の実態については、伝承に頼ることなく、堅実な実証研究が進められるべきであろう。

最後に、黒田が初倉荘に関する研究の末尾で指摘している、戦国大名と開発に関する一文を紹介しておこう。戦国時代の開発を研究する際の重要な視点であると考える（黒田日出男・一九六九）。

戦国大名の開発・治水は、一般論として土木技術の進歩・築城技術の発展の帰結であると論ずるべきではない。中世後期の初倉荘に展開したような「島」開発＝築堤の発展とその主体・村落を戦国大名がどのように掌握したかが、戦国期の開発・治水を論ずる出発点であると考える。今川氏が大畠ら小領主（土豪）層を軍事力編成によって把握し、その「開発」を権力的に保証することによって、大河川下流域の村落と生産力をつかもうとした政策こそ戦国大名の開発の基本であり、その階級性の表現であった。

木綿栽培の開始をめぐって　戦国時代を代表する農業生産の特徴として指摘しなければならないのは、黒田の指摘にもあるように、やはり木綿栽培の開始と展開であろう。木綿栽培に関しては、近年永原慶二が、小野晃嗣の研究（一九四一）を前提に、その後に明らかになった史料を網羅的に収集し、現時点では最高水準と思われる研究成果を発表しているので（永原・二〇〇四）、それに基づいて、木綿栽培の実相について紹介しておこう。

日本における木綿に関する最初の史料は、『類聚国史』七九九年（延暦十八）七月に「蛮船」が三河に漂着して木綿種を伝えた、という記事である。朝廷は翌年、早速その種子を紀伊・淡路らの国々に配り、試植させたという。そのあたりの事情が詳しく書かれているので紹介しておこう。

去年漂着せる崑崙《こんろん》人の齎《もた》らす綿種を以て、紀伊・淡路・阿波・讃岐・伊予・土佐・及び大宰府の諸国に賜りて之を殖《う》えしむ。その法、まず陽地の沃壌を簡《えら》びて穴を作る事深さ一寸にて相去ること四尺とし、種子を洗うて之を漬け、一宿を経て明旦之を殖え、一穴に四枚土を以て之を掩《おお》い、手を以て之を按《おさ》え、毎旦水を灌《そそ》ぎ、常に潤沢せしめ、生ずるを待て芸《くさぎ》らしむ。

この一連の記事が、木綿栽培三河国発祥地説の背景になっているのであるが、実際に試植が命じられたのは紀伊・淡路以西の国々で三河国は入っていない。それは、前の史料にもあるとおり、木綿の栽培は「陽地の沃壌」＝日当たりの良い肥えた土地でなければいけなかったためであろう。もちろん、三河国は海に面した温暖な地域であるが、「崑崙人」（永原はインド人の可能性が高いという）がもってきた木綿種を植える地域としては、より温暖な紀伊・淡路以西が選ばれたのであろう。

ここで指摘されている栽培法が先の土壌のことも含めて具体的なことが注目される。一寸（約三センチ）の穴を四尺（約一・二五メートル）の間隔で掘り、種を洗って水に浸し、一晩おいた朝にこれを植える。種子が植えられた穴は四枚ほどの土で覆い、それを手で押さえる。毎朝水を掛け、常に湿潤にしておかなければならない、というのである。

九世紀初頭の農作物の栽培法を記した記事としては突出した詳しさである。ときの支配者の関心の高さを示しているが、残念ながらこのときの木綿栽培は根付かなかった。しかし、この木綿栽培（その失敗を含めて）への関心の高さは、十四世紀初頭に編纂された『夫木《ふぼく》和歌抄』に、衣笠内大臣の歌として収められた次の一首がよく示している。

敷島のやまとにはあらぬから人の　うゑ《植》てし綿の種は絶にき

その後、南北朝期に成立した『庭訓往来』（十月状　返）に、「大斎」（法会）の布施物として「綾紫の小袖」「上品の細美」などの衣料とならんで「花綾の木綿」が出てくる。周知のように『庭訓往来』は往復書簡の形態をとったいわゆる「往来物」＝初級教科書であるから、ここに木綿が出てくるというのは、木綿がそれなりに日常の生活に浸透していたと考えることができよう。

実際、十五世紀にはいると木綿に関する史料が増えてくる。『満済准后《まんさいじゅごう》日記』一四三二年（永享四）五月八日条には、室町幕府将軍所有の宝剣と鎧の四方を囲った「木綿」の幕のことが見えるし、『山《やま》科《しな》家《け》礼《らい》記《き》』一四五七年（康正三）七月二十七日条には「もめん《木綿》のあか《垢》おとし」に関する記事が記されている。

さらに、朝鮮王朝との交易において、十五世紀にはいると、朝鮮王朝からの主要な回賜品《かいしひん》がそれまでの麻布・苧布から「綿布」に変化するという。実際、一四五一年（宝徳三）に、薩摩の島津貴久が即位した朝鮮の文宗に慶賀の品を贈った際の回賜品は「綿布二千三百九十四匹」であった。朝鮮では十四世紀後半に元（モンゴル）に派遣された使者が綿種を持ち帰り、その後綿作が急速に普及したといわれているから、十五世紀にはいり、朝鮮王朝からの回賜品に綿布が増えてくるのは納得がいく。

一四九〇年（延徳二）、対馬の宗貞国が朝鮮に対して、

絹布・麻布の類は吾国の本有《もとも》てる所なり。但し、木綿はあるなし。因て以て純に木綿を望む。

と述べたことは、当時の木綿をめぐる状況を示して興味深い（『朝鮮王朝実録』）。十五世紀末になると、中国からも「唐木綿」を輸入しようとする動きが見られるが、ここではその指摘にとどめ、詳述は避けることにする。

このように、木綿の利用は南北朝期頃から普及し始め十五世紀に需要が拡大するが、それらはすべて朝鮮・中国からの輸入品であり、日本ではまだ木綿の栽培は始まっていなかったのである。

日本における木綿栽培の展開　永原によれば、日本で木綿が栽培されたことがわかるもっとも古い例は、『金剛三昧院《こんごうざんまいいん》文書』に収められた一四七九年（文明十一）の「筑前国粥田《かゆた》荘納所等連署料足注文」であるという（二一一号）。そこには、

送進上之土産事、木綿壱端令賢房へ進之

と記されていた。粥田荘は博多の東方に所在した高野山金剛三昧院領の荘園であった。そして、この

史料も同院に伝存されているから、令賢房も同院に住む僧侶であろう。すなわち、この記述は、北九州の粥田荘から高野山の住僧へ「土産」として「木綿壱端」が送られたことを示している。「土産」は「みやげ」ではなく、北九州の地元の産物の意味と理解すべきであろう。とすると、わざわざ北九州から「土産」として「木綿」を送ったことを記しているのは、まだ木綿の国内生産が少なく、珍しかったからに違いない。永原自身が認めているように「土産」の解釈には異説の余地はあるが、永原の理解に従って、十五世紀後半には日本国内においても木綿の栽培が開始されたと考えておこう。

十六世紀にはいると、国内産木綿に関する史料も増えてくる。例えば、本願寺一〇世証如の『天文《てんぶん》日記』の一五五一年（天文二十）十二月二十五日条には「唐木綿」と「日本木綿」が書き分けられているから、十六世紀中頃には日本産木綿が一定の広がりを示していたことはまちがいない。以下、比較的早い事例を拾って紹介しておこう。

大和国では、『多聞院日記』一五七一年（元亀二）十二月十四日条に「モンメン《（木綿）》ノヌノコ」・「モンメン糸」などと見える。摂津国では、西成郡勝間《こつま》（大阪市西成区）で生産された「小妻《こつま》木綿」が一五四〇年（天文九）に京都で流通していたことが『室町殿日記』から知れる。しかし、河内・和泉国では十七世紀初頭にならなければ確認できないという。

前述のように、木綿栽培発祥の地という伝承をもつ三河国では、十六世紀初頭に栽培を確認できる。それは、「永正年中記」という興福寺大乗院の記録で、一五一〇年（永正七）の記事には次のようにあった。

表11　筑前・大和・摂津・三河・伊勢・武蔵国以外の国における木綿の初見（永原・2004より）

国	年　代	語　句	出　典
下総	1556年（弘治2）	もめんかたきぬ	『結城氏法度』第63条
遠江	1532～55年(天文年間)	木綿一巻	大福寺文書
駿河	1552年（天文21）	円座木綿	『静岡県史中世史料』2123号
甲斐	1565年（永禄8）	百姓木綿	「小佐野家文書」
信濃	1574年（天正2）	木綿　一たん	「木曾定勝寺仏殿修理番匠作料日記」
出雲	1549年（天文18）	新もめん	「御神火相続次第」
土佐	1594年（文禄3）	木綿にて弓籠手	「土佐国蠹簡集」595号
筑後	1547年（天文14）	木綿・嶋木綿	「田尻文書」第44号
肥後	1593年（文禄2）	もめんまく、もめんぬのこ	「下川文書」第23号
薩摩	1597年（慶長2）	もめんぬのこの事	『薩藩旧記雑録　後編3』

永正七年庚午年貢　四月中　二百五十文両度沙汰、百八
十文トル三川木綿

「百八十文」と「三川木綿」との関係は不明だが、ここに明確に「三川（河）木綿」と記されていることは注目される。十六世紀初頭の奈良地域では、「三川」と産地を付した木綿が普及していたことを示しているからである。

また、『実隆公記』の一五二三年（大永三）の記事にも木綿が散見するが、七月二十日条には「宗牧誘引の参川僧西信浄土宗と対面す、木綿二端これを献ず、不慮の事なり」とある。実隆が三河の僧西信と対面した際「木綿二端」をもらった、という記事だが、「不慮の事なり」という記述に、珍しい貴重なものをもらった実隆の感慨がよく現れている。三河木綿はまだそれほど流布していなかったのであろう。伊勢木綿についても一五一四年（永正十一）に関係史料がある（「伊勢古文書集」）。

このように見てくると、三河・伊勢地域の木綿生産は畿内地域よりも半世紀ほど前に確認できる。このような時期的な

早さが、前述の『類聚国史』の記事と相まって、木綿栽培三河発祥説を創り出したのかも知れない。

関東における木綿生産が確認できるのは畿内地域と同じように十六世紀後半である。煩雑になるので、武蔵国の事例を一・二紹介し、他の地域はその事実だけを列挙しよう。

武蔵国越生《おごせ》郷上野村（埼玉県越生町）の聖天宮に伝存する一五七一年（元亀二）の棟札には、聖天宮の再建に際し奉納された品々が記されているが、そこに「新六　木綿一反」などとあった。また、越生郷にほど近い熊谷郷には、一五八〇年（天正八）頃「木綿売買の宿」があったことが知られる（『武州文書』上、大里郷三号）。また、相模国三浦郡の木綿栽培の由来を記した『慶長見聞集』には、一五二一年（大永元）の春、熊谷の市で西国の者が木綿の種子を売っているのを手に入れて三浦で蒔いたところ、成功して生産も増え「三浦木綿と号し、諸国にて賞玩」されるようになったという。ここにも熊谷郷が出てくる。熊谷郷は木綿栽培における関東地方のセンター的な役割を果たしていたのかもしれない。

木綿栽培の全体的特徴　以下、永原の著書に基づいて、国名と初見史料の年代を列記する（表11）。詳細は永原の著書を参照願いたい。

前項の畿内・三河・伊勢・関東の状況と表11の状況をふまえたうえで、永原は江戸時代以前の木綿栽培の特徴を次のように指摘している。

おそらく日本の国内における木綿栽培は、九州からはじまったであろう。（しかし、稲作のように漸次東方へ広まったのではなく）ほとんど同時的に、三河をはじめとする各地に併行して種子が伝わり、そこここで綿作が行われるようになったのではないか。その際、北陸・東北方面が立ちおくれていたことは事実だが、全体として国内木綿の栽培の開始と広まりを、江戸前期中心に見る通説的理解は訂正される必要がある。実際はそれよりも早く、一六世紀中における展開の度合いをこれまでよりは高く評価すべきであると考えられる。

傾聴すべき見解といえよう。以上のような永原の成果をふまえ、木綿栽培の中世的展開の実像を明らかにするためのさらなる研究が期待される。

木綿の利用形態　では、これほど日本の幕府や大名が木綿を求めた理由はなんであろうか。農業史とは直接関係がないが、木綿の用途について簡単にふれておこう。

まず指摘しなければならないのは、「兵衣」としての利用である。一四七三年（文明五）、近江・出雲の守護京極《きょうごく》政経（政高）は、朝鮮王朝に木綿を送ってほしい旨申し入れているが、そこには「忝《かたじけ》なくも貴国家の紬《つむぎ》ならびに木綿の恩恵を蒙り、即ち凍死を三軍に救はば」とあった。すなわち、応仁・文明の乱に巻き込まれた近江・出雲では国々が疲弊し、粗悪な布しか着るものがなく、兵士が凍死してしまう状況なので、貴国・朝鮮王朝の綿紬や木綿を送ってほしい、というのである。木綿製品が兵士を寒さから守る衣類であると明確に認識されていた格好の事例である（『朝鮮王朝実録』）。

次は、陣幕・幟・陣羽織・馬衣などとしての利用である。前項の表11の肥後国のところに「もめん《木綿》まく《幕》」とあったし、一五七四年（天正二）に北条氏邦が定めた「永代法度」の一条には「具足《ぐそく》は雨風ニ当ててもそんじ《損》ざるように致すべく候、□木綿然るべく候」と記されていた。兵士が身につける箇略な防具は風雨によって簡単に破れてしまうようなものはだめだ、木綿を使用したものがよい、といっている。馬具の「切付」や「尻がい」「馬衣」なども木綿をよしとした。

次は、種子島銃の火縄である。鉄砲の火縄には当初竹が使用された。『駿府記』一六一五年（慶長二十）条には、「鉄砲薬袋ならびに火縄十筋を献ず。件の火縄は薩摩国産するところの唐竹糾《あざな》ふところなり」とあるし、『東海道名所記』にも「宿の内には苦竹《にがたけ》をけづりて、打やはらげ、火縄をつくりて売るなり」とあることからもわかる。しかし、江戸時代初期の随筆集『安斎随筆《あんさいずいひつ》』（伊勢貞丈、一七一七〜八四年）には

　雨天には竹火縄消やすし、紺に染めたる木綿火縄消えず。

と記されていた。実際、一六一六年（元和二）の「駿府御分物御道具帳」からは、徳川家康が備蓄させたものとして「木綿火縄」が七一一筋あったことがわかる。木綿の耐久性が鉄砲の戦術を大きく変えたことが想定できる。

最後は帆布である。戦乱の続く戦国時代では、大量の物資をいかに早く輸送するかは軍事上非常に重要なことであった。その点、強度の強い木綿の帆布はそれに適していたようである。時代は少々下るが、一六一一年（慶長十六）の「毛利輝元定書」に、「一、はや船はもめん帆」とあることがそれをよく示している（『萩藩閥閲録』七七）。

このように、木綿が日本で需要された第一の要因は軍事的な理由からであった。それは、先の表11からもわかるように、木綿に関する史料が十六世紀にはいると急激に増加していることからも理解で

きよう。室町幕府の要人や戦国大名が競って木綿を求めた背景には、相次ぐ戦乱状況があったのである。

ところで、「木綿革命」ともいわれるような庶民衣料への木綿の利用が普及するのはいつ頃であろうか。これも永原の克明な研究から、木綿栽培は十六世紀末から十七世紀初頭にかけて「爆発的な広がり」を見せ、そしてそれはすでに自給生産から商品生産へと展開していたことが明らかになっているから、その前提には、前述のような兵衣や火縄といった軍事用品にとどまらない多様な需要が存在したことはまちがいないであろう。

その多様な需要の一つとして庶民衣料への利用があったことは十分想定できるが、史料的に確認することは難しい。これも時代が下るが、一六二八年（寛永五）に出された江戸幕府の定書《さだめがき》はそれを伝える早い事例である（『徳川禁令考』二七七八号）。

百姓着物の事

一、百姓の着物の事、百姓分の者ハ布・木綿たるべし。但し、名主其の他百姓の女房ハ、紬《つむぎ》の着物までは苦しからず。其の上の衣装を着候うの者、曲事《くせごと》たるべきもの也。

布は苧麻布《ちょま》のことで、紬は手びきの太い絹糸の織物である。一六二八年という江戸幕府が始まって間もない時期に、それらと並んで木綿が百姓に相応の衣料として規定されていることは、中世以来の麻布と同じように百姓が入手しやすい衣料になっていたことを前提にしなければ理解できないであろう。十七世紀の早い時期には、木綿は庶民の日常的な衣料として相当の広がりを見せていたのである。

「農書」以前の農業　木綿を追いかけるあまり近世にはいりすぎた。ここで話をふたたび中世に戻して、最後に中世の農業生産の特色を記して「中世編」のまとめとしよう。

戦国・織豊期の技術と経済発展を論じた黒田日出男は、中世から近世への農業技術の発展を「『田遊び』の時代から『農書』の時代へ」と記している。その意味は、中世においては、まとまった農業技術の伝承が「田遊び」という正月の「予祝」の行事くらいにしか見出せないのに対して、近世になると、日本独自の農書が著され、それによって農業技術の普及が図られるようになったというのである。そして、黒田は中世と近世の違いを、中世の「農業は呪術的な性格を強く帯びており、農業技術の蓄積は近世に較べてはるかに困難であった」のに対して、「近世の農業は、そのような呪術的性格を完全に克服し得えたわけではないが、すでに経験科学的な農業技術の発展を期待できるものとなっていた」と指摘している（黒田日出男・一九八五）。

中世の農業技術と近世のそれとの相違と特色を象徴的に表現した指摘であると考える。それを受けて、以前、その呪術的性格の意味と農書成立以前の問題について次のような指摘をしたことがある（木村・一九八七）。

前者については、古島敏雄が、農書の未成立は生産力の停滞によるものではなく、「生産力の発展が、旧来の社会関係のなかで、集団的な慣行として維持・伝承されるならば、もちろん文字に記す必要はない」と述べていることをヒントに（古島・一九七二）、その「集団的な慣行」の代表的な事例が「田遊び」であるが、それにとどまらず、農事暦との関わりで成立してくる季節ごとの村落的な祭礼が中世の農業技術の維持・伝承に大きな役割を果たしていた。祭礼などにおける村落構成員の共食の場は農作業や技術についての情報交換と若い構成員の教育の場として機能したに違いないと指摘した。そして、その具体的な事例を「田植草紙」（『新日本古典文学大系』62）の一節に

　きのふ《（昨日）》京からくだ《（下）》りたる　目黒《めぐろ》の稲《いね》はな　稲《いね》三把《ば》にな
　米《（よね）》は八石な　福《ふく》の種《たね》やれ　三合蒔《ま》いては三石　がごがさし候
　げに千本《ちもと》このいね《（稲）》にわ《（は）》　まかう《（蒔）》や　福《ふく》の種《たね》をば

などとあることに求めた。

　後者については、2の「集約的農業の展開」の項で紹介した「八条朱雀田地指図」に「籾種田升四升《マスノ》　麦　種《カシキシウノ八升也》　同升九月七升十月八升」「井《（藺）》栽《ウフ》時十月九月」などと、稲や麦・藺草を植える時期と播種量に関する記載があることから、中世でも農業技術を維持・伝承する「農書的なメモ」が成立する可能性があったことを指摘した（木村・一九八五）。その後、「古代編」で紹介したように、平川南による古代の「種子札」の発見と解読とによって、古代においても米を植える時期を示した史料が存在したことが明らかになり、私の指摘した「農書的メモ」の存在は相当可能性が高くなったということができよう。

　そこでも指摘したように、「八条朱雀田地指図」に示された耕地が京中の宅地を耕地化した「巷所《こうしょ》」であり、手継券文《てつぎけんもん》から、一一七三年（承安三）から一二五四年（建長六）の間に五人の所有者に次々と伝領されていることを考えるならば、慣行として維持・伝承する集団＝村落共同体が存在しない京

中＝「都市」の耕地であったために、上記のような「農書的メモ」が残されたとも考えられる。

といっても、中世の農業技術は文字を用いて体系化されたかたちで残されることはなかった。そこには農書を伴った近世の農業技術の展開とは一線を画する差異があることはまちがいない。しかし、「旧来の社会関係のなかで、集団的な慣行として維持・伝承される」とともに、経験をもとに確定された技術として文字で残される可能性もまた存在したことも指摘しておかなければなるまい。

ただ、最後に指摘しておかなければならないことは、近世の農業技術は農書によって普及されたというが、実は日本でもっとも古いといわれていた農書『清良記《せいりょうき》』は、その内容のほとんどは「役人」論であって、農業技術に関する叙述は一割程度にすぎなく到底「農書」とはいえない。かつその成立も一六二九年（寛永六）～一六五四年（承応三）（徳永・一九八〇）、最近の研究によれば十八世紀初頭（一七〇二年〈元禄十五〉～一七三一年〈享保十六〉）ともいわれている（永井・二〇〇三）。とすると、『清良記』も含め、江戸時代の農書は十七世紀後半ないし十八世紀初頭にならなければ成立しないことになるから、農書の成立は江戸時代における小農自立＝本百姓体制の成立（十七世紀後半の寛文・延宝期）以後になってしまうのである。この事実をふまえるならば、農書は体制的に成立した小農経営の維持には有効に働いたと考えられるが、肝心の小農自立は中世以来の農業技術の展開の結果として実現されたことになってしまうのである。史料の残存性という制約もあるが、戦国期から十七世紀前半にかけての農業技術の具体相に関する研究の進展が期待される。とくに、永原が多様な史料を博捜し解明した、木綿栽培の十六世紀とくに後半における飛躍的な発展が、他の農作物の栽培および技術に与えた影響などについて考えることは、今後の農業史・農業技術史研究にとって大きな課題になるに違いない。

V 近世

1　新田開発の進展

平和のもとでの大開発　群雄割拠の戦国時代から織田・豊臣政権の天下統一過程を経て、日本は徳川政権による江戸時代を迎える。一六〇三年（慶長八）に江戸幕府が成立し、一六一四年・一五年（慶長十九・二十）の大坂の役で徳川氏が豊臣氏を滅ぼし、天下の帰趨は徳川の世に定まった。これをもって徳川将軍家は年号を慶長から元和に改元し、戦国時代以来続いた戦乱の集結を意味する「元和《げんな》偃武《えんぶ》」を宣言した。「天下泰平」、平和の時代の到来である。その後、一六三七年・三八年（寛永十四・十五）に島原の乱という内戦が起こったが、それ以外、江戸時代を通して国内の戦争はいっさい消滅し、海外に侵略の兵を進めることもなくなった。

約二六〇年続いた江戸時代は、統一政権の江戸幕府と藩（諸大名）が形成する幕藩体制によって長い平和と政治的な安定が維持された。これを「パックス・トクガワーナ」（徳川の平和）と呼ぶ。政権の安定は、村や町（都市）、人々の生産活動や暮らし、社会全体にも安定をもたらした。同時に日本の統合が進み、日本列島を緊密に結びつける交通・運輸網が整備された。これらは経済発展を促す基盤となる。さらに重要なのは、軍事的緊張のなかで磨き上げられた諸種の土木技術が、治水・利水のために積極的に転換・利用されたことである。この軍事的技術の平和的利用こそが、近世前期の大規模な耕地造成と農業生産の安定に決定的な役割を果たしたのである。

戦国末期から近世前期にかけて、河川下流域の氾濫原、沖積平野の開発が急速に勢いを増した。まず、頑強・長大な堤の築造や川筋の付替によって河川の乱流が抑えられ、河道が固定された。そのうえで、水量豊かな河川本流に堰が設けられ、距離の長い用水路が開削され、田畑の灌漑水系が整っていった。別に、潟湖や三角州・湾の干拓工事も進められた。これらをなし遂げたのが、高い技術をもち、大勢の人員を動員し、膨大な資金・資材を調達できた戦国大名や幕藩領主であった。

事実、この時期には、戦国大名の開発伝承も含めて、全国各地の名だたる大河川の改修工事がなされたと考えられている（大石・一九七七）。大河川の下流域が広大・肥沃な耕地に拓かれていったのは、とくに近世前期の時代的産物だったのである（Ⅳ中世④参照）。現在我々が目にする耕地に覆われた平野の景観は、この時代に原型が作り上げられたといってよい。

利根川の東遷　近世初頭の利根川本流は、流路を自在に変え、氾濫を繰り返しつつ、埼玉平野の何ヵ所かで荒川と合流していた。下流は、現在の江戸川を通って南に流れ、江戸をかすめて江戸湾に流出していた。一方、茨城県と千葉県の県境を流れて銚子に至る現在の利根川下流は常陸川と呼ばれ、鬼怒川・小貝川などを合わせて、古い利根川とは別の流れを作っていた（上流部は利根川と近接）。この利根川の治水事業を任されたのが関東郡代の伊奈氏一族であった。伊奈氏は、何本もの大河を相手に、流路の締め切り、台地掘割による河川の開削や分離・付け替えを繰り返し、南流していた利根川本流を常陸川筋に結びつけ、流れを東に変えて、銚子から太平洋へと流出させた。現在の利根川の姿はこうして作り出された。工事が始まる一五九四年（文禄三）から改修の完成する一六五四年（承応三）まで、約六〇年間に及ぶ大事業であった。

利根川東遷事業については従来、①埼玉平野を乱流していた利根川・荒川の本流を東・西に付け替え、水勢を制御して、平野部の大規模開拓を進める、②東北の雄仙台藩伊達氏に備えるべく、江戸城と城下を守る巨大な外堀を作る、③江戸に流れ込んでいた利根川本流の洪水を東流させ、江戸を水害から守る、などの理由が考えられてきた。さらに近年は、東北・関東北部と江戸とを直結させる「関東運河」建設、舟運路の開発と安定が狙いであったことが有力視されている（大熊・一九八一・一九八八）。常陸川（現在の利根川下流）に利根川の水を引き入れ、常陸川の水量を安定させることで、東北地方から銚子港に入った物資を大型船で遡行させ、江戸川を通じて江戸へ運び込むことが可能となったのである。近世前期の大がかりな河川改修は、可耕地を広げるだけでなく、多様な機能をもつ総合的・複合的な大事業だったのである。

耕地面積・人口の急増　日本の前近代の耕地面積については、室町時代中期（一四五〇年頃）に約九五万町歩、十七世紀初頭（一六〇〇年頃）に一六四万町歩、十八世紀初期（一七二〇年頃）に二九七万町歩、十九世紀後半（明治初年）には三〇五万町歩と増加していったと見る研究がある（大石・一九七七）。室町時代中期から十八世紀初期までの間に、耕地面積が三倍にも増えたことになる（ただし、室町時代中期の数値が過少見積である可能性については「Ⅳ中世[1]」参照）。それも、十七世紀初頭から十八世紀初期までの増加率がほぼ二倍であり、江戸時代前期百年ほどの耕地造出の甚大さがうかがい知れる。それに対して、十八世紀初期から十九世紀後半にかけての耕地増加率は、相対的に微増にすぎなかった。ただし近年、数量経済史の分野から、一五九八年（慶長三）の太閤検地当時の検地面積は二〇六〜二二三〇万町歩という推計が示されている（速水・宮本・一九八八）。そうだとすると、十七世紀の耕地面積の増加率は従来の通説よりは低くなる。しかし、それでも、一七二一年（享保六）までのわずか一三〇年ほどの間に、三、四割もの耕地が増加したということは目覚ましいものがある。近世前期は、新田開発の規模の大きさと進展の速さにおいて、他の時代に類をみない大開発時代であった。

実収石高も著しく上昇した。十七世紀初頭に約二〇〇〇万石であったものが、十八世紀初期には約三二〇〇万石へと跳ね上がっている。一・六倍の急上昇である。

耕地が急増すれば、それだけ多くの人口を扶養できる。近世前期の人口増加率は、耕地面積の増加率と歩調を合わせて急成長を遂げた。数量経済史の研究によると、近世初頭（一六〇〇年頃）の人口は一〇〇〇〜一二〇〇万人ほどと見積もられている。幕府が全国の人口調査を始めた一七二一年（享保六）には二六〇七万人（調査から除外された武士とその家族などを加えると日本全体で三一二八万人と推計）を数えたから、一二〇年間に実に三倍もの急増を遂げたことになる。近世の耕地面積・人口は連動して変化しており、急増した十七世紀、停滞した十八世紀、ゆるやかに増加傾向に転じた十九世紀と概観することができる。こうした人口変化は、人口圧力として生活水準を圧迫するほどには高すぎず、資源を有効活用して経済を発展させる刺激として適当であった（速水・宮本・一九八八）。人口一人当りの耕地面積は時代とともに減少傾向をたどったが、反対に、一人当り生産高は実質的に増加していったという。土地生産性は高まる一方だったのである。

新田開発のかたち　新田開発を、その開発主体によって類型化してみよう。

慶長～寛文期（一五九六～一六七三）、すなわち新田開発のラッシュ期の開発主体としては、まず幕藩領主が挙げられる。幕府が天領で行った新田開発は、代官が支配管内に可耕地を見出し、開墾を推進する代官見立新田が多かった。関東郡代の伊奈家は、関東流と呼ばれる治水技術を駆使し、利根川流域の新田開発を進めたことで有名である。諸大名も、藩庫を豊かにするべく、それぞれの藩で藩営新田を開発していった。幕藩領主が主導する新田開発は、在地の土豪や外部の豪商から資本と労働力を募り、実際の工事を彼らに下請けさせるかたちで進められた。大河川を治水し、長距離の用水路を一挙に開削するため、用水系に十数ヵ村もの新田村が連なる大新田地帯が形成される場合が多かった。入村してきた新田百姓には、幕藩領主から農具料・夫食《ぶじき》・種代などが支給された。

また、中世以来の在地土豪も有力な開発主体であった（土豪開発新田）。土豪はもともと戦国大名の家臣団を構成する在地の有力者で、兵農分離の過程で帰農土着し、百姓となる途を選んだ者たちである。彼らは治水の技術と資金を兼ね備えており、多数の下人《げにん》労働力を使って開発を進めることができた。信濃国佐久郡の五郎兵衛新田（一六三〇年頃開発）・塩沢新田（一六四六年開発）・御影新田（一六五〇年開発）・八重原新田（一六六二年開発）は、戦国大名武田氏家臣の系譜を引く土豪が長大な用水路を引いて拓いた新田村である（大石・一九六八）。五郎兵衛新田の名前は、開発者市川五郎兵衛の名前に由来する。近世には、このように開発者の名前の付いた新田が全国各地に誕生した。新田の開発者は草分け百姓として村中の尊敬を受け、その子孫は代々新田村の名主・庄屋となり、近世を通じて高い地位と発言権・特権を保った。とくに、用水施設の管理者として自家の田畑に優先的に水を引き入れたり、村内百姓への水の分配を差配したり、水利権は絶大であった。

新田開発の波は、いったん十七世紀末から十八世紀初頭にかけて落ち着きをみせる。しかし一七二二年（享保七）七月、享保改革の一環で幕府が新田開発を奨励すると、ふたたび開発の勢いが増してくる。この時代の新田開発をになった一つの主体が在来の村々で、村役人以下村中の百姓が協力しあい、村として開発を進める村請《むらうけ》新田が広まった。その代表である飯沼新田（下総国猿島郡・結城郡にまたがる飯沼を干拓）では、近世後期の治水技術の主流となる紀州流の開祖井沢弥惣兵衛が活躍した。

また享保期には、耕地の価値の高まりに目をつけた有力商人・豪商も、多額の資金を開発過程に投資した。これを町人請負新田という。豪商は、幕府や藩に開発権利金を上納し、できた耕地を新田小作人に耕作させ、そこから多量の小作料を徴収した。初めから新田畑を転売する目的で開発にあたる者もあった。越後国には日本海につながる潟湖を干拓した新田が多いが、信濃国高井郡米子村出身の竹前家（江戸材木町に出店）や江戸・柏崎の豪商、さらに新発田藩の豪商・豪農が開発を主導した紫《し》雲寺潟《うんじがた》新田は、町人請負新田の典型である。

こうした規模の大きな開発とは異なり、個々の百姓が自家田畑の地先にわずかずつ鍬を入れ、地道に小規模な開墾を積み重ねていく努力も、近世を通じ、全国で続けられていた。これは、一般に切添

（持添）開発と呼ばれている。

単婚小家族がになう開発　中世までは、傍系家族まで含み込んだ複合大家族が一つの世帯かつ経営体であった。ところが近世の百姓家族は、一般に単婚小家族と呼ばれる形態が主流になる。単婚小家族とは、一組の夫婦と子ども（子ども夫婦の場合もあり）で構成され、傍系家族を含まない小規模な家族世帯のことをいう。直系成員による現代の核家族に近い形態である。単婚小家族が百姓の家を構成し、世帯と経営の単位、生産と消費の単位が一致した。

家族経営、家のあり方を変化させた主たる要因が、近世前期の大開発であった。耕地面積の急増によって百姓の分割相続の可能性が一挙に高まり、次三男が独立して、自分の家（分家）を構える機会が拡大したのである。

近世前期には新田村も急増している。国土地理院発行の地形図を見ると、とくに河川下流域の沖積平野に「〇〇新田」という地名がよく見られる。地域によっては、荒野・興屋・新開・新地・牟田などの地名が集中するところもある。これらは、いずれも近世に成立した新田を意味する地名である。菊地利夫の計算によれば、一六四五年（正保二）から一六九七年（元禄十）までの間に、七九一六もの村数が増えている（菊地・一九七七）。これらが新田村の増加を示すことはいうまでもない。

新しい村を創立・維持するにあたり、開墾に従事し、そこで農耕を行い、暮らしを立てようとする新しい住人が求められた。例えば、下野国の鬼怒川左岸の低湿地帯、塩谷郡の氏家周辺地域でも、元和期（一六一五〜二四）から寛文期（一六六一〜七三）にかけて十数ヵ村の新田村が続々と誕生してい

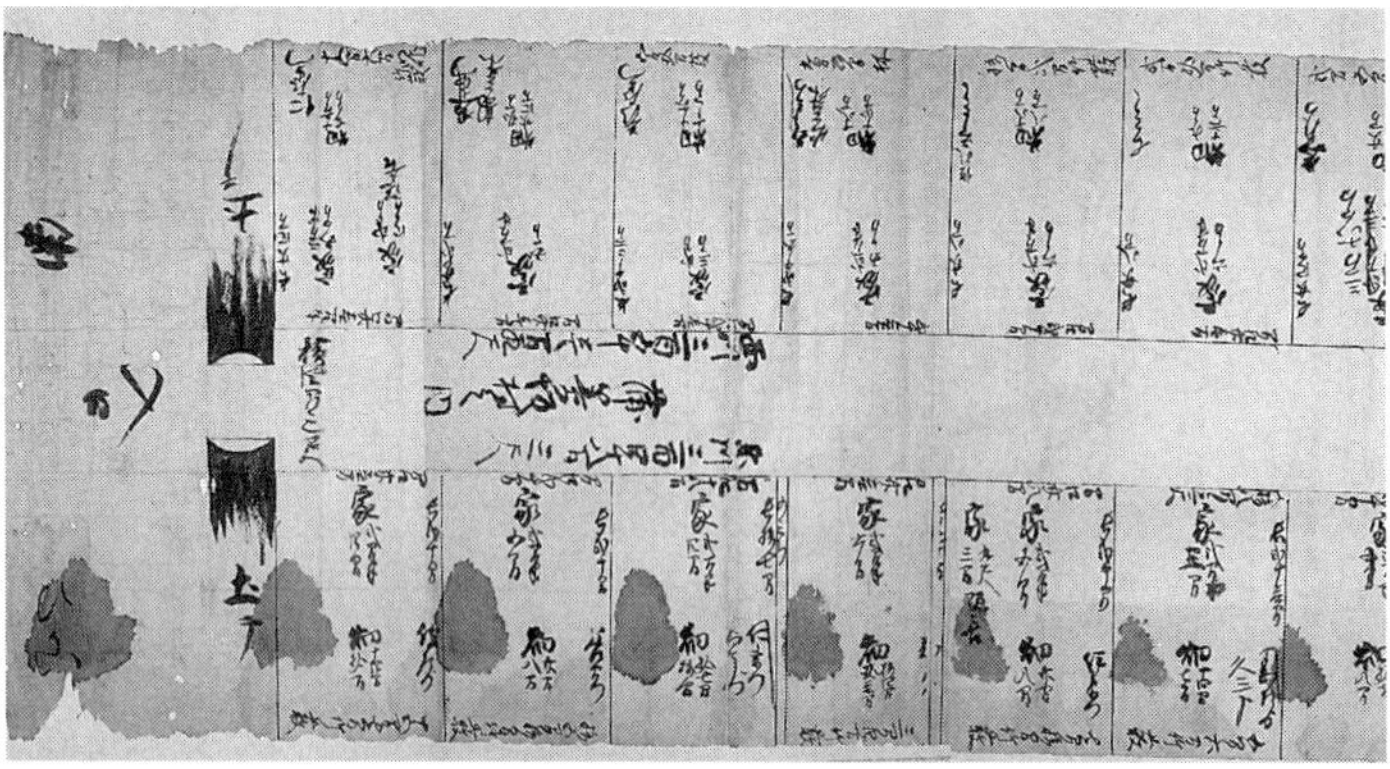

図1　蒲須坂新田の屋敷割（部分）

る。当該地域の大半を支配していた宇都宮藩は新田開発を奨励し、一六五六年（明暦二）には、鬼怒川から取水して、約二〇㌖にも及ぶ市の堀用水を完成させ、新田村の生産と暮らしを支えた。このうち蒲須坂《かますさか》新田は、鬼怒川対岸の芦沼村の住人であった福田彦右衛門が開発主となり、宇都宮藩に願い出て一六七〇年（寛文十）に成立した。彦右衛門は、周辺の村々から六人の同士を集めて開発予定地に移住し、開墾に着手した。彼ら七人は蒲須坂新田の草分け百姓となり、それ以後、移住者を呼び寄せ、徐々に村の内実が整えられていった。蒲須坂新田の絵図（図1）を見ると、街道に沿って、左右に均等な短冊状の屋敷地割りがなされていたことがわかる。移住者は微高地に屋敷地と集落を計画的に作り出し、そこを拠点に田畑を開発していったのである。

　同様な事例は、明暦二年（一六五六）に塩谷郡佐間田村から独立した根本新田でも確認できる。根本新田では、開発主の募集に応じて、鬼怒川周辺の広範囲から一八軒の百姓が集まった。そのほとんどが「浪人」や「前地」（有力百姓に抱え込まれた家来的身分の百姓）など、本百姓ではない身分階層の者たちであった。彼らは、新田開発へ参加することで所持地・経営地を獲得し、一軒前の百姓として自立する機会をつかんだのである。大開発時代の近世前期、開発を求めて人々が激しく移動したことは、空間的な移動にとどまらず、社会階層の移動をも随伴するものであった。近世中期には固定的になる村落内身分、百姓の身分階層も、大開発の進行過程ではきわめて流動的だったのである。

近世社会のしくみと村請制　戦国時代までは、村の領主・支配者であった在地土豪が村に住んで広大な土地を所有し、平常時は自らの下人《げにん》を使い、周囲の百姓衆を従属させながら農業経営を営んでいた。そうした在地領主制を全社会的に否定したのが兵農分離制である。兵農分離によって、原則として、支配者である武士は城下町などの都市に集住して統治をにない、被支配者である百姓は村に住んで農林漁業に専念するという、身分的な差別と生活空間の分離が実現した。

村を離れた領主は、武力の強制を用いず、頻繁な文書のやりとりを通して村と百姓を支配した。近世の領主は原則として、村の内部に細かに介入し、個別的に百姓を支配・統制することはしなかった。年貢・諸役の徴収をはじめ、法令の伝達や遵守などをすべて村に請け負わせることで村と百姓を支配したのである。こうした制度を村請制《むらうけ》という。村請制の源流は、中世とくに戦国時代の惣村の地下請《じげうけ》にまでさかのぼる（勝俣・一九九六、藤木・一九九七）。ただし近世には、統一政権のもとで村請が全国的な制度として普及・確立した点が決定的に異なっている。また、村請の中核である年貢算用についても、十七世紀前半までは庄屋が請け負っていたが、徐々に小百姓も参加した村全体の相談・合意のもとに行われるようになったという段階差も認められる（渡辺・二〇〇四・二〇〇八）。

兵農分離制・村請制が近世を通じて円滑に機能したということは、裏返していえば、そうした支配を可能とするだけの政治的・経済的力量を近世の村が兼備していたことを意味する。近世の村は、年貢の徴収・納入に責任をもつだけでなく、教育、医療、休日、文化、婚姻と葬儀・祖先祭祀、社会的弱者に対する保護・救済などにも深く関与しており、百姓の生産と暮らしを守るためにそれぞれの場面で役割を果たしていた（渡辺・一九九八）。治安維持も村のになうところであり、百姓の人別移動や諸活動・諸契約の保証も村が行った。もちろん農業生産においても、村全体の協同や村の関与、村が責任をもつ場面が多々見られた。百姓は、村の意志を寄合《よりあい》で決定し、それを村議定《むらぎじょう》のかたちで文書に残した。近世の村々には、耕地や山・水など資源の維持・管理と有効活用、農業生産環境の保全、協同労働の促進、各種農作業の日時の設定、困窮者への支援などを取り決めた村議定が数多く現存する。ともに資源を利用しあう百姓仲間の結合と集団意志が、村内すべての百姓家の生産と暮らしを守るルールを形成したのである。近世の村が自律的な判断力・行動力をもつ高度な自治組織であり、その自治能力を時代とともに磨き上げていったことはまちがいない（2参照）。村に住む百姓が、村という協同組織を背景に農耕や農産加工に励み、年貢・諸役の負担を請け負い、その代わりに、軍事を担当する領主（武士）に平和の維持を要請したしくみが村請制であったと見ることもできる。

兵農分離と並行して、被支配者身分のなかで商工農分離が行われ、商人・職人も都市への居住が義務付けられた。武士と商工業者が都市に集住したことで、都市は消費需要の集中する場となり、農村の百姓に食料や加工品の原材料などをほぼ全面的に依存しなければならなくなった。近世の村には、そうした消費人口を養うだけの生産力の発展があった。都市と農村の空間的分離により、両者の分業関係はいっそう深化していったのである。

近世社会では、土地の生産力やその価値をすべて米の生産高（石高《こくだか》）で示し、石高を社会編成のあらゆる指標に用いた。米のとれない畑や山野河海であっても、米に換算して何石の生産が見込めるかで土地評価された（石高制）。武士の世界では、幕府－藩－家臣団という主従制のもとで石高が知行（領地）をあてがう基準となり、軍事力を徴発（軍役）する際の基準ともなった。藩や家臣の政治力・経済力は石高によって示され、幕府や藩の役職も石高に応じて定められた。百姓の世界では、百姓家の土地所持や生産力は持高《もちだか》、村の生産力は村高《むらだか》として表示され、それらが百姓や村の序列、力の大小の指標となった。領主が年貢を賦課する基準も村高であった。

検地と年貢の固定化による生産意欲の向上　石高を定める基礎となったのは、領主が行う土地調査、すなわち検地である。検地は村を単位に実施され、これによって田・畑・屋敷地の所在・反別（面積）・等級・石盛《こくもり》（一反当りの公定生産量）・名請人《なうけにん》（所持者、場合によっては耕作者）が確定した。十六世紀末期の豊臣政権の太閤検地、十七世紀の徳川幕府と諸藩による検地が、統一された度量衡のもとで日本中の田・畑・屋敷地を把握していった。

ところが十八世紀以降は、わずかの新田検地とごく一部の藩の領内惣検地を除いて、本田畑・古田

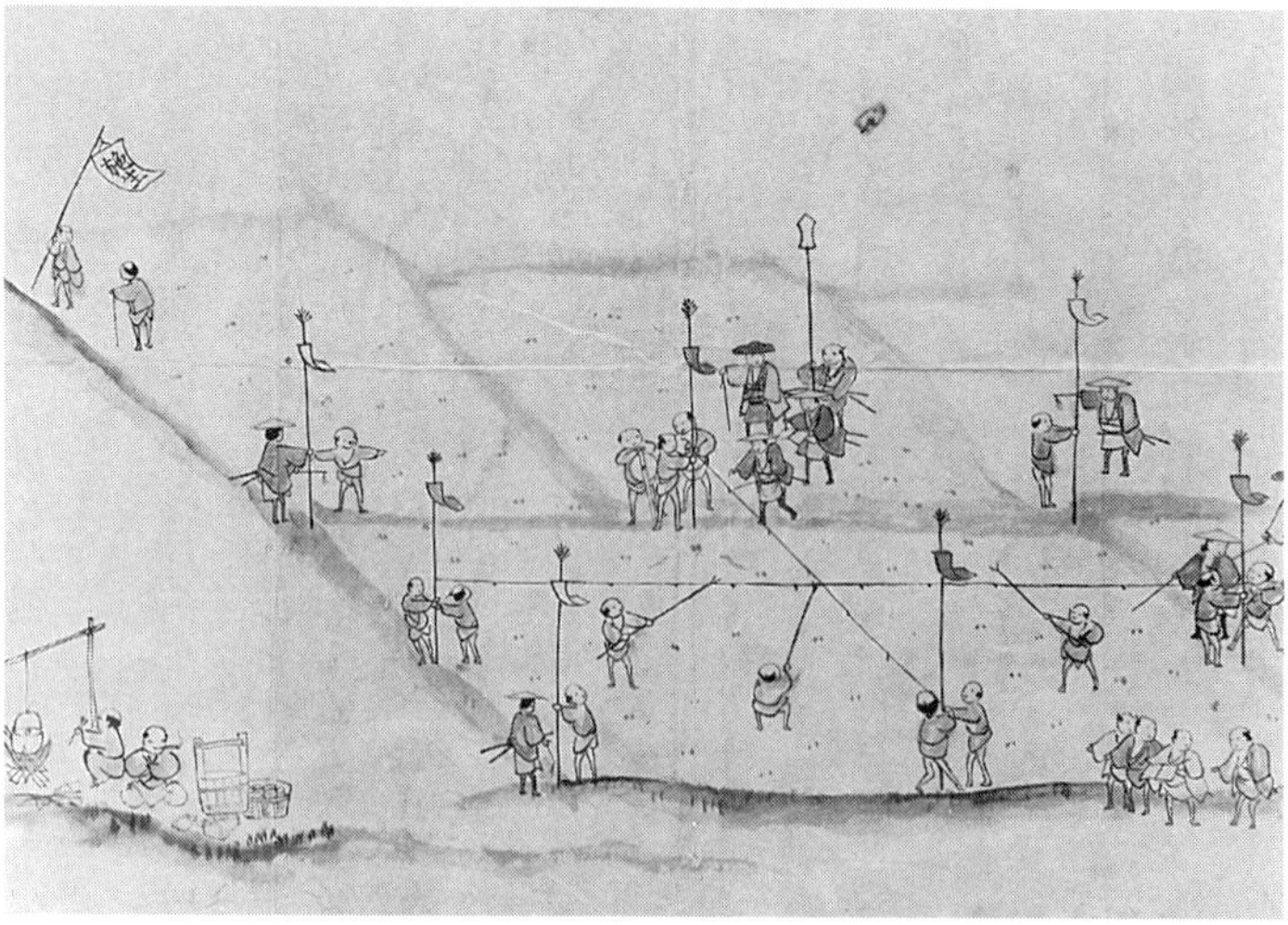

図2　近世の検地の風景

畑の検地は行われなかった。領主は、近世中後期における耕地の拡大や生産力の上昇を把握しなかったのである。ひとたび検地が済めば、村の耕地の反別や石盛、ひいては村高はそのまま固定された。百姓が切添開発を重ねて耕地を増やしても、多労多肥で生産力を上げても、その上昇分は検地帳に登録されることはなかった。年貢賦課の基準となる村高が変わらなければ、収穫を増やせば増やすほど実質的な年貢率は減少する。それだけ百姓の取り分が増えていくのである。しかも検地の当初から縄延びや隠田《おんでん》があり、実際の耕地反別の方が検地帳の数字より広い場合がほとんどであった。さらに村高には、畑作を中心に進む商品作物生産、農産加工業、労賃収入の利益拡大が十分反映されていない。六公四民や五公五民といったタテマエ上の年貢率とは裏腹に、実質年貢率は一〇〜二〇%にすぎない村も多かった（佐藤・大石・

一九九五）ここに、百姓の労働・知恵・工夫が自らの暮らしの豊かさに結びつくという制度的条件があった。

年貢徴収方法の変化も百姓の生産・経営に大きな影響を与えた。年貢の徴収方法は、地域や藩、時代によって差異があるが、幕領では、検見《けみ》法から享保改革での定免《じようめん》法へと変化している。検見法とは、坪刈《つぼがり》によって毎年収穫量を調査する方法である。これは、坪刈が終わるまで村中の稲刈りが止められるので、刈り時を逃す百姓にとっては迷惑な徴租法であった。また、検見役人接待の手間と費用が百姓の負担となった。年貢の減量を期待して、実収量より低く査定してもらうため、百姓から検見役人への賄賂も発生した。とりわけ有毛検見《ありげけみ》という徴租法は、百姓の努力の結晶が常に一定水準で領主に取り上げられることになり、生産意欲は減退した。

ところが定免法は、過去数年間の収穫高と年貢高をもとに平均租率を割り出し、それに基づいて数年間一定量の年貢を徴収するシステムであった。年貢量が固定化したのである。これにより百姓の増産分がすべて百姓の手元に残り、自身の可処分所得となった検見法から定免法へという年貢徴収方法の変更は、百姓の生産意欲を大いに刺激した（岩橋・一九八八）。定免法施行の背後には、検見法に対する百姓の不満、努力の成果がそのまま自身の取り分となる制度を求める百姓の強い要求があった（田中圭一・一九九九）。

開発の促進から抑制へ　一六六六年（寛文六）二月二日、幕府は、老中久世広之・稲葉正則・阿部忠秋および大老酒井忠清の連名で、畿内幕領に対して、次の「諸国山川掟」三ヵ条を発布した。

一近年は草木之根迄掘取候故、風雨之時分川筋え土砂流出、水行滞候之間、自今以後、草木之根掘取候儀、可為停止事

一川上左右之山方木立無之所々ハ、当春より木苗を植付、土砂不流落様可仕事

一従前々之川筋河原等に、新規之田畑起之儀、或竹木葭萱を仕立、新規之築出いたし、迫（狭）川筋申間敷事

附、山中焼畑新規に仕間敷事

「諸国山川掟」から、新田開発が自然環境と社会にもたらした矛盾・課題が見えてくる。

当該期は新田開発が行きすぎ、山々の草木が根こそぎ掘り取られ、山林の保水・土留能力が著しく低下し、河川への土砂の流出が増えていた。そのため河床が高くなり、水の流れが滞り、洪水被害が頻発していた。そこで幕府は、以後、草木の根を掘り取ることを禁止し、河川上流部で樹木のないところには土砂流出の防止のために植樹を命じた。また、川の流れを狭める要因を取り除く目的で、河原での新田畑の開発、竹木・葭萱の育成、新規の築出造成を禁止した。合わせて、山間地での新規の焼畑も禁じている。

過剰な新田開発は、山林の荒廃、はげ山化による洪水被害に加えて、水源涵養能力を衰えさせ、田畑の用水不足も引き起こした。幕府は開発が飽和状態にあることを認識し、過剰開発を戒め、山と川を一体のものとして管理する治山治水政策を号令すべく「諸国山川掟」を発布したのである。これは同時に、幕府の農政の基軸が、それまでの新田畑重視の開発至上主義から本田畑の管理・耕作を重視

する精農主義へと転換したことを意味する（大石・一九七七）。

新田を増やすには、既存の田畑に隣接する平地林や採草地など平坦地を切り開くのがもっとも容易であり、さらに山間に向けて開発の手が及んでいった。ただし、それらの山野は、新田畑はもとより本田畑に施す肥料（近世前期の主要な肥料である刈敷《かりしき》・草木灰、厩肥・堆肥製造用の草木）および牛馬の飼料、燃料材や農具材料の採取地でもあった。農耕に十分な刈敷を得るには、田畑面積の一〇倍以上の山野を要した。新田畑の拡大は、広大に存在しなければならない本田畑の肥料採取地を大幅に縮小あるいは喪失させた。さらに新田の増加は取水量を増大させ、限りある用水源の過当分配を引き起こす。村々の旧来の水利権・水利秩序に与える動揺は小さくなかった。

新田開発だけではなく、近世前期、肥料源として百姓が膨大な草・柴を採取したことも土砂災害の要因であった。草・柴を確保するために、草地から森林へという自然の遷移を阻止し、火入れや樹木刈取など人為的改造を繰り返して、草山・柴山の循環を強制させたからである（水本・二〇〇三）。改造されてできた草山ははげ山に等しく、畿内近国で土砂流出と河川洪水を頻発させていた。そのため領主は、土砂留《どしやどめ》策として植林や砂防ダムの建設を実施した。ただし、土砂災害を防いだ結果、今度は草肥供給源が減り、山林に猪・鹿が住み、獣害が発生しやすくなるなど、新たな問題が起こってきた。草山の減少は、畿内で金肥《きんぴ》を導入させる一つの引き金ともなった。

百姓による自主的開発抑制　下野国芳賀郡は、鬼怒川や五行川・小貝川などの水利によって近世初頭より新田開発が進み、とくに米価の高騰する寛文期（一六六一～七三）、元禄～享保期前半（一六八八〜一七二〇年代）に開発に拍車がかかった。ちょうど同時期に芳賀郡では、山野利用と新田開発をめぐる村々の確執が顕在化している（平野・二〇〇四a）。一六六六年（寛文六）には、高根沢村の惣百姓が村の入会秣場《いりあいまぐさば》における新開の禁止を申し合わせている。しかし、個々の百姓は所持地の周辺を開発し続け、申し合わせは十分履行されなかった。そこで一六七一年（寛文十一）十二月、高根沢村は、すでに開発された新畑に限って耕作を認め、以後の「新林新田畑并新家屋鋪」の開発をあらためて禁止した。一六八一年（延宝九）二月には、芳志戸《ほうしと》郷の「惣村中」が郷全体の秣場の利用について協議し、新開を止めるだけでなく、これまで開発してきた耕地をあえて「荒地」に戻すことを取り決めている。一六八二年（天和二）九月には、祖母井《うばがい》村・上延《かみのぶ》生村・塩野目村・上根《かみね》村が、「馬草場不自由ニ付而本田畑不作仕」という理由で、四ヵ村の入会山野にできた新林（個々の百姓が排他的土地利用をねらって造成）や検地帳未登録の新田畑を荒らし、秣場に返すことを決定している。

寛文期から元禄期にかけて芳賀郡では、新田開発をさらに推し進めようとする勢力と、本田畑の肥料源確保のために開発を停止し、すでに開いた新田畑でさえも草地に戻そうとする勢力が綱引きを繰り返していた。後者の動きは、無秩序で手前勝手な開発を禁止・抑制し、既存の本田畑と山野資源とのバランスのとれた生産環境を回復・維持しようとする村や百姓の自律的対応の表れであった。

芳賀郡の村々のように、これまで進めてきた開発を村や百姓が自ら抑制する動きは、全国各地で起こっている。村や百姓が、過剰開発による生産環境の悪化を緊急の課題として認識し、自主的に歯止めをかけようとしたのである。これを契機に百姓や村は、新たな耕地を増やすよりも、単位面積当りの生産量を増やすためにいっそう力を傾けるようになっていった。ここから、近世日本の集約農法の追究が急速に進展していくのである。

2　集約農法の追求

耕作規模を限定した家族労作経営　近世の農業の歴史を見るには、農書の存在が欠かせない。農書の詳細は次節でふれていくが、日本を代表する農書といえば、一六九七年（元禄十）に刊行された『農業全書』（『日本農書全集』第一二・一三巻、以下『日本農書全集』所収の農書は〔　〕内に巻数のみを表記）が挙げられる。その巻之一「農事総論」の冒頭「耕作」の項に「先農人《まずのうにん》たるものハ、我身上の分限をよくはかりて田畠を作るべし。各其分際より内《うち》バなるを以てよしとし、其分に過るを以て甚あしゝとす」という一文がある。この文章は中国明朝の『農政全書』からの引用に近い。しかし著者の宮崎安貞は、ここに自身の確信と強い意図を込めた。つまり、自家の労働力や資力を見極め、その規模に比べて若干少なめの田畑を耕作することが肝要だと述べたのである。そうすれば耕作の適期を失わず、労働力と資力を段取りよく十二分に活用でき、耕作効率が高まる。逆に、労働力・資力と不釣り合いに広大な田畑を耕作することは、農作業に手が回りかね、資金のかけどころも散漫となり、かえって経営を悪化させるという。耕作面積の大きい粗放的な農業よりも、家族労働力の限度に応じた田畑を周密に管理する集約農業の方が収穫が増え、大きな利徳が得られたのである。

『農業全書』と同時期に成立した伊予国の『清良記』でも、「作は、己か力に不足程を吉とすへし」

と、労働力規模より内輪の耕作を勧めている。また、『農業全書』の「内バなるを以てよし」という見方は、その刊行後、全国各地の数多くの農書で賛同を得ている。『農業全書』の影響も大きいが、各地の農書の書き手自身が自らの農業体験のなかから集約農法の効用と意義を実感していたのである。

こうして近世中後期の百姓は、単位面積当りの収穫・利益の増大、すなわち土地生産性の向上をひたすら追求する道を歩んでいく。豊富なフロンティアを新田畑に開墾できた近世前期とうって変わって、開発が飽和点に達した近世中期以降は、新田畑の外延的拡大による農業生産力の向上はもはや望めなかった。しかも近世日本は、海外から生産・生活資源の供給を受けることもほとんどなかった。だからこそ百姓は、日本列島の限りある諸資源を有効に活用し、高度に循環させることによって、生産力の増大を模索したのである。具体的には、たえず土壌と栽培技術に改良を加え、肥料と労働力を多投し、丹誠を込めて耕作に励み、栽培管理を精緻化していった。すなわち多肥多労の集約農法である。

それには、一人一人の人間が最大限の労働を行うことが必要であった。この条件をクリアできるのが家族労働力であった。隷属労働は、実労働者の下人《げにん》にとっては苦役で労働意欲は湧かず、手ぬきになりがちであった。年季奉公人などの雇用労働も、労働量の季節的な多寡の激しい農作業では無駄が多く、採算が合わなかった。また、複雑・多様な気象・自然条件、狭小な耕地を特徴とする日本において、大規模で画一的な農業を展開することは不合理であり、地域ごとに千差万別の自然条件や市場条件にきめ細かく対応するうえでも家族単位の集約農法が有利性を発揮した。

実際、元禄～享保期（一六八八～一七三六）には、それまで奉公人（下男・下女）を使って営まれていた地主の大手作経営が、小百姓家族に小作を委ねる小作経営に急速に転換している。一七二一年（享保六）に成立した地方書《じかたしょ》『民間省要』によれば、関東では、三十年前まで一年に金三分ほどであった奉公人（下男）給金が享保期には金二～三両にまではね上がり、奉公人の雇用条件が悪化していた。しかも奉公人は、高給を取ったはいいが、身だしなみにばかり気を遣い、肥料にまみれることを嫌い、耕作も上の空といったありさまであった。肥料が無駄に費え、耕作は疎かにされたのである。当時は、景気のよさを背景に百姓の稼ぎ口が拡大しており、「気の詰る奉公より、地をかり店をかり居ても心易《やすき》かせぎをして渡世するにしくはなし」と考える百姓が続出していた。地主にとっては、無理に奉公人を抱えて手作経営を維持するよりも、小作に出して小作料を得る方が確実に利益があげられた。主体的な経営権をもつ小作人が、暮らしの向上のために家族で農耕に励むことで、結果的に地主の小作料収入も安定したからである。

百姓家は、有限かつ貴重な資源である家族労働力をフルに生かして、最大限の成果を得ようとした。しかし、それは誰かに強制されたものではない。生産・経営の主体として自立した近世中後期の百姓家は、家族労働力の使い道や生産・経営の方向性に関して自ら判断を下し、自らの計画に基づいて行動していた。労働の成果、生産の収益も直接自家の手に入れることができた。その条件があればこそ百姓は、長時間の厳しい労働にも耐え、意欲的に農耕に励むことができたのである。西欧において労働軽減・資本多用の産業革命が起こったことに対比して、近世日本で起こった多労による土地生産力

（反収）拡大の方向を「勤勉革命」と見る学説もある（速水・一九七七・二〇〇三）。

こうして築き上げられた近世中期以来の在来農法は、きわめて高い生産力水準を実現し、現代にまでそれを維持した。近世〜近現代の甲斐国・信濃国の坪刈帳を分析した佐藤常雄は、稲作において、明治三十年代の「明治農法」による生産力発展の画期を認めながらも、近世中期から第二次世界大戦前までの一坪当り籾収量にそれほど大きな差がなかったことを実証している（佐藤・一九八七）。以下に、近世百姓の努力の結晶である集約農法の具体像を紹介していきたい。

一毛作田の冬季湛水　岩代国会津郡幕内村の肝煎《きもいり》佐瀬与次右衛門は、一六八四年（貞享元）に著した『会津農書』（第一九巻）のなかで「山里田共に惣而《そうじて》田へハ冬水掛てよし」と言っている。その意図は、川や水路にまじっている川泥や町・村の生活排水、窪地のたまり水、道に降った雨水などを冬場の水田へ流し込むことにあった。一種の流水客土による沃土の確保策である。

また、谷地《やち》田や天水田など水源に乏しく春先の田植え時に水が不足する地域でも、田植え水を蓄えておくために冬季湛水がよく用いられた。冬季湛水田は、排水不良の強湿田の場合もあるが、なんらかの効果を期待して、あえて水をためておく場合が多かった。水田に水をため込む際は、取水方法にもコツがあった。田に勢いよく水を入れると、水と一緒に流れてくるごみや汚泥が流れ去ってしまう。そこで、排水口を堰き止め、ゆるやかに水を流し入れることで、肥料となるゴミや汚泥を水田にとどめる工夫がこらされていた。

延宝・天和年間（一六七三〜八四）の成立とされる『百姓伝記』（第一六・一七巻）は、西三河、矢作川流域の後背湿地の農業事情を記した農書である。『百姓伝記』は、当該期の西三河にふさわしい稲作のあり方として、一毛作田を重視している。「寒の水をつけをく事、徳多きと見えたり。しらぬあきなひせんよりハ、冬田に水をつゝめと世話に云り」と述べ、一毛作田での冬季湛水の効用を次のように説明している。冬至を過ぎれば徐々に「陽気」が強まってくるが、田の水が凍って蓋《ふた》となり、田の土に「陽気」を閉じ込めるので、稲の生育と実りがよくなる。寒の水に浸した田は水害や旱害に強くなる。秋のうちに田を起こし、冬場に水で浸しておくと古い稲株もよく腐る。これに対して、水田二毛作に対する『百姓伝記』の評価はあまり高くない。無駄な費用・労力と肥料がかかり、土地が痩せ、稲が水害・旱害に傷みやすくなり、収量と品質が劣り、籾の長期保存が困難で、裏作期間中に表土流出が起きるというのである（岡・一九七九）。秋の麦播きに合わせて稲刈りを早めねばならず、収量と品質の落ちる早稲を使うしかなくなることも難点であった。十七世紀後半の西三河の二毛作は、多大な費用と労力を投じたわりには期待するほどの収穫が得られず、むしろ地力の減退さえもたらしていたのである。乾田地帯と異なり、排水困難な湿田地帯で、土壌や肥料の分解が不十分であったことがその主因であった。

十七世紀後半に岩代や三河で一毛作田が重んじられ、水田二毛作が敬遠されていたのは、寒冷地あるいは湿田地帯という地域特性によるところが大きかった。同時に、二毛作が普及するには技術的な条件がいまだ未成熟であった時代性（農法の段階差）も反映していたと思われる。二毛作が百姓に利益をもたらすためには、用排水施設の整備、肥培効果を高める土壌改善と新たな肥料の使用、労働のピークを緩和する品種や農具の改良など、さまざまな条件がそろわねばならなかった。

広がり深まる水田二毛作　近世では、稲と麦、稲と菜種などの水田二毛作が広く展開した。水田で裏作を行うには、用排水を制御し、乾田化（水田の畑地化）できることが前提条件となる。

一六四九年（慶安二）当時、伊勢国津藩では、水田稲作において田植え水さえ不足する事態が生じていた。津藩は、その原因を「近年麦田多くする故」と考えた。麦は百姓の第一の食物であるが、「作り過候而田ごとに水の引つよき（田の透水性の拡大）故か、近年干水がちに」（カッコ内は筆者による。以下同じ）なったというのである。そこで津藩は村々に対して、麦田（二毛作田）反別の四分の一、三分の一ほどの削減を命じた。同時に、百姓が裏作麦を無年貢と考え、麦田づくり（裏作用の畑地化）を最優先し、稲作（表作）用の田ごしらえを怠った場合、裏作麦で多収穫を得ている以上、年貢減免しないことも命じている（古島・一九四六）。百姓は裏作麦の収穫増大を自己の得分と期待して麦田を拡大し、表作以上に力を入れていた。他方、麦田の拡大が水田の水持ちを悪くし、水不足による水稲の減収を引き起こしていた。近世前期、津藩の百姓は意欲的に二毛作に取り組んだが、表作・裏作ともに収量を上げられたわけではなく、裏作が表作を阻害する状態にあったのである。

岡光夫の研究によれば、十八世紀の水田の乾田化率には、地域的に大きな差があった。東北・関東・東海地方では一毛作田がほとんどであった。これに対して、北陸・畿内・山陽・北九州では、二毛作田の割合が六、七割を占め、なかには九割の裏作作付がなされる地域もあった（岡・一九八三）。

実際、元禄期（一六八八〜一七〇四）における畿内・北陸での二毛作の進展は著しかった。『農業全書』も乾田の拡大を勧め、米麦二毛作の栽培方法を記述している。北陸の金沢近郊農村では元禄〜宝永期、「物跡田」と呼ばれる水田で、稲と麦、稲と菜種の二毛作を基軸に、間作に木綿や野菜を作付ける集約農業が実現していた。当該期の麦・菜種の栽培面積は、承応期（一六五二〜五五）と比べて二倍にも増えたという。ただし、二毛作によって地力の衰えが激しくなってきたため、速効性の高い油粕や魚肥など金肥の多投が進んでいた。この地域の二毛作を支えた条件として、都市近郊農村における商品経済の発達、大坂への廻船の発達を見逃すわけにはいかない（長・一九八八）。大坂や人口の増大する金沢城下という市場に販路が開け、農産物の価格が上昇するなかで、米や菜種・野菜の商品化が進んだのである。有利な市場の存在は、高度な土地利用の推進力となった。

図3　二毛作田の耕起・畦作りと大麦蒔き

土佐藩では、乾湿の度合いにより、「水田」（「春田」、一毛作の湿田）、「片春田」（冬の間水をためておかない半湿田）、「湿気田」（シウケダ、冬の間土が湿りがちな二毛作田）、「乾田」（カハキダ、二毛作以上の作付ができる乾きのよい田）と、水田を四種類に区別していた。そのうち「片春田」でも、湿った土を高く積み上げて麦が作られた。東西南北の境がひとまとまりになっているような耕地の団地では、そこの耕作者が集まって団地全体の周囲に大溝を掘り、排水の便をよくした。作物の生育の早い土佐では、人手をかけて耕地を改良し、水田の米麦二毛作の拡大に励んでいたのである。

ただし、二毛作田は稲作と麦作の農作業が重なる春・秋に労働が過重に集中する。この過重労働を緩和するために、品種の選択、肥料の良質化と多投、地力向上や労働節約のための農具の改良などが連鎖的に進展していった（後述）。

関東は畿内や北陸と比べて圧倒的に畑地率が高い畑作地帯であったが、近世中後期には水田で米麦の二毛作が広がりを見せていた。元禄～享保期の関東農村の実情を記した『民間省要』には、「田計《ばかり》にて畑なき地も田麦作る有」、「田麦は実入の能物成《よきものなる》ゆへ、糞《こや》しを沢山に入て作れは決して実を取事多しといへと、世上に麦蒔田は稀也」とある。いまだ全面開花というわけではなかったが、関東で一定程度の二毛作が展開し、多肥による田麦の多収性が注目されていたことがわかる。

下野国芳賀郡の村々は幕末期、麦田に早稲を仕付けて遅植え・早刈り、春田（一毛作田）に晩稲を仕付けて早植え・遅刈りを行っていた。春田で晩稲を栽培している間に、麦田で早稲の田植えから稲刈りまでを終わらせてしまうのである。早稲収穫後の麦田には、裏作の大麦を作った。芳賀郡の百姓は、稲種の生育期間の違いを利用して、春の麦刈り・田植えと秋の稲刈り・麦播きという農作業のピークを巧みにずらし、労働の平均化をはかり、水田二毛作を実現していた。

また地域によっては、中稲・晩稲を遅く植え付けて、水田で長期間栽培し、裏作麦の播種期も遅らせることで、一年の労働力需要を平均化したところも多かった。

田畑輪換の効果　近世中後期の畿内では、水田で稲を作り、その後を畑地に変えて綿を作る、田畑輪換が広まっていた（徳永・一九九七）。主に、排水がよく乾燥しやすい水田が畑に転換された。『農業全書』でも、休耕地、栽培作物の転換、田と畑の地目転換の効果を述べ、土地に合った畑作物で利益を拡大することを説いている。『農業全書』は、とくに水田稲作と畑方綿作の転換の利点を強調する。これにより本来連作を嫌う綿が連作でき、一、二年は病虫害を退けて増収となるというのである。また綿作後の稲も収量が倍増し、雑草が防除され、肥料も節約できるという。綿作中の中耕で土がこなれ、綿畑に施した肥料分が土に残るからであろう。田畑輪換は、稲と綿のいずれも収量を増す相乗効果をもたらしたのである。

畿内の田畑輪換のなかでも、摂津・河内・和泉の三国と大和国では違いがあった。十八世紀半ば以降、前者では綿と稲の隔年栽培、あるいは綿の二年連作がなされていたのに対し、後者では稲二年・綿一年の三年サイクルの作付体系ができあがっていた（徳永・一九八二）。綿作重視の摂河泉に対して稲作重視の大和という差異である。大和では、摂河泉と比べて綿の生産力は劣るものの、稲は反当二・五～三石ときわめて高い収量を誇っていた。

十七世紀後半より「出雲木綿」の生産が盛んになってきた出雲国斐伊川中下流域でも、十八世紀後半から十九世紀前半にかけて、畑方で綿・麦二毛作を行う（毎年川砂を麦畦の間に客土して綿作部分の土性改良）一方で、水田で「綿返し田」と呼ばれる田畑輪換を実施していた。「綿返し田」は、排水しやすい水田の畦際を深く掘って水はけをよくし、二、三年綿を作り、その後を水田に戻して稲作を復活させる輪換田であった。

半田・掻揚田・掘上田 湿田の利用についても、さまざまな工夫と取り組みが行われた。「半田」とか「掻揚田《かきあげた》」「掘上田」などといわれたのがそれである。同じ水田のなかで、土を掻き揚げて高い畦（畑）を作り、そこに表作の綿、裏作の麦を栽培し、畦間の溝は水田として稲を作付けた。半田は、旱損・水損がともに発生しやすい地域に適応した土地利用の方法であった。灌漑用水が十分でないため水田全面に水稲作を広げられず、一方で、排水不良により水稲と綿の隔年栽培も難しかった。かりに排水できても、翌年の稲作用水として冬場も水田部分に水をためておかねばならなかった。しかし農学者の大蔵永常は、「半田」の有効性を指摘している。綿畑に施した肥料分が水田部分へ浸透するため稲作の肥料が半分で足り、しかも良田となる。また、畑部分で綿・麦を四、五年作った後、その高畦を崩して一面の水田に変えると、乾いた土が水田に混ざり、肥料を入れなくても稲がよく実る（乾土効果）。「半田」を基礎とする田畑輪換が、稲作の生産性を引き上げたのである。

阿波国の吉野川中流域でも享保期（一七一六〜三六）には、格別の強湿田以外、すべての低湿地で高畦を作り（掘上田）、耐湿性の強い菜種を作付けていた（『農術鑑正記』〈第一〇巻〉）。各家が一、二反ずつ作った菜種を村中で集めて販売し、災害の備えにするところもあったという。この高畦菜種作もまた、百姓や村に現金をもたらすのみならず、油粕や緑肥を生み出し、乾土効果によって稲作水田の地力維持に役立った。

木曽川河口、伊勢湾沿岸の三角州を干拓してできた大宝新田では安政期（一八五四〜六〇）、水田に高畦を作って菜種か大麦を栽培し、畦の両側の溝で稲を作る二毛作を実現していた（『農稼録』『農稼附録』〈第二三巻〉）。同時に、高所にあって水がかりの悪い田は土を削り取り、それで付近の強湿田や沼地を埋め立てた。高所から低所・沼地へ土を移すことで、一方で田の水がかりをよくし（掘下田）、一方で湿田の田面高を上げ、埋立水田を増やすという一石二鳥の効果が発揮されたのである。近くに埋め立てるべき場所のないところでは、田の土を掻き上げて高くし、田の一部を畑にした。これを「寄畑」「半田」と呼ぶ。低所にあって水につかっている田については、近くに土取場があれば、客土によって地上げをした。土取場がなければ、田にいく筋もの溝を掘り、その土を盛り上げて「重田」（掘上田）にした。「重田」は、両脇の溝に潮気とともに排水を落とせるので、「重田」の部分が乾田化され、溝の泥を良質の肥料として利用することができた。「重田」は、溝の分だけ田地面積を減らしたが、そのマイナスを補って余りある収量増加をもたらした。しかも「重田」にいく筋も掘られた溝は、排水路だけでなく、用水路にも舟運路にもなり、漁撈の場ともなって、輪中地帯の百姓の暮らしを下支えした。

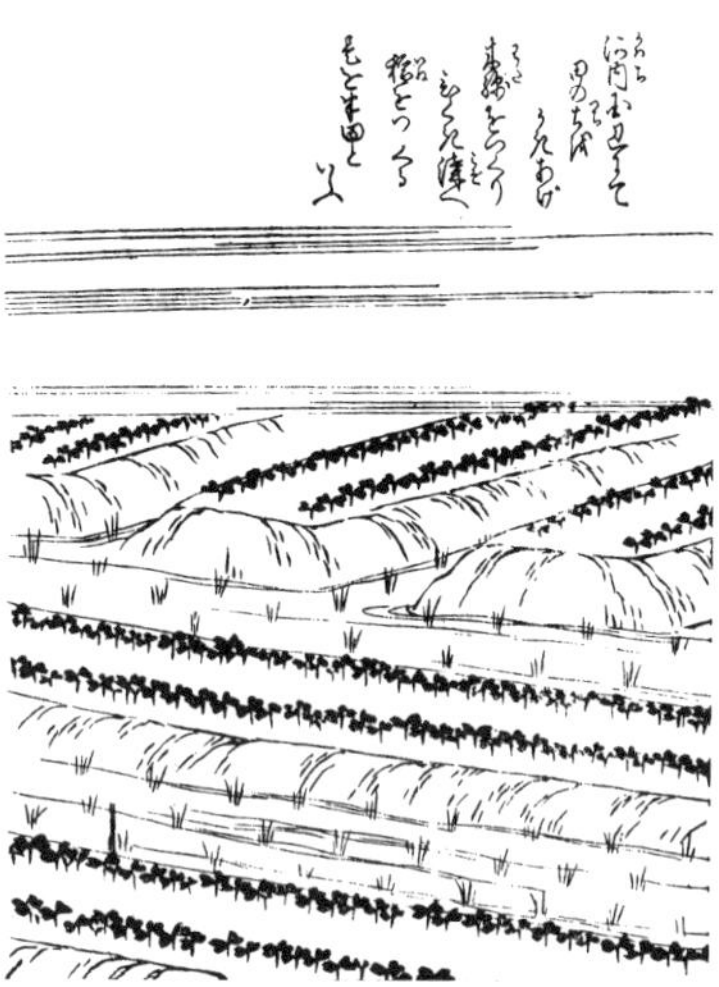
図4　畿内の半田（掻揚田）

　地域の地形・自然環境に規定された耕地の形状に対して百姓は、労働力の多大な投下によって、湿田の地上げや高所の乾燥田における地下げに努めていた。百姓は、農作業の効率を上げ、生産力を増進できる生産環境・基盤作りに日々邁進していたのである。

耕地の「零細錯圃制」の利点　大坂周辺の河内国丹北郡更池村では、個々の百姓がまとまった耕地群を所持・耕作するのではなく、零細な耕地をあちこちに所持し、耕作するかたち（「零細錯圃制」）で個別的な耕地利用を実現していた（葉山・一九六九）。

近世中後期の更池村では、稲・綿・麦の三作物を田に仕付ける、高度な土地利用を行っていた。そのため、麦刈りと田植えが重なる六月中旬前後に極度の労働のピークが生まれた。麦の収穫後、綿の肥培管理、麦の脱穀調整、田植えの準備（本田耕起と砕土）を並行して行わねばならなかったからである。しかも、限られた用水を集中して効率的に利用するため、村全体の田植え期間は五～六日に限定されていた。更池村の百姓は、ユイを組んで大規模な田植えを行うのではなく、あくまでも家族労働を軸に、不足分を日割奉公人や日雇人足の雇用で補った。こうした条件のもとで、「零細錯圃制」は労働力を分散させるうえで積極的な意味を有した。

村中の水田は、上の（高い）田から下の（低い）田へと配水される用水秩序に組み込まれており、水下にある田が水上の田より先に水を取ることはできなかった。個別の水田の田植えも、水がかりの順序に従って水路の上から下へと順次なされていく。村中の百姓がいっせい同時に田植えに取りかかるわけではなかった。水田の場所の違いで取水の時間差が生まれ、個々の所持地の田植えの開始日時もそれに合わせてずらしていくことができたのである。取水時間が限られているなかで広大な水田ブロックの田植えを短時日に終了させるには、膨大な人員が要る。しかし、水がかりの時間差を利して小規模な水田の田植えを順序よく進めていけば、限られた労働力であっても、作業の集中を緩和し、労働力を平準化することができた。百姓家が零細な耕地を分散的に所持することの利点はここにあった。「分散錯圃制」は、近世の家族労作経営を円滑化させる条件の一つだったのである。

また、耕地を散在的に所持することは、自然災害や不作・凶作のリスク分散にもつながった。同じ村のなかでも、耕地の立地や土壌、形状などはさまざまであった。そうした性質の異なる耕地を複数所持することで、気象災害が起こっても、すべての耕地が一律に被害を受ける事態は避けられる。百姓、それもとくに地主層は、農作業の便を図るため、他の百姓との耕地交換によって、所持耕地を自家の屋敷地近くにまとめる努力もした。しかし、地主層による集合耕地の形成も「零細錯圃制」の制約を積極的に打破しようというものではなく、手作経営に適するように耕地の所在を編成したにすぎなかった。

多彩な肥料　近世の農業では、収量の増大を意図して、肥効の高い多様な肥料の利用、元肥《もとごえ》（基肥）・追肥《おいごえ》の区別や施肥量・施肥回数の増加（多肥）など、肥培管理がいっそう集約化した。加賀国の農書『耕稼春秋』（第四巻）によれば、人口が少なく田畑に余裕があった時代は、休耕・休地で地力が回復し、肥料をろくに入れなくてもそれなりの収穫はあったという。しかし、人口が増加し食物の需要も増えた近世中期には、毎年すべての田畑を使って間断なく作物を植え付けねばならず、地力の維持に多くの肥料を施さざるをえなくなった。耕地の絶対量が限定される状況下で生産性を高める

表1　宮崎安貞『農業全書』巻之一・第六「糞」に示された主な肥料

肥料の種類	肥料の中身・製法
苗肥（緑肥）	水田で緑豆・小豆・ごま・大豆・空豆などを茂らせ、耕土にすきこんで腐らせた肥料。
草肥（刈敷）	山野の若い柴や草を肥料としたもの。牛馬に敷かせたり、腐熟させてもよい。
火肥（灰肥）	あらゆるものを積み重ねて蒸し焼きにしたもの。下肥と合わせて使うと効果的。灰や焼土。
泥肥（土肥）	池・川・溝などの腐植土を乾燥させたもの。人糞や灰などと混ぜ合わせて使用。
水肥	汚物・濁水・風呂水などをため、腐熟させた肥料。
魚・鳥・獣類の腐熟したもの	
蠣・蛤類の貝殻を焼いた灰	
水や土	家の中で百日も置けば肥料となる。
胡麻・綿実の油粕	上等の肥料。粉にしたり、水肥と混合して腐熟させて使用。
干鰯	
鯨の煎じ粕や骨の油粕	
人糞	

資料：『日本農書全集』第12巻より作成。

ために、肥料の多投が不可欠だったのである。

代表的な農書から近世中後期に使用された肥料の多彩さを示すと表1・2のようになる。

落葉や枯草も含めて、腐るものなら何でも肥料になった。近世の生活用具も、ほとんどが藁・竹・木・紙などの植物で作られており、不要になったら土に戻し、肥料として利用することができた。これらを焼いた灰も重要な肥料であった。作物・生活資材と肥料との間に循環が生まれていたのである。とくに表2の肥料は、全国各地を遊歴した大蔵永常が主要なものと考えた、近世を代表する肥料といえる。

表2　大蔵永常『農稼肥培論』に取り上げられた肥料

目次の肥料名	肥料の中身
人尿	小便。
人屎	大便。
水肥	魚の洗い水、食器の洗い水、風呂の残り湯、足洗いや洗濯に使った水などをためてつくる。小便も水肥の一種。
苗肥	緑肥。
草肥	刈敷。
泥肥・土肥	池・川・溝の底の泥。肥えた土。小便のしみ込んだ土。壁土やかまど・床下の土。油土。
煤肥	屋根を葺き替えた後のすす藁。
塵・芥肥	塵・芥を積み重ね、腐らせたもの。都市近郊農村は、市中で荷造り後の藁くずや捨てられた縄・古畳を回収。
干鰯	
油糟（粕）	
綿実糟（粕）	
魚肥	三都や城下町の料理屋で出る魚のはらわたや小魚の頭。その他、魚汁、鳥・獣の腐ったもの、牛馬の骨粉はみな良質な肥料。
廐肥	馬屋に敷いて牛馬に踏ませた藁や牛馬の食べ残しの小柴に糞尿がしみ込んだもの。馬糞そのものも良質な肥料。
糠肥	米麦のぬか。
毛・爪・革類	毛（月代を剃った髪や獣の毛）と爪（牛馬の爪の削りかすや鼈甲の削りくず）と皮（皮細工の裁ちくずや雪駄底の余り皮を水に浸して腐らせたもの）。
醤油糟（粕）	
干鯡	干しにしん。
鱒糟（粕）	ますから魚脂を搾った粕。
鮪糟（粕）	まぐろから魚脂を搾った粕。
豆腐粕	おから。
塩竈の砕け	数日使って崩れた塩竈で塩の固まった部分。
酒糟（粕）	
焼酎糟（粕）	
飴糟（粕）	餅米・餅粟・甘藷などを原料として飴をつくった後の粕。
鳥糞	
介類の肥	貝類。

資料：『日本農書全集』第69巻より作成。

ただし、地域の農業事情によって肥料の種類はさらに多様で、地域的な個性があり、施肥法も千差万別であった。百姓の階層差、農業経営の形態・規模によっても差異があった。各地の地域農書や農事日誌は、地域の個性を反映した肥料の数々を記している。

例えば、対馬の農書『糞養覚書』〔第四一巻〕は、田の肥《こえ》として草肥・柴肥・厩肥《うまやごえ》、畑の肥として下肥《しもごえ》・厩肥・草肥・灰肥・焼肥・水肥・鰯肥・藻・かじめ（コンブ科の海草）肥・沼肥の製法・使用法を解説している。干し蓄える必要のない海草は、厩肥や草肥に積み入れれば、陸の草を混ぜた場合より肥効がよくなる。水肥もよく腐熟させたものを使うべきで、台所の流し水、風呂水、海辺で出る魚の洗い水、漁船の船底にたまった魚汁などまで無駄なく集めて使う。沼肥とは、村から出た川が海辺で淀んだ場所や浦々にある沼土を掘り上げて干したものである。ここには、海の資源を肥料として最大限利用し、海と密接不可分のうちに展開していた対馬の農業の姿が見てとれる（江藤・一九九九）。

街道筋の村々の百姓は、落ちている牛馬の糞を拾い集めて肥料を作った。これは街道の掃除ともなり、街道の美化に役立った。養蚕地帯では、蚕糞を重要な肥料とした。薩摩国では、堆肥の中に火山灰土のシラスを混ぜ、多くの作物に牛馬や魚の骨粉を施した（『農業法』〔第三四巻〕）。出雲国・因幡国では十九世紀、冬から春にかけて、水田の裏作にレンゲを栽培している（『反新田出情仕様書』〔第九巻〕）。レンゲは牛の飼料ともなるが、緑肥として田にすき込めば地力の回復に役立った。肥料採取の観点から見ると、集落と田畑の位置関係も重要で、集落が田畑の位置より高ければ、村中の生活排水が田畑に流れ込み、自然と肥沃な土壌が醸成された。

こうした肥料は、単体で使用されることもあるが、複数の肥料を混合して用いられることが多かった。各地の地域農書や農事日誌は、そうした各種肥料の組み合わせと配合比率、製造方法、肥料と土質・作物の相性、適切な施肥の時期・量・方法を詳細に記している。

刈敷・厩肥から金肥へ　中世以来近世を通して使われた基本肥料で、とくに近世前期、地域的には東北・関東・東山・九州などで重用されたのが刈敷《かりしき》や厩肥・堆肥である。刈敷は、枝ごと切った木葉・若芽や下草をそのまま田にすき込む肥料であり、この供給源として、村々には入会《いりあい》山野（百姓が共同利用する採草地）が不可欠であった。やがて刈敷のほかに、豆科植物の茎葉やレンゲなど緑肥や湖沼の藻草の使用頻度が増してくる。

馬屋に敷かれた草・藁や土に牛馬の糞尿が混ざり、腐熟してできた厩肥は、堆肥（草・落葉・藁などを積み重ねて腐らせる）と並んで重要な元肥であった。日本の農業は、西欧の農業と対比して無畜農業といわれている。食肉目的で家畜を飼育せず、牛馬を耕起にあまり使わなかったからである。牛馬に期待されたのは、耕耘の動力源（役畜）以上に、物資を運搬し、厩肥を製造する役割であった。近世の牛馬は良質な肥料の製造機だったといえる。山野の草木や大小豆のサヤ、稲藁、稗・粟・麦の稈、糠など穀物の副産物はすべて牛馬の飼料となった。これらで育てられた牛馬が耕地の耕耘や作物・肥料の運搬をになった。そして、厩肥が田畑を肥沃にした。耕耘・運搬・厩肥製造の機能を合わせもつ牛馬が、山野の諸資源や穀物の副産物の利用（肥料づくり）、田畑の地力維持・向上と作物栽培を結びつけていたのである。その意味で、牛馬は山林原野と田畑の資源循環の要であった。

近世中後期の集約農法を象徴するのが、金肥《きんぴ》（購入肥料）利用の広がりである。もともと自給肥料であった灰（草木灰や石灰）は、近世中期には百姓に購入されることが多くなり、下肥も都市近郊農村にとっては貴重な金肥となっていた。

近世中期以降、もっとも普及した金肥が、海岸地帯で生産される干鰯《ほしか》（鰯を干したもの）・〆粕《しめかす》（油を絞った後の鰯）・干鯡などの魚肥である。菜種・荏から油を絞った後の油粕・荏粕も金肥としての需要が高かった。干鰯や油粕は畿内近国でいち早く普及し、木綿や菜種など商品作物の栽培から水田稲作へと使用が拡大し、肥料の中心を占めるようになっていった。やがて金肥の使用は全国的な広まりを見せていく。

下野国河内郡上横田村の肝煎《きもいり》稲見家では、一六七三年（寛文十三）には木綿・煙草・粟などの畑作物に干鰯を使い、一六七八年（延宝六）以降は、稲作にも下肥・厩肥・灰と合わせて播種量とほぼ同量の干鰯を投入している（阿部・一九八八）。畿内農村と比べて生産力の低い関東農村、そのなかでも自給的でもっとも後進的と見なされている河内郡でも、十七世紀後期には稲作にまで干鰯を投入していたのである。

肥料に強い稲種の選択と疎植農法　近世の稲作の発展は、収量の増大をねらって多収性品種を導入する方向をたどっていく。多収性の品種は、分げつが多く、多数の穂を実らせる。そのために、肥料とくに速効性の高い金肥を多量に施すことが必要となった。多収性の稲種は、多くの肥料を求めるがゆえに、同時に、耐肥性の高い品種でなければならなかった。金肥の施しすぎは作物を過剰繁茂・徒長させ、風雨による倒伏や病虫害の発生、稔実不良を引き起こし、かえって収穫を悪化させる恐れがあったからである。

多収性・耐肥性の稲種を効果的に栽培するために、百姓は、苗代の播種量を減らして（薄播き）健苗育成に努め、稲の分げつを促すべく、本田の植付け間隔を広くとる疎植を行った。そして、一株の本数を減らし、それぞれを力強く生長させるために肥料をたびたび施し、中耕・除草を周到に繰り返した。実際、東北や関東の低収田では幕末でも反当播種量が一斗〜一斗五升あったが、享保期以降、関東では八升前後、畿内では五、六升に減少しており、一八四二年（天保十三）河内国の『家業伝』では三升という極端に少ない播種量で多収穫を上げている（稲葉・一九八二）。

疎植と連動して、田植えのあり方も、無秩序に植える方法から整然と並べ植える方法に変化していった。一七八六年（天明六）刊行の備中国の農書『一粒万倍穂に穂』（第二九巻）では、植え人の気ままに植える「めつた植」を廃し、均等な本数にした苗株を整然と植え付ける「まんが田」を奨励している。近世末期には、代かき・整地後の田面に、縄や筋付け用具を使って苗の植え位置を示す方法が登場している。苗の疎植化は、稲株間に十分な余裕を与え、夏場の中耕除草作業を楽にした。また、金肥の効果は深い耕土でこそ発揮されるために、鍬による深耕が不可欠となった。さらに、金肥の施与によって地味が肥え、二毛作を容易にする土壌条件も整っていった。

反当播種量を減らしながら反収を増やしていくというのが、近世後期の稲作の生産力発展の方向であったが、そこには金肥の多投、多収性・耐肥性稲種の使用、薄播き・疎植農法、鍬による深耕などの諸要素が絡んでいた（田中・一九八七）。こうしたいくつもの栽培技術と耕耘技術の連関と総合によって集約農法が確立・普及し、生産力の上昇が実現していったのである。

鍬による深耕　一般に「犂から鍬へ」といわれるように、労働の基本が犂を使った牛馬耕から鍬を使った人力耕へ移行し、鍬の改良と分化が進展したのが近世農業の特徴である。人力で扱う鍬こそが、小百姓の家族労作経営にもっとも適合し、あらゆる農作業をこなす基本的な労働手段となった。

大蔵永常は一八二二年（文政五）、『農具便利論』（第一五巻）を著し、農具の形状と効用、使用方法を図解した。とくに鍬に関する記述は詳細で、犂への関心が薄いのと対照的に、自ら諸国を歩いて実見した鍬のスケッチを三〇種も掲載している。鍬の刃と柄の寸法を記し、柄と刃の角度も図示している。読者は、その図をもとに鍬を製作・使用することが可能となった。永常は次のように説く。

鍬ハ、諸国とも其所により形も変れり。其ゆへハ、土のねバき所にて砂地につかふ鍬を用ひてハ少しも用をなさゞるごとし。その土地にしたがい昔しより遣ひなれたるものあれバ、何ぞ畿内に用る鍬のミ用をなして、其他の鍬ハ用をなさゞるといわんや。

鍬は、国や地域、土質によって形状が変わるものであり、その土地で長く使われてきた、使いやすいものこそが、その土地でもっとも優れた鍬であることを宣言している。畿内の鍬がすべての土地に通用するわけではない。まさに、「鍬ハ国々にて三里を隔ずして違ふもの」であった。

尾張国木曽川河口の農書『農稼録』（一八五九年刊行）は、百姓一軒が備えるべき四七種（代金合計約一三両）の農具を挙げている。そのうち鍬は、荒起こし用の「田打鍬」（銀二〇匁）、砕土・地なら

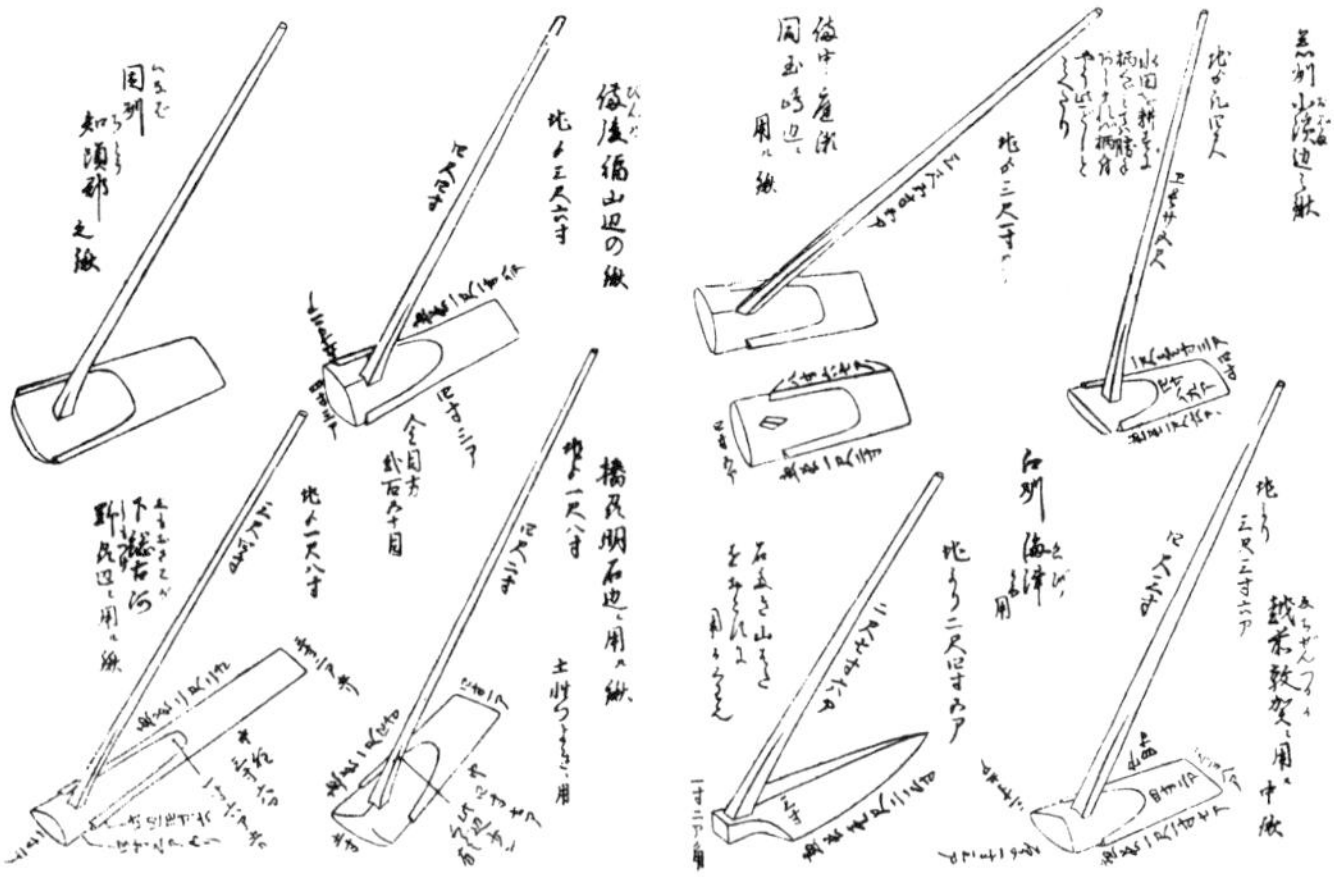

図５　鍬の地域性

し用の「中打鍬」（銀一〇匁）、稲株間の中耕除草用の「小埒《こらち》鍬」（銀五匁）、「くね田」（湿田で土を盛り上げて作った高畦）を毀すための「毀《こわし》鍬」（銀一五匁）、畑用の「畠仕《はたし》鍬」（銀一〇匁）、溜屋揚《たまやあげ》用の「溜屋鍬」（銀六匁）を必需品としている。鍬は用途によって分化しており、百姓は土質や作業内容に応じて、それぞれを使い分けていたのである。もっといえば、刃の厚さ・幅・長さ・重さ、柄の用木・長さ、柄と刃の角度など、百姓個々人の体格や体力に合った鍬を鍛冶屋に作ってもらうのが理想であった。少なくとも、田の荒起こしには刃先が長くて重い鍬、砕土や中耕除草には刃先が薄く軽い鍬を使うものであった（『百姓伝記』）。それだけ、田畑の耕耘・耕土準備技術が高度化してきたのである。

　鎌の分化も進んでいる。『農稼録』では、土手・堤の草刈り用の「大鎌」（銭二〇〇文）、麦刈り・畦草刈り用の「小鎌」（銭一〇〇文）、稲刈り用の「鋸《のこぎり》鎌」（銭八〇文）の三種類を挙げている。鍬や鎌は値段が安く複雑な操作もいらないので、誰でも簡単に扱うことができ、小百姓の必需の農具となった。

中耕除草には、鍬に類する熊手や万能・雁爪《がんづめ》が使われた。高温多湿な日本の夏場は田畑に繁茂した雑草を取り去らねばならず、とくに、炎天下、湯水のような田にはいつくばり、稲の葉で顔や手を傷つけながら三回も四回も行う田の草取りは重労働であった。熊手や雁爪は、こうした厳しい除草労働の緩和・効率化に役立った。

犂と比べて鍬の最大の利点は、深耕ができる点にある。犂も各地で使われたが、ほとんどが長床犂《ちょうしょうり》の形態で、深耕には適していなかった。鍬を用いて深く耕せば、新しい底土と古い上土の入れ替えがよくなり、土中深くの肥沃な土壌が風化し、肥効が促進される。土中への酸素補給も進められる。作土が深くなるため、作物の根の張りがよくなる。土がこなされるので、肥料が下層にまで浸透する。除草もしやすくなる。土壌の酸性化も防げる。経営面積は狭くとも、鍬を用いて人力で深耕をする小百姓の方が生産力を上昇させたのに対し、多くの下人を抱え牛馬の犂耕に頼っていた大百姓の生産力は停滞していった。ただし、犂を使った畜力耕が一日に約二、三反耕耘できたのに対して、鍬では五畝ほどしか耕起できなかった。人間の疲労度も作業強度も鍬耕の方がはるかに高かった。近世の百姓は、こうした厳しい労働を背負い込むことで、単位面積当りの収量を増加させたのである。

元禄期（一六八八〜一七〇四）以降は、刃先が幅広の一枚ものである平鍬に加えて、新たに備中鍬（図6）が使用されるようになった。備中国で使われ始めたといわれる備中鍬は、刃先が三本ないし四本の熊手状に改良されたものである。平鍬よりも土中へ深く切り込みやすく、収穫も上がるため、備中鍬は全国各地に勢いよく普及していった。

農具改良の工夫　飛驒国で一八六五年（慶応元）に成立した『農具揃』（第二四巻）は、一月から十二月までに使う農具三五〇余種を、農事暦のなかに織り込んで紹介した農書である。そこには「諸職の内農程広き道具持ハあらじ」として、「百姓ハ百そう倍か百品も作る数百の道具用て」という歌が載っている。百姓という語の由来を、一粒の種を百倍にするためだけではなく、百品もの作物を作り、数百の農具を使いこなすことに求めているのである。百姓は、農具使いの達人であった。

とりわけ穀物の脱穀・調整用の農具では、新たな発明や目覚ましい改良が相次いだ。

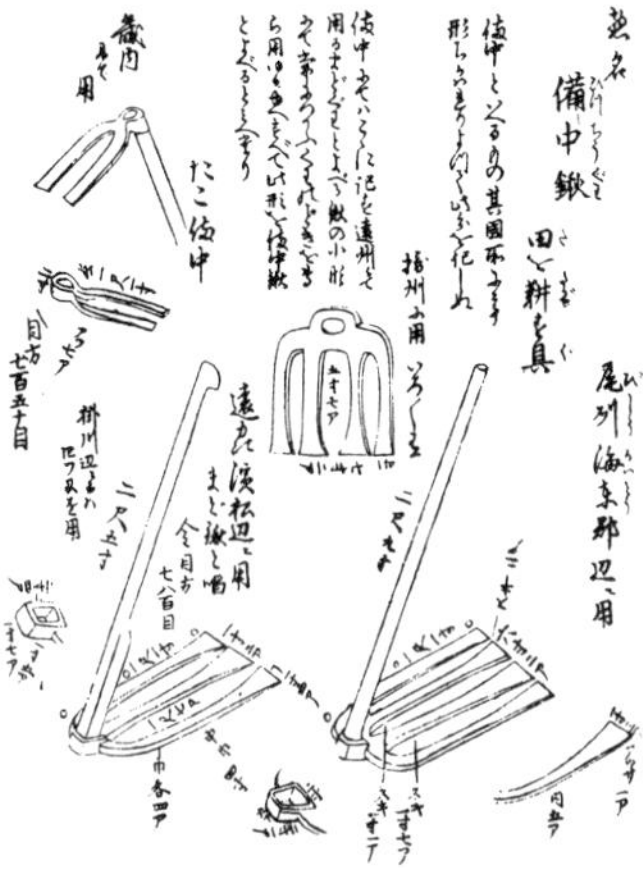

図6　備中鍬

近世前期まで、稲扱《いねこ》きには、二本の竹棒・鉄棒の間に穂首を挟んで引き落とす扱き箸（図7）が使われていた。これは能率が悪く熟練を要する農具で、脱穀には多くの人手が必要であった。そういうなかで、元禄期の畿内に登場したのが鉄製の千歯扱《せんばこ》きである。横木に鉄の歯を打ち並べた千歯扱きは、大量の稲束を同時に引っかけ、より多くの籾を引き落とすことができた（図8の竹の歯の麦扱き用はその少し前から存在）。千歯扱きのスピード・能率は扱き箸の十倍にものぼる。扱

図7　扱箸による脱穀

図8　千歯扱きによる作業

き箸による脱穀は主に婦女子、とりわけ後家の重要な稼ぎ口であったが、千歯扱きの出現と急速な普及がその仕事を奪っていった。千歯扱きが「後家倒し」と呼ばれる所以である。

近世中期の畿内では、麦の脱穀と綿の除草、稲の田植えが同時期に重なり、過重な労働ピークが生まれていた。しかし、千歯扱きによって麦の脱穀労働が削減され、綿作の規模が拡大した（岡・山崎・一九八三）。稲の脱穀・調整と麦播きが重なる秋の労働ピークも緩和され、裏作麦を栽培する条件が整えられた。稲をすばやく脱穀した後に、余裕をもって麦播きに取りかかれるようになったのである。これにより水田二毛作がいっそう普及した。調整用具の土臼を合わせて使うことで、稲の脱穀・調整期間をかなり短縮でき、稲が完熟するまで稲刈りを伸ばし、良質な米を増収することも可能となった。

調整用具の摺り臼も、二人がかりで半回転ずつ動かしていた木製のものから、完全回転できる土製の臼に改良され、作業能率を三倍に引き上げ、砕米を少なくした。脱穀後に籾と塵、籾摺り後に籾殻と玄米をふるい分ける作業には、風選用の箕《み》と穀粒の大小で選別する篩《ふるい》が使われた。風を送って籾を選別する唐箕《とうみ》や斜面の編み目を通して糠を落とす千石通し・万石通しの利用も全国に広まっていった。

近世農書には、稲の乾燥法として、稲架干しを勧めるものが多い。稲を田面に並べた状態で干す地干し、刈稲を円筒形に高く積み上げるにお（乳）、あるいは稲穂を筵《むしろ》の上で乾燥させる筵干しと異なり、稲を木に掛けて干す方法である。田の周囲ないし田面にまっすぐな竹木を並木のように立て並べ（図9）、何段かに横木を結び、そこに刈り取った稲を掛け、天日干しにするのである。田の周囲の土手に、榛の木のように真っ直ぐ伸びる（作物に陰をつくらない）木を植えておき、架木とするところも多かった。筵も屋敷内の干場も要らず、籾の出し入れの手間もなくなり、穂先を下にして稲の精気（養分）を穂に集めることができ、風通しの良さから乾燥が行き届き、米も藁も上質になるなど、稲架干しには大きな利点があった。

図9　稲架掛

品種の分化　十八世紀初頭に成立したとされる伊予国の『清良記』〔第一〇巻〕には、表3のよ

表3　『清良記』に取り上げられた作物種と品種

作物名	詳細な作物名	品種数（作物数）
早稲		12
疾中稲		12
晩中稲		12
晩稲		24
餅稲		16
畑稲		12
太米		8
麦（大麦）		12
小麦		12
秬（黍）		12
粟		12
稗		12
蕎麦		2
菽（豆類）	ふじまめ類・大豆類・えんどう・そらまめ　など	24
小豆		12
大角豆		18
芋類	里芋類・ながいも類・むかご・さつまいも・こんにゃく　など	24
五辛類	にんにく・ねぎ・にら・あさつき・らっきょう	16
胡麻		12
藍		4
蘆菔（大根）		8
蕪菜類	かぶ類・小松菜・ほうれん草・からし菜類　など	16
苣（ちしゃ）		8
蕗（ふき）		2
茗荷		2
七草類	せり・なずな・ははこぐさ・はこべ・こおにたびらこ・よめな・かんぞう・かずのこぐさ・からしな・人参・福寿草	11

作物名	詳細な作物名	品種数（作物数）
莧（ひゆ）類		6
藜（あかざ）		1
箒草		1
紫蘇		1
蓼（たで）		6
苧（からむし）		6
夕顔		9
瓜類	瓜類・きゅうり・まくわうり・西瓜　など	12
茄子		12
牛房		3
水草類	蓮・くわい・ひし・まこも・しょうぶ・つごも・がま・藺草	8
かつら類	ぶどう・朝顔・わさび・またたび・あけび・ほどいも・ところ　など	12
くこ		1
うこき(うこぎ)		1
むくけ(むくげ)		1
百合（ゆり）		4
芥子(からしな)		4
紅花		1
木綿		1
生姜		1
唐苛(唐辛子)		1
山枡（山椒）		1
菊		4
木類	椿・山茶花・油木（油桐）・胡桃・漆・櫨・栗・柿・茶・松・椙（杉）・檜・椎・樫・櫟・桐・桑・杏・梅・桃・梨・楮　など	30
柑類	柑子・蜜柑・柚・橙　など	8
竹		6

出典：『日本農書全集』第10巻、p.237 表5を一部修正して作成。
注1）　作物名は『清良記』の見出しにある通りに表記し、（　）に現在の作物名を補った。
　2）　稲は見出しの段階で7種類に分類され、さらに細かく品種が記されている。
　3）　網掛け部分は見出しに作物類の名称が記され、本文に品種も含めて作物種が記されているので、具体的な作物名を別に示した。

うに数々の作物について四五〇をこえる品種が書き上げられている。稲では、早稲一二種、中稲のなかでもやや早い中稲一二種、晩《おそ》い中稲一二種、晩稲二四種、糯《もち》米一六種、畑稲（陸稲）一二種、太米（大唐米・唐法師＝赤米）八種とバラエティに富んでいる。これらすべてが当時の伊予国で栽培されていたものかは不明であり、同名異種・同種異名の可能性も否定できない。ただし、品種が細かく分化し、百姓の品種選択が深化していたことはまちがいない。『清良記』では、「早稲、中稲、晩田（稲）を先く り追りに（順を追って）作り出されは、男女皆鬧敷（忙しき）唯一度に重り、手廻し宜からす」と述べている。品種の分化が、労働力の分散・平準化に効果を上げていたのである。

一六八四年（貞享元）に『会津農書』を書いた佐瀬与次右衛門も、田の立地や土質・性質を細かに区分し、それぞれに適する稲の品種を列挙している。また彼は、『会津農書附録』〔第一九巻〕でも「水旱、暴風、早霜難量故に稲草一品を不限、色々作てよし」と述べ、気象異常の危険を分散するために多様な稲種を使用すべきことを強調している。

一七三六年（享保二十一）、下野国河内郡の岡本村最寄一一ヵ村でも多様な品種の主穀・雑穀が作付けられていた（平野・二〇〇四a）。米だけ見ても、粳《うるち》米で早稲六種、中稲一〇種、晩稲七種、糯米で早稲三種、中稲一種、晩稲二種があった。品種の名前には、伊勢・北国・京・能登・播磨・若狭・熊野・備前・上州・駿河・上総など他国・他地域の名前が付いたものが多数確認される。近隣諸国に限らず、遠国の優良種を積極的に導入していた証であろう。地域間の品種の交換が相当に進んでいたのである。

一七三四年の尾張国の物産調によると、尾張八郡で栽培していた稲種がわかる（大石・一九七七）。例えば春日井郡は、早稲二七種、中稲三六種、晩稲四六種、糯米二四種の合計一三三種もの稲種を作付けていた。郡単位に作付稲種の重なりを見ると、八郡すべてに用いられていたのはわずか一種にすぎず、大半の稲種の作付範囲は一郡だけに限られていた。尾張国内での稲種の局地的栽培は、それぞれの郡が自地域にもっとも適した稲種を改良・選択していたことを示す。

品種の分化は、農法の選択の幅を広げ、自然災害や豊凶差の危険を分散した。自然環境や耕地条件の差異に応じた適地適作のきめ細かな作付けができるようになった。生育期間の異なる稲種をうまく配分して作付けすることで、田植え時期と収穫時期に稲種ごとの時差を生み出すことも可能となった。これにより、労働力の集中を平均化し、限られた労働力の効率的活用が図られたのである。

稲種を例にすると、早稲は生育期間が短く、分げつが少なく、肥料の要求量が比較的少ない品種であった。これに対して晩稲は、生育期間が相対的に長く、その特徴を生かして多収穫が期待でき、それだけに多量の肥料や肥沃な水田を必要とする品種であった。

宝永期（一七〇四〜一一）の金沢周辺農村で使用されていた稲種は、田植えから刈取りまでの期間が、早稲で一一〇日ほど、中稲で一四〇日ほど、晩稲で一五〇日ほどという差があった（『耕稼春秋』）。幕末期の木曽川河口地域では「五九《ごっく》」という稲種を使っていた（『農稼録』）。これは、田植え後四五日目に実るという、かなりの短期登熟の早生種であった。

大局的に見れば、近世を通して、各地の百姓は多収量の晩稲を多用する方向をたどっていた。ただし早稲にも利点があった。出来秋の直前は、一年でもっとも米が不足する端境期《はざかい》となる。早稲を植えて早く収穫できれば、百姓の夫食となり、米価の高騰期に売米収益を拡大させることにもつながった。有利に売るための米作りである。早稲は同時に、武士や町人・職人にも早めに主穀を供給し、社会のすべての人々の食生活を助ける意義を有した。

畑の多毛作と輪作　畑は、四木三草《しぼくさんそう》（茶・楮《こうぞ》・漆・桑と麻・藍・紅花《べにばな》）や菜種・木綿・煙草・果樹など商品作物生産の主たる舞台であり、商品貨幣経済の発達を促進させる基盤となっていた。都市近郊の農村では、都市の需要に応えて畑での蔬菜作りが盛行し、百姓に現金収入をもたらした。他方、百姓の日常的な食料となる麦・豆や雑穀（稗《ひえ》・粟・黍《きび》・蕎麦など）を生産する面でも、畑は決定的に重要であった。ただし畑作には、何種類もの夏作物の播種、その後の頻繁な除草、秋以降の夏作物の収穫と冬作物の播種の重なりなど、いくつかの労働のピークが生じてくる。また畑作は、水が気象災害の緩衝となる水稲作と違って、霜害・風蝕害・雨害・旱害・多湿害といった異常気象の被害を直接受けやすい。雑草の種類や病虫害・鳥獣害も水田以上に大きかった。それゆえ、一つ一つの畑作物ごとに耕起・播種・肥培管理・中耕・補植・除草・収穫などの周密な農法が求められた。さらに重要なのは、連作障害を避けつつ、一つの畑で多種多様な作物栽培を持続するための工夫である。

　水田では二毛作や二年三毛作が広まったが、それ以上に、畑では多毛作や輪作が多様に展開した。輪作の典型例として、一年一作で大豆→蕎麦→稗、一年二作で大豆・小麦→稗・小麦、二年三作で稗→大麦→大豆、二年四作で麻→かぶ→大麦→大根などが挙げられる（佐藤・大石・一九九五）。こうし

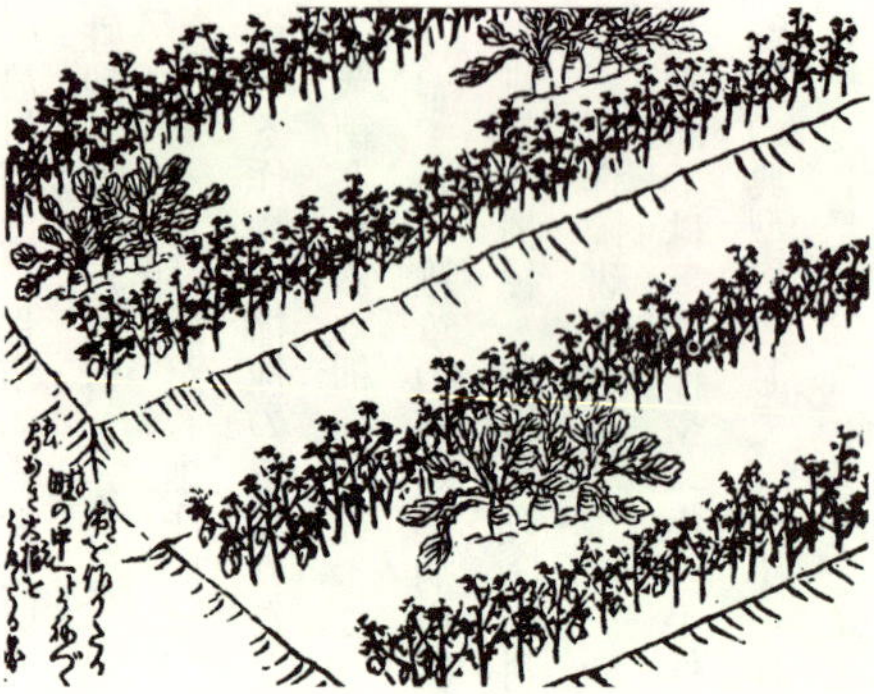

図10　畑の間作（綿と大根）

た畑作物の組み合わせと輪作体系は、百姓の長年の経験と観察から、各地で地域色豊かに編み出されていった。百姓は、個々の作物にもっともふさわしい圃場（土質・水利・地形・日当たりなど）を選び、忌地と好地の相互関係を見極め、労働力を効果的に配分しうる作付体系を考案していた。

貞享期（一六八四〜八八）の会津地方の農村は、寒冷地ではあったが、畑を休ませることなくフル活用し、三毛作・四毛作という集約的栽培を実現していた。実際、『会津農書』には約七〇種にも及ぶ畑作物が取り上げられている。会津地方の百姓は、会津若松城下へ供給する野菜、商品作物としての藍・麻・紅花・木綿・煙草、主に自給用となる多種の穀物などを作っていた。それら数多くの作物を限られた畑で効率的に栽培するために、前後作の相性がよく、基幹作物に種々の作物を有機的に結びつけた作付体系を経験則として発見していた（田中・一九七六）。

畑作では、一つの作物を栽培している圃場で別の作物も同時に栽培する間作が多く行われた。作物の性質にもよるが、畦と畦の間に植え付けることで、畦で栽培されている作物が風除けとなり、畦間の作物を守るという効果も生まれた。ただし、間作を維持するために百姓は、多大な手間をかけて土壌を改良しなければならなかった。

十八世紀初頭の畿内では、間作と肥料多投によって、一年に同じ畑で五、六作物も栽培する、高度な畑地利用が展開していた。また『耕稼春秋』からは、北陸の金沢近郊農村における畑の多毛作化、前後作関係の追究や田畑輪換の進展も見てとれる。

水田漁撈の知恵　近年、民俗学の研究により、水田や溜池・用水路など、水田稲作がもたらす水辺の環境（人工的水界）が漁撈の場としても重要な意味をもっていたことが解明されている（安室・一九九八・二〇〇五）。水田では主に個人が、溜池や用水路では村人が共同で漁撈活動を行い、コイ・フナ・ドジョウ・ウナギ・ナマズなどの淡水魚を獲っていた。水流の変化（春の取水と秋の排水など）をうまく利用し、ウケなどの漁具でさまざまな仕掛けをこしらえつつ、多様に変化する水田の水環境に適応した漁法を編み出していた。一年中湛水している低湿田は、農家にとって恰好の漁場となった。しかも、漁撈活動は稲作の作業に抵触することはなかった。稲作の諸段階に応じて定置性の仕掛けを施し、水の流れに従って自然と魚が漁具に入る漁法が採用されていた。これならば農家は、朝方水の見回りに漁具を仕掛けて、翌朝に引き上げ、手間なく魚を獲ることができる。水田漁撈は、水田の生態系を活用し、水田稲作労働の内部にうまく組み込まれ、農耕と両立する安定的・持続的な生産活動だったのである。むしろ、稲作労働の合間を無駄なく埋める労働の効率化に寄与していたといってもいい。

琉球では享保期（一七一六〜三六）、百姓が稲刈り後に魚やウナギを獲ろうとして田の畦をくずし、水のたまり具合が悪化していた（『農務帳』〔第三四巻〕）。近世中期においても、水田という装置とそこに育まれる魚の棲息環境から、漁撈に励む百姓の姿が確認される。
漁撈を組み込む百姓の複合生業は、畑作地帯でも見られる。上野国の農書『開荒須知』〔第三巻〕では、水辺の空き地には池を作り、山あいの沢地には堤を設け、コイ・フナ・ドジョウ・ウナギを飼育し、「水畜の利」を得ることを勧めている。魚が豊富な海浜の国よりも、海から離れた内陸部でこそ養殖の有利性が増すと考えている。開墾地の水辺に作られた池ではハスを植えて蓮根を売ることもでき、利益は大きいという。百姓は、新たな内水面を作り出しても、農耕に漁撈を含み込んだ複合生業を営もうとしていたのである。

虫害対策と注油法　近世の農業は、百姓にとって病虫害との闘いでもあった。近世の三大飢饉に数えられる享保の飢饉は、冷害を主因とする天明（一七八一～八九）の飢饉、天保（一八三〇～四四）の飢饉と異なり、主にウンカの被害によって西日本の稲作が深刻な打撃を受けたものであった。稲の汁を吸い尽くすウンカは、湿田など水気の多い田が夏の暑気に蒸される場所で大発生しやすかった。

近世では、地域ごとに違いはあるが、全国的に虫送り・虫追いが行われていた（図11）。日没後に村人が集まり、藁でこしらえた人形や虫・蛇などを持ち、松明をともし、旗や毛槍・吹き流しなどを掲げ、鉦《かね》や太鼓・笛・ほら貝などを鳴らしながら大声を立てて（声を立てずに進むところもある）田の畦や作場道をねり歩き、村境から藁形を追い出したり、川や海に流したりする行事である。近世には、害虫の大発生は神仏の怒りや怨霊の祟りからくるという考え方があり、百姓は害虫駆除を神仏にひたすら祈願した。ただし、大蔵永常は虫送りについて、松明の火に虫を集めて焼き殺し、ほら貝・太鼓・鉦の音で鳥獣や虫を恐れさせるという、一定の防除効果を認めている。

『農業全書』には、種の消毒、防虫・殺虫効果のある粉末や液剤の散布、土壌の改良、虫が嫌う煙の発生、道具を使った虫の払い落としや捕殺などの防除法が記されている。これらのほかに、近世のウンカ類の防除法として高い効果を上げ、多くの農書で注目されたのが注油法（図12）である。日本における注油法の起源は諸説があるが、十七世紀後半から十八世紀前半にかけて筑前国で発見されたと考えられている。注油法は、まず穴の空いた竹筒に油を入れて田の中を歩き、田に油を落として水面に油膜をつくる。次に、稲株についたウンカなどを竹箒や竹ざおで払い落とす。すると、油膜の上に落ちた虫は飛び去ることができず、油で気門をふさがれ窒息死する。使用された油は鯨油が主であるが、鰯・サメなどの魚油、菜種・胡麻・荏胡麻・綿実などの植物油も原料となった。ヤツメウナギやウナギの干物を水田の水口に埋め、そこから出た油を利用する方法もあった。ただし、注油法はウンカ発生直後の早期防除が肝要であった。発生したばかりの小さなウンカなら、一反当り鯨油三、四合ずつ二度ほどの注入で駆除できた。しかし、注油が遅れれば、成長したウンカの生命力は強く、六、七合の鯨油を四、五度も入れないと効き目がなくなった。鯨油の供給量が稲の

図11　虫送り

図12　注油法の手順

作柄を左右するため、大坂堂島の米商人たちは、その年の鯨の捕獲量、鯨油の相場変動を見て、虫害の発生、稲作の豊凶、米価の高下を予測したという。

一方、羽後国の高橋常作は一八五六年（安政三）の『除稲虫之法』〔第一巻〕で、虫が発生した年は、水田で一番草以外は抜き取らず、畦の草も刈らず、水田と畦に雑草を生やしておくべきだと主張する。雑草をおとり草として温存すれば、虫が稲と雑草を行き来している間に稲が丈夫に生育し、虫の被害が減るというのである。

蛙の評価もさまざまであった。尾張国の『農稼録』の著者長尾重喬は、蛙は風雅でかわいらしく、苗につく害虫を補食してくれる益虫だと言う。近隣の子どもから二、三百匹の蛙を買い、若苗についたアオムシを捕食させた経験も語っている。一方、能登国の『村松家訓』〔第二七巻〕では、苗代に蛙がたくさん集まると苗を傷めるので、水を落として蛙が遊べないようにせよと述べている。

鳥獣を除ける努力　近世前期までの山野における開発の進行は、人間の生活圏の拡大が野生動物の棲息圏を脅かすというかたちで、人間と獣の棲み分けの均衡を崩していった（鬼頭・二〇〇二）。蝦夷地を除く日本で、近世初期に四〇人程度であった一平方㌖当りの人口密度が、十八世紀初頭には一〇〇～一一〇人にまで膨れ上がっていた。こうして人間と獣の接触の機会が増え、それに伴って作物栽培に対する獣害の頻度も高まった。

十七世紀後半の対馬は、木庭作（焼畑農耕）を行うのに野生の猪の被害に悩まされ続けていた。人口の二倍以上もの野猪が棲息し作物を食い荒らしていたため、対馬の百姓は収穫期、昼夜を問わず猪追いに手間をとられ、収穫・調整作業や跡作物の作付けに支障が出ていた。この状況を一挙に打開したのが、対馬藩の郡《こおり》奉行陶山訥庵が一六九九年（元禄十二）から実施した「猪鹿追詰」事業である。延べ二二万九七七〇人の人夫と一六〇三石余の食料、二万一七八〇頭の猟犬と八七石余の食料を使い、地域を区切って徐々に猪を捕獲・銃殺し、一七〇九年（宝永六）の春までに八万余頭の猪を殲滅したという。

上野国群馬郡渋川宿の商人・儒学者の吉田芝渓は一七九五年（寛政七）に『開荒須知』を著し、荒地の再開発の利点を説いた。そうした荒地は山林原野に近接していることが多く、野生の猪・鹿・兎の害を受けやすかった。そこで芝渓は、獣の侵入を防ぐ具体的な手立てとして、田畑を囲うように人家を作ること、家ごとに番犬を飼うこと、高い見張り小屋を設置すること、畑の周囲に柵をめぐらし

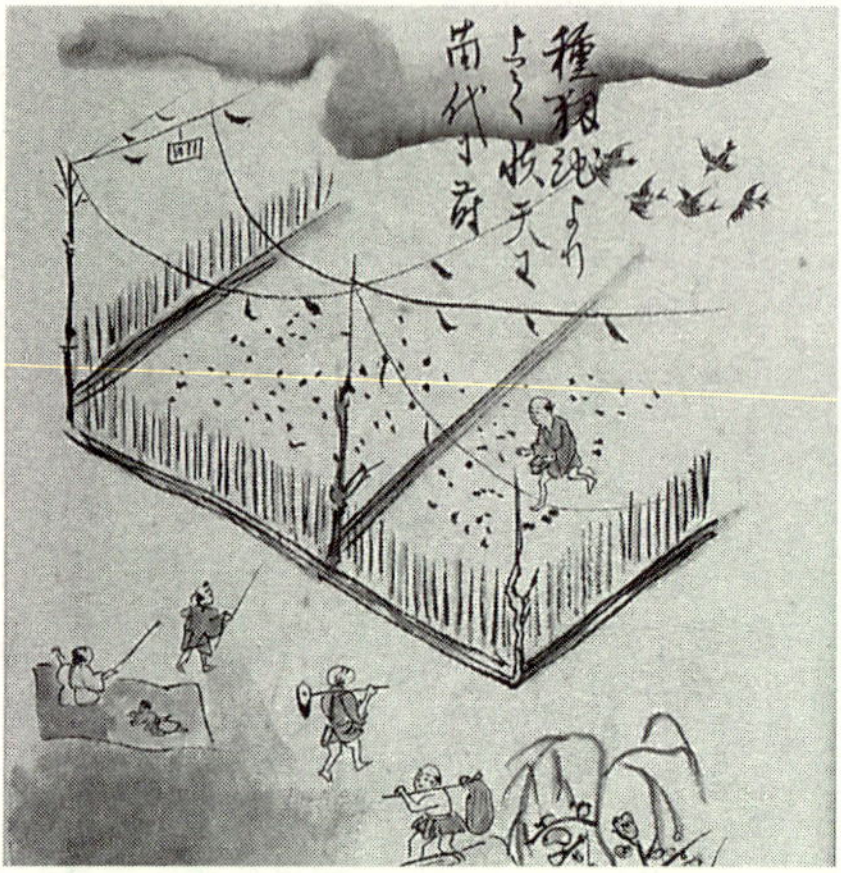

図13　苗代を鳥獣から守るための囲いや鳴子

縄を張ること、鳴子《なるこ》や案山子《かかし》を設置すること、獣の嫌う物品や臭気を用意することなど細かな方策を挙げている（図13）。とくに一年中害をなす猪は狩りをするに限る。こうして、獣害を防ぐために数々の方策が考案・実践されていたのである。事実、近世の村々、それも山に近い村々では、百姓が領主に願い出て脅し鉄砲の使用を許され、猪・鹿除けに使っていた。

水田の畦畔に穴をあけ水漏れを生じさせるモグラや野鼠・オケラ、苗代の蛙・ドジョウ・小魚・タニシを狙って苗を踏み荒らす水鳥も厄介な存在であり、それらを駆除するためにさまざまな工夫が凝らされていた。『私家農業談』（第六巻）によると越中国では、苗代田のそばに建てた小屋で子どもに番をさせ、鳥を追わせた。また、田植え後の青田を守るために、村から一二、三歳の子どもを四、五人集めて所々に配置し、「鳴竿」を持たせて鳥を追わせることもあった。遊びの要素も濃かったろうが、子どもは鳥追いで稲作の重要な一部をになっていたのである。

村による耕地の保全と百姓株の設定　近世農業は一般に「水田刈敷農業」といわれ、山野から採取した草肥・刈敷に頼って水田の地力を維持し、基幹農業たる水稲作を継続していた（古島・一九五六）。

山と水（川や溜池）、採草地の管理と水利の安定は、近世農業のもっとも重要な生産条件であった。それらは、個々の百姓家が単独で維持・管理し、自在に利用できるものではなかった。そのために村という社会組織が存在した。村は百姓の協同によって成り立ち、百姓の個別の利害を超克・調整して、有限な共有資源である山と水を維持・管理した。資源利用のあり方や百姓への配分方法を判断・考案するのも村であった。

農業の主たる生産対象・手段は田畑である。近年の研究で、近世の村が、山野だけでなく村の田畑を守り、百姓家の生産と暮らしを守るために、その個別的土地所持に積極的に関与していたことが次々と解明されている（白川部・一九九四、渡辺・一九九四）。近世では、百姓の個別の所持地といっても、その根底には「村の土地は村のもの」という観念が横たわっていた。

例えば、村の判断で定期的に村内の耕地を割り替え、百姓家の持高に応じて配分し、百姓間の貢租負担の公平をはかる割地《わりち》制度・割地慣行をもつ地域があった。質地・質流《しちながれ》地から売却地に至るまで、契約時から何年経過していても（元利の返済期限を過ぎていても）、元金さえ返せばいつでも請け戻せるという無年季質地請戻し慣行も全国的に存在した。元地主の潜在的な所持権が永久に温存されることの慣行は、地主層の耕地兼併を抑制し、小百姓《こびやくしよう》の土地所持権と暮らしを保護するのに役立った。村が、村の土地の村外移動（質入や売却）を制限したり、村外へ流出した土地を村の資金で買い戻したり、村の土地をあくまでもその村が保全する動きも見られた。質入れや売買によって村外に耕地が流出したときは、元の所持者や村の百姓が永年的に耕作をになう永小作の約束を結び、当該耕地と旧所持者・村との関係を維持し、耕作権・経営権を確保することも見られた（平野・二〇〇四a）。

一枚一枚の田畑は、周囲と隔絶した独立の耕地片ではなかった。肥料を採取する山野、用排水路や田越しでかけひきされる水と結びついてはじめて農業生産の場となりうる。また、隣接する田畑や同じ水がかりの田畑、農作業で行き来する作場道や橋、村の農業を信仰面で支える寺社、さらには百姓の耕作労働力そのものが個々の田畑にとって重要な生産要素であった。田畑はこうした村の諸資源とともに一つの生産環境を形成しており、村の農耕はそれらの有機的連関・循環のなかで維持された（丹羽・一九八九、川本・一九八三）。個々の百姓家は、一枚の田畑を耕すことで周囲の田畑、ひいては村の生産環境全体に責任を負い、一方で、村の生産環境に包摂されることで自家の耕作を完遂できた。

村の耕地面積・耕境、また農耕を支える山と水の量には限りがある。十七世紀前期の大開発時代は、耕地の急増に合わせて周辺から入《いり》百姓を招き入れ、新百姓を続々と取り立てていける開放性と余裕があった。しかし、開発が進みすぎ、利用可能資源量の増加が望めなくなった十八世紀以降は、百姓の資源利用を無制限に許すわけにはいかなくなる。そこで村は、資源開発・利用の飽和状態に対応すべく、すでに存在する百姓家を本百姓と定め、彼らだけに水利権や入会《いりあい》権を与え、百姓家を村内で扶養しうる数に制限した。それが百姓株の設定につながった。いったん百姓株が固定化すると、新たな本百姓の取立ては容易にはなされない。信州佐久郡五郎兵衛新田では、可耕地が少なくなってきた寛文期（一六六一～七三）に、本百姓仲間が移住者の排除に努め、それ以降入植者が来住した場合には抱《かかえ》身分として本百姓に従属させている（大石・一九六八）。百姓株の限定は、村の資源利用量を適正化し、村の生産環境を守るための知恵であった。

近世の百姓の生産と暮らしは単独の家だけは成り立たたず、家（百姓家族）と村という「二重の再生産単位」に立脚していた（佐藤・一九八七）。とくに水稲作には、近代に至るまで「個別稲作経営農家」と「近世社会の小農村落の領域をもつムラ」という二つの生産主体が存在した。一軒一軒の百姓の集約農業が安定的に持続するためには、村という社会組織と百姓の協同関係がなくてはならなかったのである。

地主と小作人の協同　近世には各地で、新田開発や田畑・屋敷地・山林の売買、質取引によって土地を集積する地主が成長し、その対極に田畑の耕作を請け負う小作人が多数生み出された。そこにできた地主小作関係は従来、私的な経済関係であり、社会的には支配・被支配、搾取・被搾取関係としてとらえられてきた。両者の間には、主に対立関係が見出されてきたのである。

しかし、そうした見方を否定して、近世の地主小作関係の共同性を指摘する守田志郎や佐藤常雄の研究がある（守田・一九七八・一九八〇、佐藤・一九八〇）。大塚英二はそれらを継承し、地主小作関係のなかから「融通＝循環」の構造を析出した（大塚・一九九六）。大塚は、地主小作関係や質地小作関係を地主（質取主）と小作人（質入主）との私的・個別的な関係とは見ない。両者の本質は共同的な関係であり、「土地と米金の循環及び質地関係を媒介にした融通機能によってなされる、小農民分解に対する阻止的な行為」であったというのである。その内実は、村内で余裕のある百姓が代わる代わる金主となって、土地を担保に質入主に低利の融通を繰り返し、質入主が直小作人として土地の耕作・所持を継続する「質地（関係）の循環」であった。

下野国芳賀郡でも、地域経済の要であった米穀の価格が低迷する十八世期中期から十九世紀前期にかけて、地主と小作人の結合が強化している（平野・二〇〇四a）。当該期、田畑の価値が下がり続け、小作人からの小作地の返還が相次ぐなかで、村方地主は田畑の集積を望まなかった。ところが名主を務める村方地主は、小百姓の金銭融通要求を無視することができず、やむをえず田畑の買取りや質取りに応じていた。ただし村方地主は、質入人に永小作権を認めて直小作（質入人が質地の小作人となる）を任せ、無年季質地請戻し権を与えていた。地主は土地兼併の権利を放棄し、質入主・小作人の請戻権を永久に保障したのである。これは、地主が所持高の増加を忌避したことが理由であるが、同時に小百姓の所持地の細分化を防ぎ、小百姓の家を守る意味も有していた。さらに地主は、小作の継続を約束した小百姓に対して無利息・無期限の金銭融通を施している。小作人に対する実質的な資金援助である。地主は自ら小作人に歩み寄り、有利な条件の提供によって小作人を繋ぎ止め、彼らの生産・暮らしを支援することで質地と小作人の結びつきを維持・強化したのである。こうした地主小作関係は、地主が村の耕地を預かり、村の小百姓を小作人として吸収し、耕地と労働力の双方を保全する役割をになったものと見ることができる。すなわち、地主と小百姓の協同・相互補完による村の耕地の保全である。

近世の地主の多くは在村の村方地主であった。村方地主は、村内に多くの田畑を抱え、村内の百姓から奉公人や小作人を得て手作経営・小作経営を行い、農事を実践する生産者としての性格を失わなかった。地域によっては千町歩地主と呼ばれる巨大地主も誕生するが、彼らの経営の実際は、村々に存在した支配人（その村の村役人であることが多い）に農事指導や小作料徴収を任せ、直接村の内部に介入するものではなかった。村方地主の農業生産・経営は、一軒一軒の百姓経営や村経済と密接不可分に連動しており、それらが安定してはじめて順調に展開できた。しかも、その経済力・政治力・信用力が小百姓から期待され、小百姓の支持によって名主に就任し、百姓家や村経済の安定・向上や生産環境の維持に責任を果たすことを要請される立場にあった。村に根をおろしている村方地主は、村社会の一員であり続けたのである。それゆえ村方地主は、小百姓との結合を強化し、自家経営と百姓経営・村経済をもろともに支え、引き上げようとしたのである。

地主家の富は、すべてが自家の消費に投じられていたわけではない。村方地主の多くが、村の小百姓への支援、農業技術の改善、用水や耕地など生産基盤の拡充、村益の獲得などに金銭を費やしていた。地主の富は小百姓に再分配され、村へ還元されていた。こうした地主経営・地主小作関係のあり方も、村と近世農業を支える一要因であった。

3 農書の誕生

転換期としての元禄〜享保期　農書とは「前近代社会において農業とりわけ農業技術を中心に記録された農業技術書」である（佐藤・一九九四a）。農書という文化をもつ地域は、世界のなかでも西欧と日本・朝鮮・中国の東アジア、イスラムの一部中東地域に限られる。日本の農書は、中世に「農書的メモ」は存在するが（木村・一九九二）、整序された書物の形をとるものとしては、すべて近世に誕生している。ただし、近世の初期から存在したわけではなかった。

従来、中世末期・戦国時代の農法・農村の実態を示す、日本最古の農書（中世農書）とされてきたのが伊予国宇和島地方の『清良記』巻七（「親民鑑月集」）である。その成立年代については諸説があるが、他の農書と比べて突出して古く、遅くても十七世紀前期の成立と考えられてきた。しかし、近年の研究により『清良記』巻七は、中世末の農業事情を反映させつつも、元禄〜享保期に編集された文献であることが明らかにされた（永井・二〇〇三）。この元禄〜享保期、十七世紀後半から十八世紀前半には、表4のように、陸奥から琉球に至る全国各地で農書が集中して成立している。日本全国に普及した『農業全書』をはじめ、地方色豊かで多彩な地域農書が続々と生み出されたのである。

元禄期（一六八八〜一七〇四）は、農業生産力の著しい発展、全国の特産物の生産・販売によって、

表4　元禄～享保期に誕生した農書

地域	国名	農書名	著者	成立年代
東北	陸奥	耕作口伝書	一戸定右衛門	元禄11年（1698）
	岩代	会津農書	佐瀬与次右衛門	貞享元年（1684）
	岩代	会津農書附録	佐瀬与次右衛門	元禄～宝永年間（1688～1711）
	岩代	会津歌農書	佐瀬与次右衛門	宝永元年（1704）
	岩代	幕内農業記	佐瀬林右衛門	正徳3年（1713）
関東	武蔵	三才促耕南針伝	橋鶴夢	享保7年（1722）
東海	三河・遠江	百姓伝記	著者未詳	延宝～天和年間（1673～84）
北陸	加賀	耕稼春秋	土屋又三郎	宝永4年（1707）
	加賀	農業図絵	土屋又三郎	享保2年（1717）
	加賀	農事遺書	鹿野小四郎	宝永6年（1709）
近畿	紀伊	地方の聞書（才蔵記）	大畑才蔵	元禄年間（1688～1704）
中国	安芸	加茂郡竹原東ノ村田畠諸耕作仕様帖	彦作	宝永6年（1709）
四国	伊予	清良記巻七（親民鑑月集）	土居水也	元禄15年～享保16年（1702～31）
	阿波	農術鑑正記	砂川野水	享保8年（1723）
	土佐	農業之覚	堀内伝助	享保12年（1727）
九州	筑前	農業全書	宮崎安貞	元禄10年（1697）
	筑前	農人定法	深町権六	元禄16年（1703）
	対馬	老農類語	陶山訥庵	享保7年（1722）
	対馬	刈麦談	陶山訥庵	享保7年（1722）
沖縄	琉球	農務帳	蔡温	享保19年（1734）

出典：佐藤・大石・1995、P.141の表を引用。

庶民の生活水準が向上し、三都（江戸・大坂・京都）や地方都市を中核とする商品貨幣経済が活発化した経済成長の時代である。これに対して享保期（一七一六〜三六）は、それまでの好況が頭打ちとなり、「米価安の諸色高」という経済変動が起こり、米中心の経済が低迷した時代である。元禄〜享保期は経済・社会の大きな転換期であると同時に「農書誕生」の時代でもあった。

佐藤常雄は、当該期における農書成立の背景と条件を次の五点にまとめている。

①小農技術体系の確立。当該期は新田畑の開発、耕境の拡大が飽和点に達し、農業生産力の発展方向が、単位面積当りの生産力を増加させる内包的拡大、すなわち労働集約化による土地生産性の追求に向かっていく。その集約農法の主たるにない手となったのが、単婚小家族の「小農」（小百姓）であった。経営規模を限定し、鍬・鎌・千歯扱き・土臼などの農具を駆使して人力で深耕や収穫・脱穀・調整を行い、周到な肥培管理、品種選択、用排水の調整、土壌改良などを実現する家族労作経営の小農技術体系が、当該期に確立した（②参照）。それが、農書に盛り込まれたのである。

②農民的余剰の発生とその確保。寛文・延宝期（一六六一〜八一）には幕藩領主の年貢徴収が後退し、百姓が自らの手元により多くの富を蓄積できるようになった。努力次第で富を増やせるという条件が生産力上昇に向けた工夫を促し、農書執筆の動機付けになったのである。幕藩領主も、年貢の増収を期待して、農業技術・生産力の向上につながる農書の成立を歓迎した。

③商品生産の発展。元禄期以降、都市と農村の社会的分業が進展し、畑作物の商品化が進んだ。四木三草（茶・楮・漆・桑と麻・藍・紅花）や木綿・菜種・藺などの工芸作物が適地適作の原則で地域の

風土に応じて選択・栽培され、全国各地に特産物生産が広まり、農産加工業も盛んとなった。そこで商品作物ごとに独自の効果的な栽培方法が追究され、先進地からの技術移転が試みられ、農書に結実した。領主の殖産興業政策や国産政策も、商品作物の栽培技術書の成立を後押しした。

④「読み・書き・算盤」に象徴される百姓の教育水準の向上。農書の書き手となる上層百姓は農村随一の教養人・文化人であり、多くの情報を収集・伝達する役割もになっていた。出版文化が花開き、日本独自の学問もさまざまな分野で深化した。こうした民度の向上が、農書の成立、農法の改良・普及・伝播を支えたのである。

⑤イエの永続性を願う手段。利用可能な資源の量に限界が見え始めるなかで、村内資源の利用権をもつ百姓株が固定化され、百姓のイエが成立してくる。百姓は、家業・家産・家格・家名などが一体となった自らのイエを強く意識するようになり、戸主はイエの繁栄と永続の追求に責任を果たした。とくに地域農書の著者は、イエの農業経営を司り、家産を維持・拡大することに最大限力を尽くしている。それゆえ優れた農法を子孫に伝えるべく、家伝書・秘伝書のかたちで農書を書き残していったのである。

また、地域農書は、資源の有限性に直面した百姓が、限られた資源・人材をいかに効率的に活用するか、そのための具体的な知恵と工夫を書き込んだ書物でもあった。合わせて、地域資源（ヒト・モノ・情報）の結合・循環による活用方法も記されている。そもそも、地域特性を生かして生産力の安定・向上を実現する農法自体が、その地域にとってかけがえのない技術・情報資源であった。さらに地域農書には、地域資源を一方的に収奪するのではなく、後世に引き継ぎ、長く活用し続けるための資源保全の方策も述べられている。

なお、農書の成立は、藩・大名の民政・農政（勧農政策）・殖産興業政策・国産政策、地方《じかた》支配や藩政改革のあり方にも大きな影響を受けていた。

農書のすそ野の広さ　『日本農書全集』に収められた三一三件の農書の分布を見ると、その集中度に地域的な偏りはあるが、北は蝦夷地から南は琉球まで日本全国に及んでいる。

『日本農書全集』では農書を、近世の農業技術書（「狭義の農書」）と「人々が暮らしていくうえで不可欠な衣食住全般の再生産の姿を明らかにした文献」（「広義の農書」）と両側面でとらえている（佐藤・二〇〇四）。また近世には、第一次産業関係の多彩な文献群が農書の底辺・周辺に広がっていた。農書の類書として、本草書、救荒書、産物書、土木・治水書、農業・百姓往来物、農民心得・家訓書、農事日誌類、農業法令書、農政書、地方書（地方役人の農村支配、村役人の村運営のための規範書、地方総合手引書）、山林書、漁業書、蚕書、畜産書、園芸書などが挙げられる（佐藤・大石・一九九五）。

農書のなかでその著者は、百姓論・農業労働論・村落立地論・農業気象論・農業経営論・作物論・品種論・土壌論・肥料論・農具論・病害虫防除論・水利論などの個別論を展開している。特定の作物や農産加工品に対象を絞った農書、病虫害対策や土木といった個別のテーマに内容が特化した農書もある。ただし、とくに地域農書は、個別論を個別論のまま終わらせず、相互のつながりを明示したものが多い。自然条件、地力（地形・土壌）、水利、労働（労働力編成と配分）、作物（品種や育成法）、肥料、経営は連関をもって地域の農業生産と百姓の暮らしを規定しており、密接不可分だったからである。

宮崎安貞と『農業全書』　『農業全書』は、宮崎安貞が一〇巻までを著し、友人の貝原楽軒が巻一一（附録）を付け加えてできた、日本を代表する農書である。安貞は一六二三年（元和九）、広島藩士の家に生まれ、二五歳の時に禄高一〇〇石をもって福岡藩黒田家に仕えた。その後いったん禄を辞して藩を去るが、再び仕官し、一六九六年（元禄九）に『農業全書』を完成させた。同書が刊行された一六九七年七月に七五歳で死亡したといわれる。

安貞は、福岡藩を離れた後、山陽道から畿内、伊勢・紀伊へと歩き回り、現場で農業の実情を観察し、各地の老農から話を聞いて農業情報の収集に努めた。そこで得た先進的な農法の効果を自ら試すため、筑前国志摩郡女原村（福岡市）に農園を構え、農業に従事した。安貞は、優れた農法の普及によって後進地の農業生産を向上させ、百姓の暮らしを豊かにしようと思い立った。そこで、高い生産力を誇る近畿・中国・九州地方の農法と自らの農業体験の成果を盛り込んで『農業全書』を執筆したのである。その内容構成は表5のとおりであり、巻頭に「農事図」を置き（図14）、すべての作物にそれぞれの姿態を描いた挿絵を付けている。

『農業全書』は、中国明朝の徐光啓が書いた『農政全書』の影響を強く受けている。とくに巻之一「農事総論」は、『農政全書』からの引用・翻訳が多い。巻之二以下にも『農政全書』の影響が及んでいるが、個別作物の栽培方法を記述した部分であるだけに、日本の自然・風土に適応した実践的な農

3 土地を見る法	4 時節を考(耕種の季節の考察)	5 鋤芸（中耕除草）
8 穫収（収穫）	9 蓄積・倹約（備蓄・倹約）	10 山林之総論（植林総論）
3 麦（大麦）	4 小麦	5 蕎麦
8 蜀黍（もろこし）	9 稗	10 大豆
13 蚕豆（空豆）	14 豌豆（えんどう）	15 豇豆（ささげ）
18 胡麻	19 薏苡（鳩麦）	
3 菘（水菜）	4 油菜	5 芥（芥子菜）
8 甜瓜（真桑瓜）	9 菜瓜（青瓜）	10 越瓜（白瓜）
13 西瓜（すいか）	14 南瓜（かぼちゃ）	15 絲瓜（へちま）
3 薤（らっきょう）	4 蒜（にんにく）	5 薑（しょうが）
8 莙薘(ふだんそう)	9 萵苣（ちしゃ）	10 蘘荷（みょうが）
13 白蘇（えごま）	14 罌粟（けし）	15 莧（ひゆ）
18茼蒿(しゅんぎく)	19 百合（ゆり）	20 鶏頭花（けいとう）
23 藜（あかざ）	24 胡荽（こえんどろ）	25 防風（はまぼうふう）
3 蓼（たで）	4 蓮	5 蓴（じゅんさい）
8 烏芋(くろぐわい)	9 菌栭（きのこ類）	10 甘露子（ちょろぎ）
13 蕨	14 土筆（つくし）·黄花菜（たびらこ）·鼠麹草（ははこぐさ）	
17 蕃藷（甘藷）	18 甘蔗（さとうきび）	
3 麻（たいま）	4 藍	5 紅花
8 烟草（たばこ）	9 藺（いぐさ）	10 席草（しちとうい）
3 漆	4 桑	
3 杏	4 梨	5 栗
8 石榴（ざくろ）	9 桜桃（ゆすらうめ）	10 楊梅（やまもも）
13 葡萄（ぶどう）	14 銀杏（いちょう）	15 榧（かや）
3 檜	4 桐	5 椶櫚（しゅろ）
8 桜	9 柳	10 婆羅得（しらき）
13 竹	14 園籬を作る法(生垣の作り方)	15 諸樹木栽法(樹木の移植法)
3 家鴨（あひる）	4 水畜（養魚）	5 当皈（とうき）
8 大黄（だいおう）	9 牡丹（ぼたん）	10 芍薬（しゃくやく）
13 牽牛子(あさがお)	14 山薬（さんやく）	15 天門冬（てんもんどう）
18 紫蘇（しそ）	19 薄荷（はっか）	20 冬葵子（とうきし）
23 沢瀉(たくしゃ)	24 麦門冬（ばくもんとう）	25 木賊（とくさ）

・枸櫞（ぶしゅかん）・金橘（きんかん）・夏蜜柑・じゃがたら（ぶんたん）・じゃんぼ（ざ

表5　『農業全書』に著された農事と作物

巻数	巻の表題	小項目	
巻一	農事総論	1耕作 6糞（肥料）	2種子 7水利
巻二	五穀之類 (穀類)	1稲（水稲） 6粟 11赤小豆（小豆） 16藊豆（ふじまめ）	2畠稲（陸稲） 7黍 12菉豆（緑豆） 17刀豆（なたまめ）
巻三	菜之類 (野菜類)	1蘿蔔（大根） 6胡蘿蔔（人参） 11黄瓜（きゅうり） 16瓠（ひょうたん）	2蕪菁（かぶ） 7茄（茄子） 12冬瓜（とうがん）
巻四	菜之類 (野菜類)	1葱（ねぎ） 6悪実（ごぼう） 11欵冬（ふき） 16地膚（ほうきぐさ） 21独活（うど） 26蕃椒（とうがらし）	2韮（にら） 7菠薐草（ほうれんそう） 12紫蘇（しそ） 17蒲公英（たんぽぽ） 22薺（なずな）
巻五	山野菜之類 (水草・野草・山草など)	1芹 6水苦蕒（かわぢしゃ） 11小薊（あざみ） 15芋（里芋）	2野蜀葵（みつば） 7慈姑（くわい） 12苦菜（にがな） 16薯蕷（山芋）
巻六	三草之類	1木綿 6茜根（あかね） 11菅（すげ）	2麻苧（からむし） 7玉蒭（かりやす）
巻七	四木之類	1茶	2楮
巻八	菓木之類 (果樹の類)	1李（すもも） 6榛（はしばみ） 11桃 16柑類	2梅 7柿 12枇杷（びわ） 17川椒（さんしょう）
巻九	諸木之類 (樹木類)	1松 6櫧（かし） 11榿（はんのき） 16接木之法・糞(施肥)	2杉 7椎（しい） 12山茶（つばき）
巻十	家畜・家禽・養魚・薬草	1五牸を畜法(家畜の飼養法) 6地黄 11乾薑（かんきょう） 16草麻子（ひまし） 21荊芥（けいがい）	2鶏 7川芎（せんきゅう） 12茴香（ういきょう） 17百芷（びゃくし） 22香薷（こうじゅ）
巻十一	附録		

資料：『日本農書全集』第12・13巻より作成。
注1）巻8の16柑類の内訳は、蜜柑（みかん）・柑（くねんぼ）・柚橙（だいだい）・包橘（こうじぼん）・すい柑子（酸味の強いこうじ）。
2）巻10の1家畜の内訳は、牛・馬・猪（豚）・羊・驢（ろば）。

図14　『農業全書』の農事図（田植えと田の草取り）

法が記されている。そこには、安貞自身の農業体験と優良農法の集大成が書き込まれており、中国農法の単純な模倣ではない。

安貞の『農業全書』執筆の動機は、「民を道びき、農家万が一の助とならん事を思ひ」という言葉に集約されている。為政者の立場、あるいは為政者に向けた農政・民政の必要性、貢租徴収への関心から書いたものではなく、なにより耕作する百姓のための農業技術書であった。『農業全書』は稲作の管理技術に重点がおかれ、都市近郊の野菜や「四木三草」といわれる工芸作物の記述も詳細である。工芸作物については、特産地の模範的な栽培方法を記している。粕類や魚肥などの上質な金肥の多量投入も、強く説くところである。安貞が商品作物の生産に強い関心を寄せ、集約農法による小百姓経営の生産増大と利益拡大を目指していたことがわかる。『農業全書』は、都市・商業の発展が農業の商品生産、特産地化を急激に促すという元禄時代の申し子だったといえる。
『農業全書』の初版は一六九七年（元禄十）七月、京都の茨木（小河屋）多左衛門によって木版で刊行された。それ以後、天明、文化、文政年間と板を重ね、明治時代以降にも復刻されている。一八四四年（天保十五）の値段は銀八五匁であった。当時の米価が一石で銀八〇匁だったというから、いかに高価な書物であったかがわかる。しかし、近世のベストセラーであったことはまちがいない。現存する農書のなかにも、『農業全書』に学び、それを下敷きにしているものが数多い。近世後期に多くの農書を著した大蔵永常も『農業全書』に学んでいる。『農業全書』は、内容・体系の整った刊本として売り出され、全国的な規模で普及し、近世に限らず長い年月にわたって幅広い人々に読み継がれていったという点において、画期的な意義を有する農書であった。

鏡としての『農業全書』 地域農書の書き手の多くは在村の知識人・文化人で、多種多様な書物を読み、教養を深め、見識の向上に努めていた。実際、農書のなかには諸種の書物から学んだこと、知りえたことが盛り込まれている。引用もあれば、批判もある。そうした書物のなかで群を抜いて多いのが『農業全書』である。農書の書き手は、畿内・西国の優良農法を記した『農業全書』に飛びついた。優れた農法を体系化・総合化し広く伝えたいという宮崎安貞の思いと、農法に対する在地有力者の旺盛な学習意欲・探究心とが一致したのである。ただし『農業全書』は、必ずしも地域農業の完璧な手本とはならなかった。

北陸地方の農書群には『農業全書』がよく登場してくる。たとえば、一七〇七年（宝永四）に加賀国石川郡御供田村の十村土屋《とむら》又三郎が書いた『耕稼春秋』には、『農業全書』が随所に引用されている。『農業全書』が板行されてから『耕稼春秋』ができるまで、わずか一〇年である。加賀藩の十村層はいち早く『農業全書』を手に入れ、畿内・西国地方と北陸地方の地域差を超える優良農法を探求し、自地域の農業に応用しようとしていたのである。その一方で又三郎は「耕作の事ハ国郡庄郷村々によりて其品一様ならす」と言明し、『農業全書』の農法が北陸の地域特性に合わないことも指摘している。『農業全書』を精読する過程で、自地域の特性をより鮮明に意識したのであろう。

一七二三年〔享保八〕に阿波国の砂川野水が書いた『農術鑑正記』でも、「農業全書出来農の助有とも、猶諸国の土地に、厚薄寒暖有ゆへ、百穀の苗種遅速時節の違あり、卑賤の業のもれたる事多し。故に国々を見及、村里の老農に尋問、予が作覚し農術を書集、不功の民に訓《おしえ》知らしむ」といっている。『農業全書』の功績とその限界、『農業全書』の啓発による自身の農書執筆の経緯が示されているのである。

陸奥国津軽郡堂野前村の中村喜時は、北限の稲作に適した農法を追究して、一七七六年〔安永五〕に『耕作噺』〔第一巻〕を書き上げた。その序文〔津軽藩家臣の木立守貞の著述〕にも、『農業全書』があまねく民間に普及したこと、その後『農術鑑正記』、『勧農固本録』〔萬尾時春〔丹波〕一七二五年〕、『農制随筆』〔加美真和甫〔安芸〕一七六〇年〕、『農家貫行』〔蓑笠之助〔相模〕一七三六年〕、『民間備荒録』〔建部清庵〔陸奥〕一七五五年〔第一八巻〕〕などの農書が次々と世に出て、「農業耕植事業」が大いに発展したことが記されている。本州最北の津軽の地にも、『農業全書』とその後の農書群に学ぼうとする百姓が存在したのである。ただし、津軽の百姓も加賀国の百姓同様、『農業全書』の内容を相対化する視座をもっていた。『耕作噺』の序文では、国や地方で千差万別の「農事」に万能の優良農法はなく、地域ごとにもっともふさわしい農法と暮らし方をその土地の百姓自身が見出せと主張しているのである。多数の農書を読み込んだ末にたどり着いた「耕作の業」の極意は、自国・自地域の特性を熟知することであった。

農法の鑑としての『農業全書』は、各地域の百姓に刺激・啓発を与え、地域独特の自然条件・社会条件を認識させ、それに適合する農法を模索し、地域農書を著す契機を与えたという点で、より大きな影響力を発揮したといえる。

なお『農業全書』は、専門的な農学研究書の性格をもつ大部の書物で、高価であった。そのため版元の京都小河屋は、需要のある『農業全書』の内容をより簡潔にまとめ、安価に提供し、自身の販売収益も拡大しようと考えた。そこで、京都で活躍していた儒学者川合忠蔵に頼んで、山陽道の農法を元に『一粒万倍穂に穂』という農書を書き上げさせた。一七八六年（天明六）のことである。『一粒万倍穂に穂』には、近世を代表する画家円山応挙が三枚の挿絵（牛による水田の代かき、水田の耕起作業、稲の刈取り）を描いている。『農業全書』はダイジェスト版も生み出したのである。

地域特性の主張　地域農書は、先進地農法の単純な模倣に終始するのではなく、地域の風土で試行錯誤を繰り返した末に、地域特性に叶った地域的合理性のある技術水準を提示している。もちろん栽培技術のなかには、同一作物や同様の気候・自然条件のもとで先進・後進の範疇で括れるものもある。

先進地の優良農法が後進地に伝播・普及するという流れもあった。しかし多くの場合、栽培技術の相違は、地域ごとに異なって当然の、地域特性の差異の現れなのである。安易に、発展段階の遅速、技術水準の高低と見るべきではない。

一八三四年（天保五）成立の『上方農人田畑仕法試』〔第一八巻〕は、秋田藩が上方から百姓を招き、進んだ施肥法を導入しようとした農書である。しかし、ここで試みられた施肥法は羽後国には定着しなかった。地域の自然環境、百姓の暮らし方や村の社会組織のあり方、領主の農政、市場・流通構造など、諸条件の前提がそろわなければ、農法の移転は困難であった。

越中国砺波郡の豪農宮永正運は、『農業全書』に学びつつも、雪国・寒国に適した農法を叙述した『私家農業談』のなかで、農業に対する雪の恩恵を次のように記している。

> 雪ハ豊年の瑞といへり。里諺に一尺の雪にハ一丈の虫を殺し、一寸の雪にハ一尺の虫を殺すといへり。又三冬の深雪山谷に満れハ、翌年の春より孟夏へかけて川々の水源、水沢山にて植付の後中打して一番草を草《（ママ）》を引まて水論の災なく、農夫の労を助る事甚しき幸にあらすや。

正運は、雪を障害とは考えていない。むしろ、砺波郡の農業にとっての効用を見出し、自分たちの誇りとしている。地域の自然環境を生かした農業を実践していたのである。

畦畔での大豆栽培は、多くの地域農書で奨励されている。畦大豆は家内で使う味噌の原料や馬の飼料となり、多く獲れれば売りに出すこともできた。しかし、それがどこでも百姓に受け入れられたわけではない。飛騨国の農書『農具揃』によると、寒国の飛騨では田が小さいため畦の割合が多くなっているが、畦大豆を作らないことに五つの利点があるという。それは、①畦沿いの稲三株の実りがよくなり、②朝夕の水の見回りの際、足元の障害物がなくなり、③畦が細くて済むので、その分稲を多く植えられ、④馬耕をする時に、畦に邪魔がないので馬が疲れず、⑤畦草を刈るのに大豆がない方が八倍仕事がはかどる、というものであった。地域の自然環境によっては、畦大豆がむしろ敬遠される場合もあったのである。また『農具揃』では、寒国であるがゆえに、米麦二毛作も稲の収量を落とすだけで利益なしと断言している。

『耕作噺』にみる津軽の百姓の自負　津軽農書『耕作噺』の著者中村喜時は、北限の稲作に適した農法として、「御国の風土は早稲を大切に可致事なり」と主張する。当時、喜時の周囲では、多収量に魅せられた百姓が「御国の風土」を無視して晩稲を重用するようになっていた。しかし喜時は、津軽地方での晩稲栽培が刈取り時期の遅れを助長し、不十分な乾燥と砕け米の増大を呼び、手間ばかりかかることを指摘し、晩稲の作付けに警鐘を鳴らしている。反対に、「早稲に益ある事」として、①冷涼不順の年でもよく実る、②冷水がかりの田・水口でもよく実る、③長雨・高湿度の気候でもよく実る、④熟期が早く、ウンカの害にも負けない、⑤秋の飯米に間に合う、⑥寒冷な年には米価が高いうちに早めに新米を売って利益をあげられ、米不足を緩和して社会的な貢献も果たせ、なおかつ秋先に借金が返せるので金主からの信用が増す、⑦収穫・収納が早めに終わり、十分に乾燥させた良質の米を得て、冬場の仕事に全力を投入できる、という七点を挙げている。稲種の選択一つにも、津軽地方の地域特性が凝縮されているのである。

中村喜時は、「日本国を廻る共、花の都花の江戸大坂名古屋も生国にしく事なく、又御国中を廻るとも御城下湊の賑ひも生れ在所にしく事なし」という言葉を残している。喜時にとって、自らの生まれ育った津軽郡堂野前村は生産力の低い劣等地でもなければ、遅れた辺境でもなかった。堂野前村こそが日本の中心だったのである。農書を書いた百姓たちには、自らの故郷を愛し、冷静な目でその特性をとらえる眼差しと、村に根をおろし、誇りをもって暮らしを営む自信と意欲が備わっていた。それゆえ、地域農書にも地域独自の判断・実践、地域の論理が内在したのである（平野・二〇〇四b）。

農書の書き手は村の指導者　農書、とくに地域農書の主要な書き手は、村の内外で大きな田畑所持・経営規模を誇る地主・上層百姓、商売や金融業も兼営する豪農であった。その多くは、名主（庄屋・肝煎）・組頭・百姓代など村役人を務める村落指導者、あるいは数ヵ村の自治と支配をになう大庄屋・割元・十村など地域社会の重立《おもだち》であった。同時に彼らは、生産現場の第一線に立って農耕に従事しているか、かつて農耕を行った実体験を有する者たちであった。農業生産から遊離することなく、自家の手作地《てづくりち》（直営地）を耕作・経営する農業生産者の性格をもち続けていたのである。だからこそ、自家・地域の農事を具体的・詳細に記述でき、他地域の優れた農法に対する高い学習意欲を維持できたのである。なかには村の名主・地主家が父子二代にわたって農書を書いたケースや、一人の有力百姓が自身の長年にわたる学習・実験・研究の成果を複数の農書にまとめるケースもあった。

彼らが農書を執筆する動機・目的はさまざまであった。大きく分けて、家訓・家憲として自家の子孫にのみ優良農法を伝えていこうとする秘密性の強いもの、優良農法を自家で独占するのではなく、居村・自地域あるいは全国の不特定多数の百姓にまで教示・伝授しようとする普及性・公開性の強いものの二つが考えられる。後者は版本として刊行されたり、写本のかたちで人伝てに伝播したりしていった。その場合、地域の上層百姓間の情報ネットワークが農法伝播に役立った。

一八四五年(弘化二)に下野国塩谷郡上阿久津村の稲々軒兔水が書いた『深耕録』〔第三九巻〕は、一八四一年(天保十二)に同国河内郡下蒲生村の田村吉茂が書いた『農業自得』〔第二一巻〕稿本を元にしている(平野・二〇〇四a)。『農業自得』稿本の内容は、下蒲生村の田村吉茂→結城の浪士皆川亘→高根沢(下野国塩谷郡ないし芳賀郡)の佐間田氏→上阿久津村の稲々軒兔水という鬼怒川流域の主穀生産地帯に構築された有力者間のネットワークを通じて伝達され、『深耕録』に結実した。兔水は若いとき、『農業全書』を読んで感銘を受けたが、農業は風土が違えばそのまま適応できないと考えていた。そこに、風土が近い田村吉茂の農法にふれ、自村の農事にも応用できると確信したのである。

下野国の主穀生産地帯には、田村吉茂の『農業自得』のほかにも、芳賀郡小貫村の小貫万右衛門による『農家捷径抄』〔第二二巻〕が一八〇八年(文化五)に誕生している。田村家と小貫家はいずれも居村の名主を務める村方地主であり、自家の経営不振と村の農業生産の停滞(主穀生産・販売の苦境)を味わうなかで農書を著したことが共通している(阿部・一九八八)。主穀生産の集約化の具体策を提示し、村全体の農業生産と自家の地主経営を同一次元で安定・向上させようと企図していたのである。田村家も小貫家も、村のなかで他に抜きん出た有力者であったが、村の百姓家が健全に成り立っていなければ自家経営を維持できなかった。両家とも村を離れては存在しえなかった。だからこそ、村内百姓の暮らしと村全体の農業生産を守ることに尽力したのである。村落指導者としての自覚・自負、村落振興への熱意が農書を誕生させたといってもよい。その背後に、村や地域の牽引・指導を期待する百姓衆からの社会的要請があったことも見逃してはならない。

さまざまな農書の書き手　津軽地方には、『耕作口伝書』（一六九八年〈第一八巻〉）、『農事聞書』（一七七四年以前成立）、『耕作噺』などの農書が生まれている。これらは、「口伝」「聞書」「噺」という書名が示すように、著者個人の農業体験だけではなく、地域の老農がもつ農業実践の積み重ね、農業技術の見聞を集大成した農書でもある。そこには、「北限の稲作に挑戦した津軽農民の総意」が込められている（佐藤・一九八三）。さらに津軽農書は、同地方の凶作対策を意識したものであり、その普及には津軽藩の勧農政策の支援があった。津軽には、「官民一体の農業技術書」とも呼べる農書群が生まれたのである。実際、各地の農書には、藩の諮問・調査に対する回答・報告書や藩への献策書として書かれたものが現存する。

百姓以外に、町場の町人・商人が著した農書もある。特産や農産加工に関わる農書は、その商品・特産物を取り扱い、加工する商人が書き手となる場合が多かった。また、在村の国学者・儒学者（豪農・村役人でもある）や医者が書いた農書も数多く現存する。

武士も農書を書いた。彼らは、藩士として代官・郡奉行や地方《じかた》役人などを務めており、現代風にいえば、農政・民政担当、経済・産業政策担当の官僚に比される立場にあった。農業体験のない彼らは、領内や諸国を遊歴し、熟練の老農に尋ね聞き、優良な農法・農産加工法を取材して農書を著した。一八一七年（文化十四）、下野国黒羽藩では、藩主の大関増業《ますなり》自身が、領内の長《おさ》百姓の書き上げを下敷きに『稼穡考』（第二二巻）を編集・記述している。地方巧者が書いた地方書の類も農政の方針を示す重要な農書であった。

農業ジャーナリスト大蔵永常　江戸時代の三大農学者と呼ばれる人物がいる。宮崎安貞・大蔵永常・佐藤信淵の三人である。このうち、もっとも多くの農書を残したのが、一七六八年（明和五）、天領の豊後国日田郡隅町の農家に生まれた大蔵永常であった。

個別の地域に適した農法を追究した地域農書に対して、農学者の宮崎安貞・大蔵永常は、より広い視野に立って諸国・村々を遊歴し、観察や聞き取りによって得た優良農法を総合化・体系化して書物に著した。二人がとくに重視したのは、先進的と見られる畿内の農法であり、これを全国に広く伝達・普及することが農書執筆の最大のねらいであった（飯沼・一九七八）。

宮崎安貞は、先進農法の見聞と自身の農業体験の総合をただ一つ『農業全書』に集約した。それに対して大蔵永常は、生前に二七部六九冊の書物を刊行し、その他、未刊の六部一〇冊を書き残した。永常は、自著の販売収入だけで暮らすことのできた、江戸時代唯一の農業ジャーナリストでもあった。永常は、農作業の手順を一つ一つ具体的かつ丁寧に記述し、豊富な挿絵で図解した。読者は、作物の仕付け方、農作業や加工の方法、耕地の作り方などを手に取るように理解・実践できたのである。

永常の執筆した農書の内容は多彩である。主に稲作に関する農書として『再種方』（第七〇巻）、害虫防除のための『除蝗録』（第一五巻）、肥料の種類と施肥法を記した『農稼肥培論』、農法普及を意図した『門田之栄』〔第六二巻〕、各地の農具の機能・形態と使用法を列挙した『農具便利論』などがある。百姓の暮らしに関する著作も多数残している。さらに永常が重視したのが、特用作物・商品作物である。櫨に関する『農家益』を端緒として、葛に関する『製葛録』〔第五〇巻〕、菜種に関する『油菜録』〔第四五巻〕、綿に関する『綿圃要務』〔第一五巻〕、サトウキビに関する『甘蔗大成』〔第五〇巻〕、菜種油・綿実油に関する『製油録』〔第五〇巻〕などを次々と世に出した。そして最晩年に、これまでの個別作物論の成果を含め、自身の農学の集大成として書き上げたのが『広益国産考』〔第一四巻〕である。これが永常最後の著作となった。

雌雄説の否定　植物に関する知識で、近世に広く流布したものに雌雄説がある。雌雄説とは、人に男女、動物に雌雄の別があるのと同様、植物の種子や個体にも雌雄の別があるという考え方である。農業生産の場面では、品質・収量を向上させるには、栽培の目的によって雌雄いずれか適した方を選ぶことが肝要だと考えられた。農書にも、雌雄説を取り入れた記述が数多く見られる。古くは『農業全書』において、よい種籾を採るために雌穂を選び分けよと記されている。その後、寛政〜文政期に児島如水・徳重父子が刊行したとされる『農稼業事』〔第七巻〕が稲・綿の雌雄を外見・形状で区別し、図解した。『農稼業事』の内容は広く支持され、多くの書物で引用・模倣された。しかし、一八二八年（文政十一）に小西篤好の『農業余話』〔第七巻〕が刊行されると、『農稼業事』の説はこれにとって代わられた。以後は、『農業余話』の雌雄説が代表的な説として人口に膾炙した。下総国香取郡松沢村の名主家に生まれた宮負定雄は、篤好の雌雄説に刺激を受けて、一八二八年、一枚刷りの版画

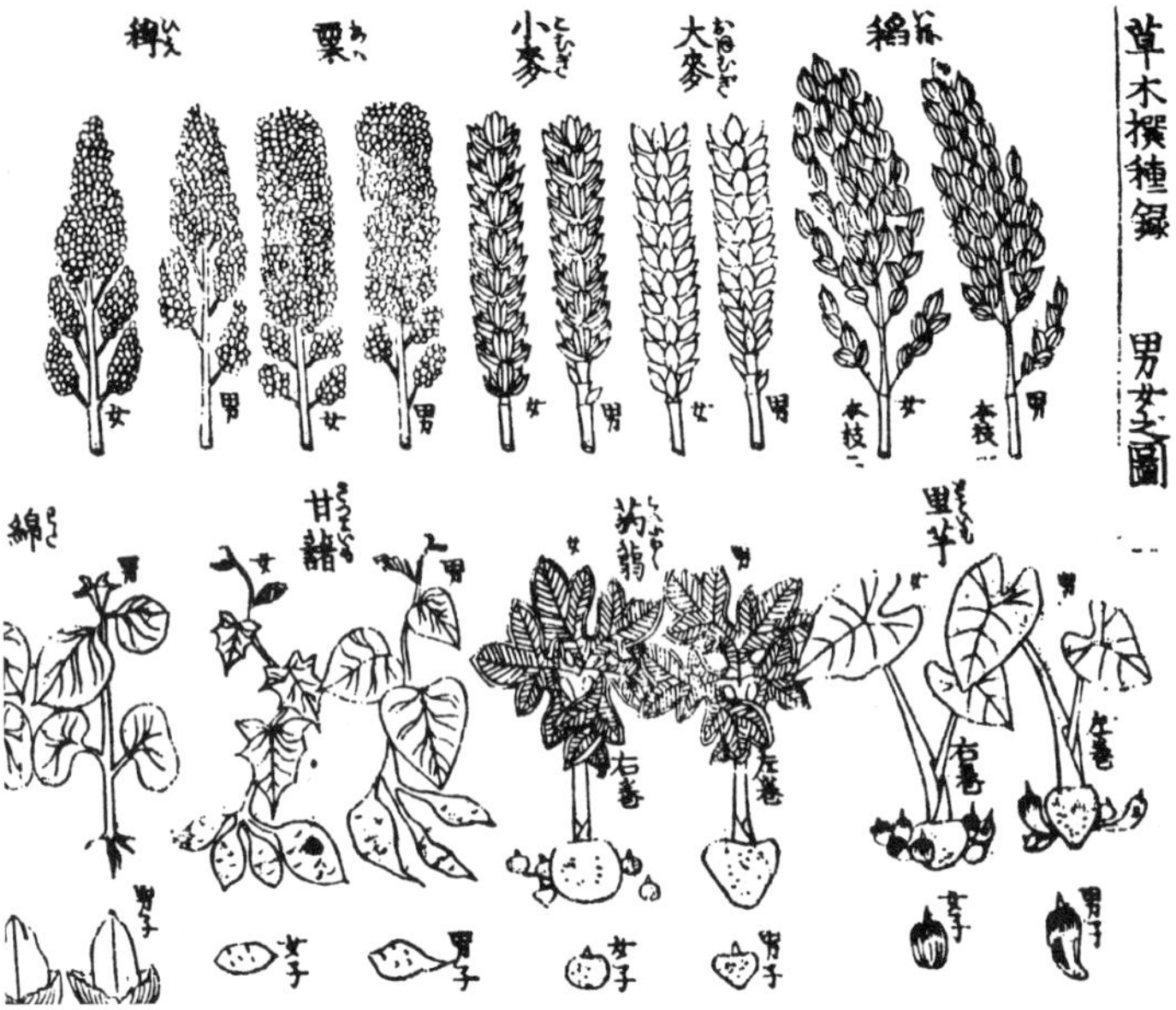

図15　作物の雌雄説

『草木撰種録　男女之図』〔第三巻〕を発刊した。そこには三四種の穀物・野菜・樹木の雌雄が図示されている（図15）。この刷り物は、一八二九年だけで一七五八部もの爆発的な売れ行きを示した。

しかし、雌雄説は科学的にみれば明らかな誤謬である。これを同時代に批判したのは大蔵永常であった。永常は当初雌雄説を肯定していたが、一八三一年（天保二）刊行の『再種方附録』〔第七〇巻〕において、一つの稲の花に雄しべと雌しべがあることを確認し、穂そのものに雌雄の違いがあるという考え方を否定した。蘭学の知識をもっていた永常は、顕微鏡を用いて自分の目でこれを確かめたのである。ここには、科学的な実証主義の芽生えがある。

下野国河内郡下蒲生村の田村吉茂も、『農業自得』のなかで雌雄説を批判している。吉茂は、「五穀草木に必め《雌雄》を有とも云かたし。尤雌穂ハ自然の穂也、男穂ハ変り穂也。（中略）されハ、雌雄の論にか丶ハらす、変りたる穂をよく除くべし」と述べる。五穀・草木ともに数年もたてば品種の性質が変化するもので、そこで出てきた「変り穂」を雄穂と見なしているにすぎず、それを取り去ることが肝要だというのである。稲穂に雌雄の別はなく、「美しく粒数多く、穂尖二俣三俣有穂」のうち、熟し方がそろっているものを選び、種子を取れ、ともいっている。吉茂は、自らの長期間に及ぶ農業実践と観察のなかから、この結論を得た。彼の経験主義は、社会常識となっていた雌雄説にとらわれない、冷静で科学的な眼を養ったのである（古島・一九七五）。

ただし、雌雄説が百姓を迷わすだけのまったく無意味なものであったわけではない。雌雄説否定後の大蔵永常が「雌穂と見立たる穂ハ籾粒多く勝れたる穂なれバ、これを撰とりて種子に貯ふることハよき手段なるべし」（『再種方附録』）と言っているように、『農稼業事』や『農業余話』が指摘する雌穂は、粒数が多く、充実した籾をつける形質を有していた。雌と見なされた稲穂は、結果的に優良種を生む可能性が高かったのである。また、雌雄説の普及で百姓は優良種子の選別に関心を高め、それを見極めようとする観察眼に磨きをかけることができた。

経験と観察の結晶『農業自得』　田村吉茂の『農業自得』を貫く「自得農法」の特色は、以下の諸点に要約できる（長倉・一九八一）。①耕作帳の作成。田畑の圃場ごとに、作物名・品種名・播種日（移植日）・播種量・肥培・収穫日・収穫量・跡作物（休閑）を記し、七ヵ年分を一冊の帳簿にまとめることで、年々の作柄や前後作の関係を一目で理解できる。②播種量・苗数を明示した薄播き・疎植農法。③草木雌雄説の批判と科学的な種子変化論。④畑作物の合理的な作物選択と作付体系。⑤麦間作の作付方法。⑥地域独自の気象・天候の予測。⑦田畑・野山からの自給肥料の重用と肥培管理の徹底。これらはすべて、吉茂とその親が二代で三十年余記し続けた耕作帳のなかから「自得」した成果であった。もちろん吉茂も、『農業全書』をはじめ何冊もの農書に学んでいる。しかし、彼はそれに盲従せず、自己の経験と観察を信頼し、土地柄に適した農法を体得しようとした。

吉茂は、当時、反当り播種量一斗～七升が標準の下野国鬼怒川流域にあって、極端に少ない播種量を説いた。反当り一升三合余から二升八合ほどの超薄播きである。この数字も一八〇三年（享和三）の実体験がきっかけとなっている。その年は田村家の苗代が猪に荒らされたが、残った苗が想像以上によく育った。田植え時には、苗数不足のため、一株の苗数と一坪の稲株数を減らして植え付けたところ、著しい生長をみせ、秋の収量もかつてなく多かった。吉茂は、この偶然を契機に稲や諸作物で播種量を減らした栽培を試み、一八三三・三六（天保四・七）の凶年にも衰えない、それらの多収性を確認した。健苗育成の薄播きと深耕の組み合わせによって過剰繁茂の防止と良質化・多収化を実現できる疎植農法を、試行錯誤のなかから確立したのである。吉茂は逆に、種子損・肥料損・手間損・収量低下・籾摺り歩合低下という厚播きの欠点を指摘している。さらに畑作物においては、地力維持・連作障害について研究を重ね、忌地と好地（後作として価値の高い作物）、輪作体系の数々を明示した。

絵農書の世界　近世農書のなかには、文字ではなく、絵画によって年間の農作業や百姓の暮らしを描写した絵農書と呼べる作品群がある。絵農書は、文字の読めない百姓や農業生産の経験のない武士・町人にも農書の内容、農法や農具の使い方をリアルに伝えるうえで抜群の効果を発揮した（佐藤・一九九六）。

農書の内容を視覚的に示したものが農事図である。一つには、農書のなかに、付図として盛り込まれた作品がある。宮崎安貞の『農業全書』では、一年の稲作作業を五枚の農事図（版画）で表現している。大蔵永常も、『農具便利論』『除蝗録』『綿圃要務』『広益国産考』など、自身の農書にふんだんに農事図（版画）を挿入し、農作業や農具を図解している。農具の形状や使用法は、文章で記されるよりも、図示される方が一目瞭然で理解しやすい。そのため、農具を図解した農書は枚挙に暇がない。津軽の百姓の暮らし全般を描いた『奥民図彙』（第一巻）や岩代国安達郡の水田稲作を絵図と連歌で示した『田家すきはひ袋』（第三七巻）なども、味わいのある肉筆画の絵農書である。宮負定雄が発刊した一枚刷りの『草木撰種録』も作物三四種類の雌雄を図示した絵農書といえる。

農事図を独立させて単独の書物にまとめた作品もある。加賀藩の十村土屋又三郎が、著書『耕稼春秋』巻一の「耕稼年中行事」の内容を絵図で表した『農業図絵』（一七一七年成立〈第二六巻〉）がその代表である。そこには、金沢近郊農村を舞台とする田畑の作物と農作業、百姓の暮らし、金沢城下の賑わいなど、一年間にわたる農村風景が一六七場面に及ぶ絵で図説されている。赤ん坊から老人まで、男も女も農村に生きるあらゆる人々が登場し、牛馬や犬猫など家畜の姿も見られる。百姓の労働と余暇、衣食住、暮らしの全容が極彩色で生き生きと描かれている。例えば秋の稲刈り後の水田では、老人や子どもが男女を問わず落ち穂拾いに励んでいる。農村生活が、老若男女すべての役割分担と協業で成り立っていたことが理解できる。

絵農書の形態・媒体はさらに幅広く、バラエティに富んでいた。一年の稲作のようすを伝える農耕絵巻は各地に現存しており、盛岡城下では農具や田植え・稲刈り作業などを描いた農耕絵暦が生まれている。衣類の染小袖・刺繍袱紗《ししゅうふくさ》、食の道具の漆器（蒔絵）・陶磁器、住居の一部をなす襖・欄間・屏風・衝立・掛物など、百姓の衣食住に関わる物品に描かれた絵農書も多い。神社仏閣に奉納された農耕絵馬、社殿に彫り込まれた農耕彫刻、さらには農耕奉納絵など、信仰と関わる絵農書もある。農耕絵馬だけでも現在、全国で四〇点ほどの所在が確認されている。これらの多彩な絵農書は、『日本農書全集』第二六・七一・七二巻に収められているので、ぜひ参照していただきたい。

以上は主に稲作に関わる絵農書であったが、ほかにも紅花・茶・藍・楮・藺草などの栽培と加工に関する絵巻物があり、養蚕の諸技術・作業工程を図解した農書・史料も多数現存する。林業地域では用在の伐木・加工・運材（筏流し）を描いた作品が、漁業地域ではニシン・鰯・鯨の漁風景を描いた作品が生まれている。子どもの教育に使われた農業・百姓往来物にも挿絵が豊富に盛り込まれている。

下野国の農耕彫刻　ここでは、一般的に神仙思想や神獣の彫刻が施されることの多い神社の社殿に近世稲作の様子を彫り付けた農耕彫刻を紹介したい。

下野国河内郡今里村に、一八四〇年（天保十一）九月に再建された密嶽《みったけ》神社が鎮座している。この密嶽神社の本殿には、左側面・背面・右側面の順に、いずれも鳥がとまった大樹の下での農作業という構図で、一年の稲作風景が彫り込まれている。彫り師は、一八〇八年（文化五）、下野国都賀郡上久我村の百姓家に生まれた彫工神山政五郎と伝えられている。神山政五郎はほかに、都賀郡久野村の小松神社本殿（一八六八年完成）の腰回り部分にも六面にわたって、春から秋までの稲作風景を彫り込んでいる〔第七一巻〕。

　田川上流部右岸の河内郡瓦谷村にも幕末期、天棚農耕彫刻〔第七一巻〕が生まれている。下野国をはじめ陸奥国南部・常陸国では、日天・月天など八百万の神に五穀豊穣、風雨順調、家内・村内安全を祈る天祭（天然仏）が行われた。その行事のために設置された施設が天棚である。瓦谷村の天棚は、間口二・五メートル余、奥行四・二メートル余、高さ四・五メートル余の大きさで、車のない二階建彫刻屋台の形式をとっている。この天棚の一階欄間部分に、一年の稲作風景を描いた彩色の透かし彫りが施されているのである（口絵参照）。馬に犂をつけた田起こし（子どもが鼻取り）から始まって、鍬による畦ぬり、水桶での種籾浸し、筵での種籾の芽出し、馬鍬による苗代掻き（子どもが鼻取り）、種播き、苗取り、馬鍬による本田代掻き（子どもが鼻取り）、苗運び、苗配り、早乙女による田植え、田植えの休憩に酒を差し出す男、お茶の準備をする女とその腰帯を引く子ども、田の草取り、稲刈り、馬の背につけた稲運び、千歯扱きによる稲扱き、唐竿での脱穀、唐箕による選別、土摺り臼による籾摺り、俵詰め、蔵への収納までの作業が彫り込まれている（柏村・一九九六）。

　天棚の一階部分には、興味深い彫刻がさらに三点ある。一つが前面琵琶板で、白装束の行人《ぎょうにん》を中心に、褌《ふんどし》姿の何十人もの若衆がもみあいながら日天・月天に向かって突き進む場面（天祭の光景）である。もう一点は、なす・きゅうり・かぼちゃ・ねぎ・うりなどの野菜が彫られた格子窓部分である。稲作風景の農耕彫刻も含めた四点の彫刻は、全体で一つの物語を構成している。川原谷村とも表記されるように、瓦谷村の百姓は、田川の水と切っても切れない暮らしを営んでいた。田川の水を利用して農作物を生産する一方で、たびたびの水害に悩まされてきたのである。稲作風景や蔬菜の彫刻には、村人の豊穣への願いと自然の恵みに対する感謝が込められている。合わせて、天祭の場面で、ひたすら自然神に祈願する村人の心意を表した。反対に、洪水の場面では自然に対する畏怖の念を表現した。瓦谷村では、水の恵みと脅威をともに天棚に刻みつけることで、水と深く関わった自村の暮らし方を村人全体で再認識し、後世へ伝えていこうとしたのである。

耳で覚える歌農書　岩代国会津郡幕内村の肝煎佐瀬与次右衛門は『会津農書』を著した後、一七〇四年（宝永元）に上中下三巻の『会津歌農書』（第二〇巻）を完成させた。『会津農書』の一読者の要望を受けた与次右衛門は、長い文章は覚えにくくて退屈だと考える読者に向けて、農書の内容を和歌で示すことを思い立った。『会津歌農書』には『会津農書』の要約が、実に一六六九首もの和歌で収められている。

たとえば、前述の冬季湛水（2参照）については、次のような歌を詠んでいる。

冬水をかけよ岡田へごみたまり　土もくさりて能事そかし

冬のうち居村の堀のかゝる田ハ　汚水ましハり猶によろしき

また、水のかけひきについても、以下のように歌にすると、作業の内容や意味・効果がわかりやすい。

苗代の水ハもとより夜るふかく　昼のあさきを能とするなり

昼水の浅き苗代日を受る　夜るの深きハ霜をはらへり

ひでり年水をたゝへずかけ流せ　あまりあつきハ稲にさハれり

雨年ハ絶ずかくるな田の水を　折ふしほして日当るがよし

若狭国の伊藤正作が一八三七年（天保八）に木版で刊行した『耕作早指南種稽歌』（第五巻）も七〇首の和歌からなる独立の歌農書である。そのなかから、米麦二毛作に関する歌をいくつか紹介しよう。

早稲中稲　かり明たらハ　麦蒔て　一寸バかり　のびハ中打

（早稲・中稲の収穫後の水田に麦を播き、麦の芽が一寸ほどに伸びた時に株間を中耕せよ）

麦ばかり　徳とおもふな　中打ハ　土がかハきて　苗そだちよし

（麦の中耕は麦作によいだけではなく、土を乾かし、麦跡の稲苗の育ちもよくする）

麦あとの　田うへ草とり　いそくべし　麦こなすのハ　草取のあひ

（麦を刈り取った後は、すぐに田植え・草取りに移るべきで、麦の脱穀は草取りの合間にすればよい）

これらのほかにも、自ら詠んだ和歌を織り交ぜたり、農事に関する古歌を引用したりする農書は少なくない。農書の文章にメリハリをつけ、その内容を手短かに要領よく伝える手段として歌が多用されているのである。読者は、歌農書の和歌を諳《そら》んじながら優れた農法を実践した。そして、一人が暗唱した歌は口伝てに別の人へと伝えられ、難解な農書の内容でも容易に村中・地域全体に広がっていったのである。

石に刻まれた農書　下野国那須郡の最北部、陸奥国との国境付近の板屋村で、村内を通る奥州道中沿いに一八四八年（嘉永元）年、「諭農の碑」という石碑が建てられた。高さ一・七メートルほど、幅八〇センチほどの大きさで、地元産出の芦野石でできている（図16）。

碑文を撰文し石碑を建てたのは、芦野宿の問屋で酒造業も営んでいた戸村忠恕である。約七百文字の碑文には、稲穂の雌雄の見分け方、稲の病虫害駆除・予防策、飢饉予防策としての穀物の貯蔵法、不作時の緊急の作物栽培法、飢饉時の食物の加工・調理法、飢人の食事法など、具体的かつ実践的な内容が記されている。それらは必ずしも忠恕の独創ではなく、自らの学習の成果を編集したものであった。たとえば、鯨油を使った注油駆除法の記述があるが、これは『除蝗録』からの引用である。「諭農の碑」の根幹をなす精神は、「饑歳奇策ナシ、常ニ倹勤シテ食物蓄ヘシ」という末文に集約されている。一八三六年（天保七）の大凶作の教訓を肝に銘じ、平生の凶作・飢饉対策を強調したのである。

「諭農の碑」の右側面には、板屋村の名主の名前と「石出村中」という文字が彫られている。戸村忠恕が建立者であったが、その背後には、実際に石を切り出し、碑文の建立を望む板屋「村中」の支持・協力があった。地域の篤志家であった忠恕の学識・財力と板屋村百姓衆の総意によって、石に農

図 16　旧奥州道中沿いに建つ「諭農の碑」

書が刻まれたのである。石を媒体としたのは、碑文の内容を永久に残そうとしたからである。板屋村の集落の中心に建てられた「諭農の碑」は、凶作体験・飢饉体験を村人共有の記憶として後世に引き継ぎ、村人の結束・協同を永く維持するための記念碑となった。しかも街道沿いに建つ「諭農の碑」は、板屋村の百姓だけでなく、周辺地域の村人や奥州街道を行き交う人々が日常的に目にするものであった。板屋村の百姓衆と忠恕は、地域内外への農法の伝播・普及をも企図していたのである。

山林書と漁業書　日本は国土の約七割が山地であり、平地林や里山も含めて広大な森林資源を有していた。近世初期には、城下町の建設や神社仏閣の建築、大規模な河川土木工事が続いて建築用材の需要が著しく高まった。江戸をはじめとする近世都市は火災が絶えず、そのたびに多量の材木需要が生み出された。また近世で最重要のエネルギー源であった薪炭も、恒常的に膨大な量の薪炭材を必要としていた。生産用具や農具の材料の多くも木から作られた。それゆえ近世には原生林・天然林の伐採が進行し、並行して人間が森林資源を計画的に管理・利用する育成林業が発展していった。

林産物は主に筏流しや舟運によって輸送されたため、河川水系に沿って大都市への林産物供給圏＝林業地帯が形成された。例えば関東では、江戸の需要を契機として時代ごとに育成林業地帯が形成された（加藤・二〇〇七）。まず十七世紀後半に多摩川と入間川・高麗川の上流部に江戸市場向けの林業（西川林業など）が成立し、十八世紀には利根川下流域の常総平野の平地林が薪炭・材木供給地となる。その後、十八世紀半ばには鬼怒川流域で杉・檜の育成林業と薪炭生産が盛り上がり、十八世紀末には那珂川上流域までが江戸市場への林産物供給圏に包摂される。こうしたなか、下野国黒羽藩の藩士興野隆雄は一八四九年（嘉永二）、那珂川流域の八溝《やみぞ》山系での造林を目指して山林書『太山《とやま》の左知《さち》』〔第五六巻〕を著した。畿内でも大和国吉野地方の百姓が周密な管理のもとで杉・檜の優良材を育成・伐採し、紀ノ川と大坂湾を通して大坂市場へ高値で売り捌いた。吉野林業地域が酒樽用の樽丸を伊丹や灘五郷の酒造地帯に送り出し、近世の酒造業を支えたことも見逃せない。

日本は、周囲を海に囲まれ、複雑な海岸線と沿海の寒流・暖流により魚介類に恵まれた水産大国でもあった。河川・湖沼・用水路・水田などの内水面にも、多様な淡水魚が棲息していた。近世において魚介類は、人々の食生活を支える重要な動物性タンパク質であったが、農業の安定・向上に及ぼす影響力も大きかった。房総半島九十九里浜の地引網漁に代表される鰯は、〆粕《しめかす》・干鰯《ほしか》の原料として稲作や商品作物生産に大量に用いられた。江戸時代後期に蝦夷地で隆盛する鯡《にしん》漁は、内地の農業に鯡粕を提供した。紀伊・土佐・肥前・長門などの捕鯨業は、農村に害虫駆除用の鯨油を供給して稲作を支えた。そうした魚介類を採取するために、海水面・内水面を問わず、さまざまな漁具と漁法が工夫され、養殖漁業も発展した。漁業に携わる者たちは漁獲技術と漁村の暮らしを漁業書に著し、図解した。

山村や海村に生きる百姓はそれぞれ独自の生産・暮らしの様式をもっていたが、山野河海で営まれるさまざまな生産活動は、近世の農業、農村の暮らしと至るところで密接に関わっていた。それゆえ林業・漁業も広義の農業と見なすことができ、多様な農書を生み出していたのである。

4　商業的農業の隆盛

日本列島を覆う特産物　近世の百姓は、地域の地形条件・気象条件を生かして、土地土地に適した産物の生産を発展させた。それが地域内外へ販売される商品、特産物となった。近世には、農作物のなかでもより付加価値の高い加工原料作物の栽培を拡大していく地域、醸造業・織物業・養蚕業・製糸業といった農産加工業を展開していく地域など、地域ごとの特産物・産業の分化・個性化が著しく進展する。例えば北陸の豪雪地帯は、冬場の農業が困難なため大規模な稲作地帯となるが、冬季に余る労働力を駆使して織物地帯を生み出した。同時に越後国は、冬から春に他地域の醸造業へ季節労働者を供給する役割もになっていた。

近世後期から幕末期にかけて数多く出版された産物番付を概観すると、日本の特産物の上位として、陸奥の松前昆布、出羽の最上紅花、越後の縮布《ちぢみ》、上野の上州織物、伊豆の八丈縞、丹後の縮緬《ちりめん》、山城の京羽二重、大和の奈良晒《さらし》、紀伊の蜜柑、阿波の藍玉、土佐の鰹節、西国の白米、薩摩の上布・黒砂糖などを挙げることができる（佐藤・一九九三）。ほかにも宇治茶、越前奉書紙、備後の藺草《いぐさ》や甲斐のぶどうなどが著名である。木綿一つをとっても、河内木綿・播州木綿・尾州木綿・三河木綿・真岡木綿といった特産物が生まれていた。米にも産地による銘柄米が成立し、品質や値段のランクが細かく生じていた。これらの特産物は国名・地名を付して呼称されるものが多い。特産物がそれぞれの地域特性のなかで生み育てられていたことのなによりの証左である。

幕末・明治初期の特産物生産の状況を統計資料からながめると、表6のようになる。一七品目はいずれも「特有農産」に区分される工芸作物・商品である。日本全国で工芸作物が栽培されていたが、個々の産物には生産国の集中、すなわち特産地化が顕著に見てとれる。適地適作に基づく特産物生産が実現していたのである（佐藤・一九九四b）。これら特産物のほとんどは、畑で生産された。商品生産、工芸作物生産の基盤としての畑の重要性が浮かび上がってくる。

日本列島を覆う特産物の成立は、それらに対する全国各地の需要、取引・売買を支える流通網・組織の整備とあいまって進展していった。寛文期（一六六一〜七三）には東廻り海運や西廻り海運が整備され、本州を一周する海運路が確立した。江戸と大坂を結ぶ南海路には、菱垣廻船や樽廻船が定期的に運航された。並行して内陸の河川水運・湖沼水運や陸運も急速に発達し、列島の隅々まで縦横に流通路が張りめぐらされた。列島各地の特産物を集散・売買する拠点となったのが三都、とくに江戸・大坂である。両都市の問屋は、幕府の公認のもとに株仲間を組織して営業を独占した。さらに彼らは、自らを頂点として地方の城下町商人や生産地商人を編成・統制する流通機構を形成した。こうして近世初期から中期にかけて日本には、全国規模の運輸・流通機構と全国市場が成立したのである。

その後、近世中期から後期にかけて、農村の内部に商業・流通・農産加工業の新たな拠点となる在《ざい》郷《ごう》町が続々と誕生し、地域経済の中核をになうようになってくる。在郷町を基盤とする在方《ざいかた》の商人・

表6　明治初期の特産物生産国ベスト10

品目	実綿	繭	生糸	藍葉	製茶	楮皮
生産量	8,922万斤	1,912万斤	227万斤	5,847万斤	1,720万斤	2,917万斤
1位	河内（10.1）	信濃（27.3）	上野（14.9）	阿波（23.0）	丹波（12.5）	土佐（16.3）
2位	三河（ 9.0）	上野（13.3）	信濃（10.6）	武蔵（14.3）	駿河（ 8.0）	羽前（14.1）
3位	摂津（ 8.6）	武蔵（ 8.7）	武蔵（ 9.4）	摂津（ 8.6）	伊勢（ 7.1）	伊予（ 6.4）
4位	播磨（ 5.7）	岩代（ 8.1）	甲斐（ 8.3）	尾張（ 5.5）	遠江（ 6.1）	信濃（ 4.0）
5位	尾張（ 5.7）	甲斐（ 5.4）	岩代（ 7.5）	伊勢（ 3.3）	山城（ 5.8）	石見（ 3.9）
6位	安芸（ 4.4）	羽前（ 4.6）	加賀（ 7.3）	下野（ 2.9）	美濃（ 4.7）	豊後（ 3.3）
7位	備中（ 4.1）	近江（ 4.5）	越中（ 6.8）	越後（ 2.5）	武蔵（ 4.5）	長門（ 2.6）
8位	讃岐（ 3.6）	美濃（ 3.7）	羽前（ 4.8）	讃岐（ 2.3）	土佐（ 4.1）	周防（ 2.6）
9位	大和（ 3.5）	磐城（ 3.3）	近江（ 3.9）	備中（ 2.1）	肥後（ 4.0）	肥前（ 2.5）
10位	常陸（ 3.1）	飛驒（ 2.4）	丹波（ 3.4）	筑後（ 2.1）	近江（ 3.8）	紀伊（ 2.3）

品目	漆汁	葉煙草	菜種	麻	薬用人参	椎茸
生産量	6.7万斤	2,552万斤	124万石	840万斤	40万斤	46万斤
1位	信濃（13.0）	下野（ 7.8）	大隅（ 8.9）	下野（18.3）	岩代（28.9）	肥後（16.4）
2位	陸奥（12.7）	磐城（ 5.9）	肥後（ 5.8）	安芸（ 7.0）	信濃（24.7）	紀伊（12.3）
3位	能登（10.0）	肥後（ 5.2）	近江（ 4.8）	石見（ 5.7）	出雲（21.8）	日向（10.5）
4位	美濃（ 6.7）	薩摩（ 4.7）	大和（ 4.6）	信濃（ 5.2）	下野（15.9）	伊豆（ 8.9）
5位	越後（ 5.8）	羽前（ 4.4）	武蔵（ 4.4）	伊予（ 5.2）	羽前（ 2.8）	豊後（ 7.5）
6位	阿波（ 5.3）	備中（ 4.3）	肥前（ 4.3）	日向（ 4.5）	伯耆（ 2.3）	土佐（ 6.7）
7位	下野（ 4.5）	阿波（ 3.6）	摂津（ 4.2）	薩摩（ 4.2）	美濃（ 1.6）	肥前（ 6.6）
8位	岩代（ 4.4）	相模（ 3.5）	下総（ 4.0）	備後（ 4.0）	摂津（ 1.1）	遠江（ 6.6）
9位	羽後（ 4.2）	信濃（ 3.5）	伊勢（ 3.8）	但馬（ 3.8）	−	三河（ 5.3）
10位	越前（ 4.0）	豊後（ 2.8）	筑後（ 3.8）	越前（ 3.8）	−	駿河（ 2.5）

品目	紅花	藺草	生蠟	サトウキビ	食塩
生産量	1.5万斤	788万斤	651万斤	46,405万斤	400万石
1位	羽前（75.5）	備後（26.5）	伊予（24.2）	讃岐（49.2）	周防（16.1）
2位	伯耆（ 4.5）	備中（16.3）	筑前（16.9）	大隅（21.6）	播磨（13.9）
3位	陸前（ 3.6）	筑後（11.4）	肥前（13.8）	肥前（ 7.3）	讃岐（11.9）
4位	羽後（ 3.5）	肥後（ 5.1）	筑後（10.0）	阿波（ 6.1）	阿波（ 9.5）
5位	土佐（ 2.5）	加賀（ 4.7）	豊後（ 6.8）	伊予（ 3.2）	備後（ 8.6）
6位	武蔵（ 1.8）	備前（ 4.1）	豊前（ 5.7）	土佐（ 2.5）	下総（ 7.8）
7位	出雲（ 1.8）	大隅（ 3.4）	長門（ 4.2）	安芸（ 1.8）	伊予（ 6.1）
8位	周防（ 1.5）	大和（ 3.4）	紀伊（ 3.8）	駿河（ 1.7）	備前（ 6.0）
9位	長門（ 1.5）	下野（ 2.6）	肥後（ 3.7）	和泉（ 1.6）	安芸（ 3.9）
10位	肥前（ 0.9）	出雲（ 2.6）	石見（ 3.3）	遠江（ 1.3）	能登（ 3.7）

佐藤・1993、pp.12～13の表「明治初期の諸国特産物番付」より作成。（　）は構成比％。

仲買人は、城下町や江戸の問屋を介さず、生産地で集荷した商品（農産物だけでなく肥料も重要な商品）を直接需要地に販売する商業活動を活発化させた。海運の場面でも、日本海側の北前船や太平洋側の尾州廻船（内海船）に代表される買積方式の「新興海運勢力」が台頭し、消費地への直接的な商品移出を拡大することで既存の廻船を圧倒しつつ、「民間型全国市場」を切り開いていった（斎藤・二〇〇五）。これら新興勢力の活動によって、江戸・大坂の問屋が編成・統制していた流通機構は突き崩され、生産地と消費地を効率的かつ迅速に取り結ぶきめ細かな流通網が重層的に構築された。こうした流通・商業網の整備・拡大の背後に、農村における農業生産力の向上、商品作物生産・農産加工の発展、商品の種類・量の増加があったことはいうまでもない。

海外輸入商品の国産化　新井白石や徳川吉宗が政権をになった正徳・享保期（一七一一～三六）は、貿易制限の強化や国内産業育成策（国産化）の展開により、それまでの輸入品を日本列島内部で自給し始める時代の転換点となった。需要の高い輸入品であった砂糖・朝鮮人参（日本では朝鮮種人参と呼称）・さつまいもなどは、その後、幕府の産業振興策の後押しを受けて、国内で自給できる商品作物に育っていった。輸入商品の国産化によって、百姓に新たな商品生産・加工の機会、就労の場が与えられた。

京都の西陣織に代表される絹織物業は近世初期、原料を中国からの輸入白糸に頼っていた。しかし十八世紀以降、生糸輸入量が制限されると、国内の生糸（和糸）生産が刺激を受け、それまで農作物栽培に適さなかった山間地域で良質な生糸を作る努力が重ねられ、養蚕・製糸業地帯が広がっていった。岩代国の信夫・伊達地方、上野・信濃・甲斐などは新たな養蚕地帯として名を上げ、地域内で蚕種・養蚕・製糸・絹織などの分業を成立させた。近世中期には幕府や諸藩が国産奨励策として養蚕・製糸業を奨励し、その発展に拍車がかかった。催青《さいせい》・掃立《はきたて》・給桑・防病管理・上蔟《じょうぞく》などの養蚕技術が改良され、一年の養蚕回数も増えていった。桑の品種・育苗法も改良され、専門の桑畑が広がった。近世には、『養蚕秘録』〔第三五巻〕、『蚕飼絹篩大成』〔第三五巻〕、『蚕当計秘訣』〔第三五巻〕、『蚕飼養法記』〔第四七巻〕、『養蚕規範』〔四七巻〕といった養蚕・桑栽培に関する農書が数多く誕生した。養蚕地帯の寺社には養蚕絵馬が奉納された。こうした養蚕・製糸業の急成長の結果、幕末の貿易開始直後には、国産の生糸が日本最大の輸出品〔全輸出品の約八割〕となり、外貨の獲得に貢献した。

綿作と綿織物業の拡大　一八七四年〔明治七〕の『府県物産表』には、七八に区分された産業分野の生産価額が記録されている〔表7〕。ここから近世後期ないし幕末期の日本の産業構造を見ると、米穀類と蔬菜を除き、日本の産業のなかで格別大きな比重を占めたのが、醸造業と繊維・織物業という農産加工業であったことがわかる。以下では、商品生産に直結する農産加工業の典型として、この二つの産業を取り上げたい。

木綿はもともと朝鮮からの輸入品であった。しかし戦国時代から近世初頭にかけて、肌触り、夏場の吸湿性や冬場の保温性、丈夫さ、染色の容易さなどの点で日本人の嗜好に合致し、庶民衣料として大流行した。中世以前の庶民衣料の中心的原料であった麻に代わって綿が主役に躍り出るありさまは、日本における「衣料革命」と称される。その結果、近世の綿は各地に特産地を成立させ、近世を代表

表７　明治初年における物産の生産価額とその割合

物産		生産価額		品目内訳　（　）は構成比（%）
		円	%	＊構成比が１%を超える物産のみ%表記
第一次産品	穀物	183,979,882	49.6	米（38.2）　麦類（5.4）　雑穀類（4.3）　小麦（1.4）　糯　陸稲
	蔬菜・果実	12,077,214	3.3	蔬菜（3.0）　果実
	工芸作物	24,903,275	6.7	綿（2.0）　種子類（1.9）　藺類（1.3）　染料類　麻　蚕卵紙　真綿類
	林産物	13,083,347	3.5	薪類（1.7）　皮葉類　木材類　竹類　薬種類　菌茸類　植物類
	水産物	6,994,130	1.9	魚類（1.7）　甲貝類　海藻類
	畜産物	8,052,023	2.2	牛馬　禽獣類　角爪類　皮革類　羽毛類　虫類
	金属鉱石	4,109,064	1.1	金銀銅鉄類　玉石鉱土類
	小計	253,198,935	68	
第二次産品	農産物加工品	39,408,953	10.6	織物類（4.8）　生糸類（1.7）　油類（1.5）　紙類（1.4）　蠟類　氈席類　木綿糸類　網類　縄類
	飲食物加工品	51,431,009	13.9	醸造物類（8.8）　食物類（2.8）　製茶類　煙草類　穀質澱粉類　飲料類
	林産物加工品	7,025,693	1.9	炭類　履物類　桶樽類　藤竹葭品類　指物類　戸障子類　木地挽物類　曲物類
	肥料・飼料	4,219,693	1.1	肥料類　飼料類
	雑貨手芸品	6,913,390	1.9	染物類　雑貨玩物類　縫裁類　化粧具類　諸手間物　文房具類
	陶漆器	3,012,284	0.8	陶器類　漆器類
	金属加工品	1,639,793	0.4	金属細工類　金属箔類
	器械・船舶	3,197,609	0.9	諸器械類　船舶類
	その他	739,458	0.2	製薬類　図書製本類　にかわ類　塗具類　絵具類　水晶類　武器類
	小計	117,587,882	32	
	総計	370,786,817	100	

出典：佐藤・1994b、表１を一部修正して引用。
注：縄類の生産価額は記載なし。１円未満は切捨て。

する一大商品作物となった。畿内農村で綿作を拡大するために田畑輪換や半田が展開したことは、[2]でふれたとおりである。しかも、畿内の綿作の反収は、江戸時代中期から後期にかけて上昇し続けた。

木綿産業は、実綿生産（綿作）から綿繰・綿打・篠巻加工・紡糸（紡績業）・織布（織物業）・染色・晒《さらし》などの加工過程、生産・加工と消費需要をつなぐ流通過程（仲買人や問屋）に社会的分業が拡大した。その結果、それぞれに従事する百姓・商人・職人が利益を得た。木綿産業に限らず、繊維業が社会全体に与える経済波及効果は大きかった。

綿繰の後に残る綿実は菜種とともに重要な灯油原料となり、絞油業を発展させた。灯油は近世の夜を明るくし、百姓の夜なべ仕事や教養・趣味・娯楽の時間を拡大し、生産と暮らし・文化の発展に寄与した。油を絞った後の綿実粕は肥料となった。さらに、近世前期にすでに発展していた綿作が、染料としての阿波の藍業や肥料としての海岸部の地引網漁・干鰯生産、江戸・大坂を結ぶ廻船業の発展（有力な積荷、帆の原材料としての木綿）を牽引していくように、複数の関連産業・業種が同時並行的・連鎖的に発展する波及効果をもたらした（永原・二〇〇四）。

村の酒造業　近世の酒造業は、摂津・和泉を中心に、技術の革新、マニュファクチュアによる生産量の増大が起こり、上方で著しい発展をみた（柚木・一九七五）。ここではそうした都市酒造業とは別に、村々の地主層が経営した在村酒造業についてふれておきたい。近世には全国くまなく在村酒造業が展開しており、城下町や在郷町の商人（近江商人が多い）と並んで、村方地主が農産加工の重要な担い手となっていたからである。

下野国芳賀郡東水沼村で持高一五〇石余を誇っていた岡田家は、一七八五年（天明五）から二三五石一斗の酒造株高をもって酒造業を開始した。同郡は、下野国のなかでも水田率の高い米作地帯であった。岡田家はもともと江戸や宇都宮の商人と取引する米穀商人であったが、十八世紀後半は長期的な米価低迷の影響で、同家の米商売はもちろん米の生産・販売に頼る芳賀郡の地域経済も停滞を余儀なくされていた。そこで岡田家は、地域主産物の米を加工し、付加価値を高めようと酒造業を始めたのである（平野・二〇〇四a）。

岡田家の酒造業を通して、地域資源の活用のあり方がよく見える。まず、米を主産物とする芳賀郡において酒造業は、もっとも容易かつ有効に米を使い、有利な商品を生み出せる加工業であった。酒蔵の労働力としては、専門の杜氏・蔵人集団のほかに、近隣の百姓が雇用された。芳賀郡内の小百姓が売り子となり、そこへ酒を運んで駄賃を稼ぐ百姓も必要となった。岡田家の酒造業は、地域の百姓に労働の場を与えたのである。芳賀郡には麹を売る百姓もいたが、大口の販売相手が岡田家のような地主酒造家であった。岡田家は片白《かたはく》（白米と黒麹でつくった酒）と諸白《もろはく》（酒米・麹米ともに精白米を使う上等酒）をともに製造しており、大量の酒造米を精米するために水車を利用していた。当時芳賀郡全域に広まっていた水車業は、地主の酒造業を支え、百姓の精米・製粉の手間を省き、労働力の余剰（他の稼ぎが可能）を発生させた。岡田家は広大な山持ち地主でもあり、自家の山林から燃料の薪を調達できた。さらに酒造の過程でとれる米糠や酒粕は、肥料として地域農業に還元されていった。

村方地主の酒造業は、米と水・山林資源や労働力・流水エネルギーなど多種多様な地域資源を有機的に結びつけ、米に高い付加価値を付け、酒や数種類の商品を生み出す農産加工業であった。しかも、それは地主家のみの利益追求・経営拡大にとどまらず、主産物の加工と地域資源の活用の場を確保し続け、地域経済を安定・発展させる積極的な意義をもっていたのである。

都市と農村の交流――下肥ネットワーク　近世には、江戸・大坂・京都の三都という巨大都市があり、庶民人口だけで五万人を超える名古屋・金沢、二万人前後を有した広島・岡山・福井・徳島・高知など、全国各地に城下町が存在した。長崎や堺も一七〇〇年頃に六万以上の人口を抱える大都市であった。また、寺社参詣の旅や交通・運輸の活発化が門前町・港町・宿場町を繁栄させていた。近世中後期になると、労働力や原材料の得やすさ、地域内部の商品取引の活発化を背景として、農産加工業や流通の新たな拠点である在郷町が台頭してくる。近世は、都市が著しく発展した時代であった。

都市住民の多くは農業生産から隔離された消費人口をなし、農産物に対する膨大な消費需要を生み出した。これに刺激を受けた都市近郊の農村は、都市販売に向けた農産物の生産に力を入れた。とくに遠距離・長時間輸送の難しい生鮮蔬菜類は、近郊農村が生産を一手に引き受ける有力商品となった。近郊農村は都市に野菜類を供給する代わりに、都市住民の屎尿《しにょう》を下肥《しもごえ》として受け取った。こうして都市と近郊農村との間に、野菜と下肥の交換関係が成り立った。

百万人の人口を抱える巨大消費都市であった江戸にとって、その一〇里四方が江戸周辺農村ととらえられる。十七世紀中期にはすでに、江戸西部武蔵野台地の新田村や東部水田地帯の百姓が江戸に野菜を持ち込んで売っていた（伊藤・一九七四）。江戸の町域が拡大し、野菜を生産していた空地が減るにつれ、江戸に対する野菜産地はより外縁に広がり、周辺農村と江戸との結びつきが深まっていった。広大な畑作地帯を生み出した武蔵野新田の開発は、江戸の膨大な消費需要の賜物であった。十九世紀初めには、江戸周辺農村に穀物とその加工品、野菜・果物・海産物の名産地が成立している（表8）。もちろん米も江戸周辺農村が江戸に出す一大産物であり、生産地の名を付けた銘柄が生まれていた。

その一方で江戸周辺農村は、確認される限り、十八世紀以降、江戸から下肥・糠・干鰯などの肥料を仕入れるようになっていた。そのうち下肥は武家や町方から入手した。膨大な人口を擁する江戸は、日本最大の下肥生産地であった。当初は村々の名主家など特定の百姓が武家に出入りし、主従関係に基づく御用百姓の立場で下肥汲取（下掃除権）を独占していた。しかし近世中期以降、下肥の商品価値が高まってくると、武家も下掃除権をより多くの百姓に与えるようになってきた。武家と周辺農村の百姓との間で下肥の取引関係が成立してきたのである。江戸東部の農村では、下掃除請負人が大量の下肥を取得して農村に売り込み、農村側にもそれを引き受けて百姓に販売する在郷商人が発生した。一方、町方では、周辺農村の掃除人が家主と下肥取得の契約を結んだ。

天保期（一八三〇～四四）に成立した武蔵国北足立郡畑作農村の農書『耕作仕様書』（第二三巻）は、米・小麦・菜種・大根・ねぎ・ごぼう・長芋・さつまいもについて、品種や品質、見栄えなどの観点から売値の良し悪しを論じている。江戸近郊農村では、江戸市場へ穀物・野菜を売りに出すのに、できるだけ高く売れる作物の栽培に挑んでいたのである。

売るための農業　近世の社会、農村に見られる特徴について、速水融は「経済社会の成立」（速水・

表8　1824年（文政7）『武江産物志』にみる江戸周辺の産物と産地

産物	産地	産物	産地
粳（粳米）	二合半領（二郷半領）	せうが（生姜）	谷中・赤山
糯（糯米）	越ヶ谷	みやうが（茗荷）	早稲田
大麦	王子辺り	たで	千住
乾温淘（ほしうどん）	行徳	甜瓜（まくわうり）	成子村・府中
そうめん	川越	西瓜（すいか）	大丸・北沢・砂村・羽田
蕎麦	深大寺		
ふじまめ	葛西領	しろうり	田端
そらまめ	中川向	醤瓜（漬物用のうり）	葛西
ゑんどう	千住	胡瓜（きゅうり）	砂村
ふゆな（小松菜）	小松川	番南瓜（とうなす）	八塚（谷塚ヵ）
つけな	三河島	へちま	中山（下総中山）
けうな（京菜）	千住	ねぎ	岩槻・大井
だいこん	練馬・清水	わらび	下総
にんじん	練馬	はすのね	千住・不忍池
牛房	岩槻	くわい	千住
とうのいも（里芋の一種）	葛西	生のり	品川
		のり	浅草・葛西
青芋（えぐいも）	葛西	おごのり	品川
ずいき（里芋の葉柄）	赤山	塩	行徳・川崎
		梅	杉戸
ながいも	代野（与野ヵ）	梨	川崎・下総八幡
さつまいも	八幡（下総八幡）	林檎（りんご）	下谷・本所
黄独（かしゅういも）	赤山	くはりん（かりん）	草加・下谷
こんにやく	下総中山	柿	草加・赤山
なす	駒込・千住	枇杷（びわ）	岩槻・川越
とうがらし	内藤宿（新宿）	はつだけ（初茸）	板橋
せり	千住	しろしめじ	四谷
みつばせり	千住	さゝこ（不明）	池袋
しそ	千住	いはたけ（岩茸）	秩父
しゆんぎく	千住	しやうろ（松露ヵ）	砂村
うど	練馬		

出典：伊藤・1974、野村・2002より作成。

一九七三）、大石慎三郎は「経済人的労働人間への変質」（大石・一九七七）と表現する。市場を中心とする経済が社会に浸透し、生産者である百姓自身が深く市場と関わり、利益拡大のために積極的・自主的に労働していたことを強調する見方である。農業の集約化・効率化、商品生産の発展、後述する諸稼ぎの広がりなどは、経済社会化の特徴を端的に示す事象である。

農書登場の背景の一つには、それぞれの地域にふさわしい商品作物を選択し、農法の改良、栽培・加工の効率化、生産量の増大を追求する百姓の志向が存在した。作物の付加価値を高め、より有利な市場で、できるだけ高く売ることが百姓の目標となったのである。実際、農書のなかには、百姓の利益追求の必要性を説き、商品作物栽培や農産加工、市場への有利な販売方法について具体策を述べたものが少なくない。『日本農書全集』にも、養蚕書をはじめとして、茶・楮・漆・桑・紅花・藍・木綿・菜種・煙草・甘蔗・櫨・朝鮮人参・梨・蜜柑・きのこ・海苔など工芸作物の専門農書が収められている。ほかに、砂糖・油・葛《くず》・塩・酒・味噌・醤油・豆腐・漬物・紙・麻織物・生糸・炭・塗物・樟脳・俵物などの農産加工技術を記した農書も収録されている。また農書や農事日誌からは、近世の百姓が、作物値段と肥料値段、奉公人給金などを比較し、採算を考えて、利益の上がる農業経営を綿密に計画・実践していたことがわかる。経済社会に生きる経済人として、経営に工夫をこらしているのである。さらに、荒地・山畑、川や用水池の土手、秣《まぐさ》場の周囲、あるいは年貢負担のない検地帳未登録地に茶・楮・漆・桑や果樹などを植え、飢饉対策と商品生産を同時に実現しようとする農書もある。それらの農書には、あらゆる土地を無駄なく利用し、百姓の稼ぎにつなげていこうとする姿勢が貫かれている。商品生産で得た金が農書の購入資金に回され、優良農法の普及を促進し、商品生産のいっそうの深化をもたらしていったことも考えられる。

百姓の消費力　江戸幕府の管理貿易体制（鎖国）のもとで、日本の農産物が海外へ輸出されることはほとんどなかった。しかし日本では、全国各地に多種多様な商品生産が盛り上がった。そこには、武士・商人・職人だけの需要に限られない、近世日本の人口の大多数を占める百姓の膨大な消費需要を想定しないわけにはいかない。

地方書《じかたしよ》『民間省要』の著者田中休愚は、「都《すべ》テの人間の奢」に起因する、元禄～享保期（一六八八～一七三六）の関東農村の奢侈風俗を指摘している。百姓の日常世界で、髪の元結いに伽羅《きやら》油を塗り、従来の「田舎趣」「手前染」の着物に満足せず、奈良晒《さらし》や近江晒といった特産高級品を求める風潮が強まっていたのである。また、かつて粟・稗・麦に野菜や草木の葉を多く入れていた粥が粗食として忌避され、粟・稗を飯に炊くなど、食事の質も改善されてきた。女性も、櫛・こうがい、帯、足袋・雪駄などで身綺麗に着飾るようになっていた。

近世中後期には、百姓が衣食住のあらゆる場面で金銭遣いを活発化させ、諸商品・物資を盛んに消費していた。数多くの農書が、そうした暮らしぶりの変化を百姓の贅沢や奢侈としてとらえている。実際に個々の百姓家の家計のレベルで見ても、上層の百姓を中心にその消費行動は活発で、生活必需品ばかりでなく、奢侈品の購入から趣味・娯楽、教育文化活動に対する出費まで想像以上に豊かな暮らしを営んでいた（高橋・一九九〇、六本木・二〇〇二、平野・二〇〇四a）。百姓の消費は彼らの活力そのものであり、地域間の社会的分業や地域特産物を生み出す大きな原動力となっていたのである。

『広益国産考』にみる商業的農業　大蔵永常が一八五九年（安政六）に上梓した『広益国産考』は、特用（商品）作物の生産と農産加工による百姓の富裕化を追求した、彼の農学の集大成ともいうべき農書である。

永常は、冒頭に「夫《それ》国を富しむるの経済ハ、まづ下民《かみん》を賑し、而て後に領主の益となるべき事をはかる成るべし」と記し、国富の基礎は民百姓の富にあることを宣言している。そのうえで、地域の風土と作物の特性を熟知した指導者を抱え、数反の田畑をあてがい、その者に自由に栽培させておけば、「農人《のうにん》おのづから見及びて其作り方を感伏せバ、利にわしる（走るカ）世の中なれバ、我も〳〵と夫《それ》にならひて仕付るやう成べし」と述べている。領主は特段の施策を行わず、ひたすら百姓の自主性・自発性に任せればよい。そうすれば、利益拡大を目指す百姓の意欲がおのずから国産の増大を牽引するというのである。国産とは、「国（藩領国）に其品なくして他国より求るをふせぎ、多く作りて他国へ出し其価を我国へ取入、民を潤し国を賑す事」である。永常が考える領主の責務は、会所を建て、百姓が必要とする諸物資を安価に提供し、農産物を集めて「都会」へ移送し、「入札」によって高値で販売し、代金を百姓に割り渡すことであった。

『広益国産考』一之巻において永常は、国産となるべきもの、特用作物の価値をもつものとして、紙・楮《こうぞ》・杉・檜・櫨《はぜ》樹・油菜（菜種）・紅花・砂糖・木綿・桑・琉球藺《い》・漆・茶・麻・煙草・葛・蕨《わらび》・草薢《ところ》・玉蜀黍《とうきび》・芋（里芋）・蕃藷《さつまいも》・蜜柑・葡萄・藺・柿・梨・桐・当皈《とうき》・川芎《せんきゅう》・芍薬・蚕養（蚕）・焔（煙）

硝・絹織・藍・素麺を挙げている。二之巻以下では、ここに挙げられた多くの作物・製品について具体的な栽培法・加工法を記している。また六之巻では、「国産ハ地に蒔植て収納するものばかりを云にハあらされバ」と述べ、雛人形や海苔の製法まで記している。永常はさらに、従来の主産物の栽培労働の合間にうまく作業の組み込める作物を選び、労働集約化の徹底をねらっている。特定の商品作物だけに労働を集中し、特化することをあえて避けたのである。これにより、百姓家族の余剰労働力を「余作」のかたちで積極的に特用作物生産に振り向けることができた。

こうして永常は、「何《いず》れ農家にてハ余作をして、定作の外に利を得る事をせざれバ立行がたきもの也」、しかも「はやく利になる物を心がけて作るべし」と明快に説き、百姓の金もうけを積極的に支持し、その促進を図ったのである。とくに、所持田畑の少ない小百姓・水呑《みずのみ》百姓こそ余作に励めとしている。

農業経済思想と経世論　百姓による商品生産の活発化、それによる商品貨幣経済の発達は、近世中期以降、重商主義的な経済思想・経世論を大きく開花させた。すでに享保期（一七一六〜三六）には太宰春台が、藩が領民に特産物を生産させ、それらを買い上げ、大都市で民間の売買以上に高値で売ることで領民を喜ばせ、近隣諸藩との交易で利を得るという藩営専売論を主張している。十八世紀後半には、藩重商主義政策を論じる海保青陵や世界相手の開国・貿易を説く本多利明などが活躍した。藩経済の自立・強化をねらう諸藩も、藩政改革と連動して、領内の国産物の自給自足、特産物の増産と領外移出・販売の拡大を実現すべく、国産・国益政策や専売制を推進していった。

百姓の諸稼ぎ　近世の百姓の生産と暮らしは、完全な自給自足では成り立たなかった。例えば、鉄製農具（鍬・鎌）や塩は百姓の必需品であったが、初めからの購入品であり、近世中後期になると肥料を購入する百姓も増えてきた。近世の農業生産には、百姓と商人・手工業者との社会的分業が不可欠だったのである。そのため百姓は、小百姓に至るまで、交換手段としての貨幣収入を得なければならず、そこに彼らが商品作物生産や現金稼ぎに乗り出していく起点があった。むしろ小規模な田畑しかもたない小百姓こそ、現金収入につながる商品作物生産や諸稼ぎに従事する必要性が高かった。

近世は、都市の拡大、農産加工業や商業の発達が、百姓の稼ぎの機会と範囲を広げた時代である。農耕専一（とくに水田稲作）を理想とする領主の思惑とは相反して、農耕と稼ぎの二つの仕事を結合させて一家の生業を成り立たせていたのが近世の百姓の実態であった（深谷・川鍋・一九八八、深谷・一九九三）。現代的な表現をすれば、近世の百姓のほとんどが「兼業農家」だったといえる。百姓の諸稼ぎは、文書のうえでは「農間渡世」「農間余業」と記されることが多い。しかし近世後期には、生業の柱を稀少耕地の主穀生産から商品作物生産や商い・職人稼ぎ・賃銭稼ぎに移しかえる百姓も増えてきた。農耕が副業で、むしろ諸稼ぎが本業となっているのである。

何でもできる百姓　下野国芳賀郡西高橋村の名主菅谷家の弘化四年（一八四七）の農事日誌を見ると、水田と畑と平地林と川が一体となり、有機的に結びついた百姓家の一年の生産・暮らしのあり方がよくわかる（平野・二〇〇四a）。菅谷家は、当主夫妻と息子夫妻が母屋に、隠居夫婦が同じ敷地内の長屋に住み、数名の男女奉公人を抱え、ときには日雇を雇い、水田四町歩・畑一町歩ほどの手作経営を行っていた。水田は稲の一毛作が主であったが、一部は麦田で、米と大麦の二毛作を行っていた。畑では、冬作物の大麦・小麦・菜種、夏作物の木綿・大豆・莇豆・小豆・稗・粟・荏・煙草・芋・唐辛子・茄子・藍・大根、秋作物の蕎麦など多種の作物を栽培していた。菅谷家の家族は、冬場は麦作作業の合間に、男衆を中心に木の葉浚い・もや切り・薪伐りなどの山仕事に精を出した。二月には、村仕事の用水堀浚いを皮切りに水田稲作の作業が日々続く。堀浚いは川魚を採取する川狩りの機会でもあった。同じ頃、やはり村仕事で道普請も行っている。春から秋の間は、水田稲作と畑作のさまざまな農作業が重なる農繁期で、家族・奉公人がそろって野良仕事に出ている。とくに、裏作麦の収穫と畑作作業を同時に行う田植え期と、稲の収穫・脱穀調整と麦の播種が重なる出来秋《できあき》は、年間最大の労働ピークとなる。この間、水田作業がなくなる八月には、畑作作業を続ける一方で、簗《やな》での漁撈に忙しい。十一月・十二月は、麦の中耕を除くと農作業の手が休まる農閑期となるが、肥料作りに向けて木の葉浚いに勤《いそ》しんでいる。一年のうち四月・十月・十二月には当主と惣領息子が宇都宮へ米売りに出かけている。屋外の農作業の合間に、家族も奉公人も家内仕事に励んでいる。男衆は、縄ない・蓑作り・俵編み・草履作りなどの藁仕事、糸枠細工・駕籠作り・ざる作り・桶のたが掛け・釣瓶《つるべ》の立木拵《こしら》え・鎌研ぎなど道具類の細工・修理、屋根普請・堀普請などの土木仕事や諸施設の掃除をしている。女衆は、綿選《え》り・綿切・糸引き・機織りに時間を費やしている。石臼引きや土臼引きは男女の別なく行っている。家内で男女の分業と協業がなされていたのである。

菅谷家の最大の商品は米であった。ただし畑作物のなかにも販売用の作物が多く、雨天時や夜なべ仕事で作る藁製品、あるいは川魚も売り物となった。稲のなかには、良質の藁をとるための品種があったほどである。菅谷家は直接携わっていないが、芳賀郡には雑木で薪炭生産をする百姓も多かった。

このように百姓は食料農作物・工芸作物を栽培し、加工生産に従事し、山仕事・川仕事をこなし、大工や土木工事もでき、自ら販売活動・商売まで行った。地主に限らず小百姓に至るまで、百姓の生業は相当に幅広く複合的なものであり、地域特性に応じた諸稼ぎを組み込みつつ、多種の売り物を生み出していたのである（六本木・二〇〇二）。

百姓の生業選択――農耕から諸稼ぎへ　下野国芳賀郡の百姓は、十八世紀中期から十九世紀前期にかけての米価低迷期、それまで高価な魚肥を多投しながら維持してきた米作の比重を下げ、場合によっては田畑の耕作を放棄した。米価安の時代は、米を作らずとも飯米を安く購入することができた。百姓はとくに、地力が劣り水利条件が悪く、耕作に不便な村外れの田畑から順に耕作をやめていった。それらの多くが、十七世紀の開墾の波に乗って平地林を切り開き、過剰に造成された新田畑であった。年貢負担の重い耕地も優先的に放棄の対象となった。百姓は採算性を考えて、選択的に耕地を放棄していたのである（江藤・一九九五）。

同じ時期、芳賀郡では、農耕以外の仕事で現金を稼ぐ百姓が続々と登場している（平野・二〇〇四a）。小百姓にまで及んだ清酒需要を背景に、地主酒造家から酒を引き受け、小売り・居酒屋を始める百姓。帯刀風俗や剣術の流行を受けて研職《とぎ》を営む百姓。高騰する給金目当てに江戸や周辺の城下町・在郷町に奉公に出る百姓。都市風俗に対する憧れもあいまって武家奉公を志願する百姓。町場で地借・店借《たながり》して諸商売に乗り出す百姓。後背地の特産物の生産・流通が活発化するなかで、河岸場や荷継場へ赴き、交通労働者（船頭や付子《つけご》・馬方、日雇人夫）として働く百姓。以上のような百姓の姿が史料から確認される。

江戸の林産物需要に応えて、地主層が低山や平地林で材木や薪炭の生産・販売を進めると、その下で植林・育林に従事する百姓や杣《そま》・木挽《こびき》となる百姓が増えていった。耕作の放棄された荒畑には樹木が植え付けられ、材木や薪炭など商品生産の場として利用の転換が図られた。これには、荒畑を元の平地林に戻し、水田作・畑作と山野の調和・連環を取り戻し、生産環境を回復させる効果もあった。また、水田地帯の内水面を舞台に川漁に励み、ウナギやスッポンを売って代価を得る百姓も多かった。

米作が停滞する時期、芳賀郡では、集散地真岡の名前を冠した真岡木綿の生産・販売が勢いを増した。真岡木綿の生産地は下野国南部に限らず常陸国西部にも及び、最盛期の文化～天保期（一八〇四～四四）には年間三八万反が江戸に移出された。一八一九年（文政二）の芳賀郡西高橋村では、百姓家九六軒のうち七七軒で女性が木綿を織り出し、一軒当り一年に銭三貫～五貫四〇〇文ほどを稼いでいた。勤勉な女性は月に三、四反もの綿布を織り出したという。これで得られる収入と当時の米価を比較すると、女性一人が一ヵ月に生産する木綿の額が米一石分ほどの価額に相当したことがわかる。商品としての木綿の有利性は著しく、家計の重要な柱として女性の地位が高まっていた。さらに、真岡木綿の隆盛に伴って畑での綿作が増大し、綿繰・綿打・糸引（紡績）・晒などの加工工程で賃銭を

図17　真岡木綿製法図

稼ぐ百姓も増えてきた。西高橋村では、百姓家の惣領息子が米作を見限り、技術を身に付け、綿打稼ぎに没頭する事例が見られる。肥料高・米価安で採算の合わない米作よりも、木綿加工に従事する方が有利で魅力ある稼ぎになったのである。村々を回って木綿を集荷し、仲買商売を始める百姓も現れた。真岡木綿の隆盛の背景には、米作への意欲を弱め、木綿の生産・加工・流通に関わって稼ごうとする百姓の強い意志があり、米作から綿作・加工へという百姓の労働力移動が存在したのである。

　百姓の生業はもともと、田畑耕作に諸稼ぎを組み合わせた複合的なものであった。同時に百姓は、農業生産・販売が不振に陥った場合、暮らしを安定・向上させるために農耕をやめ、耕地を手放し、村を離れることも辞さなかった。いろいろな農産物の市場動向、労賃の変化、諸種の稼ぎの有利不利を見極め、経済状況の変化に機敏に対応して生業を柔軟かつ自在に変化させていたのである（米価が上がる幕末期には、村に帰り米作へ回帰する百姓が増加）。こうした判断力・行動力も近世の百姓の力量として評価しなおす必要があろう。重要なのは、百姓が農耕の収入だけで生計を維持できず、やむにやまれず諸稼ぎを始めたのではなく、就業機会や収入獲得の拡大に引き付けられ、自ら積極的に諸稼ぎに打って出たということである。

ただし、村役人が村内百姓の出奉公を容認し、領主に許可を求める事例が証明するとおり、農耕を離れ村を出る百姓の行動を村が後押ししていたことも軽視するわけにはいかない。村は、村のパイが小さくなるなかで百姓を過剰に抱え込むことを避け、不利になった米穀作の規模を縮小し、余った労働力をより需要の高い奉公や有利な稼ぎへと押し出していたのである。村自体が労働力市場の変化に適切に対処し、村の百姓数・耕作規模を自在に伸縮させ、労働力資源の有効活用を図っていたといえる。村は合わせて、米穀作の放棄・縮小の実態に応じた荒地公認・年貢減免を願い出、村の負担の軽減に努めている。

文化・文政期（一八〇四～三〇）の畿内農村でも、下野国芳賀郡と同様の事態がいっそう色濃く生じていた。大和国奈良盆地の村々では、農業経営が不振となる一方で、小百姓が木綿織稼ぎや駄賃稼ぎに邁進し、小商いや町方奉公、繰綿稼ぎなどで近国へ出る百姓が増大していた（谷山・一九八二）。農業奉公人の給銀も高騰し、百姓の脱農化が急速に進んでいたのである。

Ⅵ　近　代

1 地租改正と農業

官の地価押し付け　一八七六年（明治九）晩秋のある日、京都府南桑田郡勝林島《しょうりんじま》村では、緊迫した空気が流れていた。京都府から出張してきた地租改正掛《かかり》の官員が、村の地主を前に、「官の決定に不服のものはそのまま、異議なきものは低頭せよ」とせまっていたのである。

京都府では、一八七五年（明治八）八月の地租改正人民心得書を契機に、本格的な地租改正作業が始まっていた。勝林島村でも、区戸長や村の評価人により、一八七五年の秋から翌年春にかけて地押《じおし》丈量《じょうりょう》（一筆ごとの土地面積・境界の確定とその所有者の確認）が行われた。おそらく農閑期にあわせてこの作業を行ったのであろう。地押丈量は改正事業の基礎作業であり、最初の山場となる作業であった。区戸長や村の評価人は、測量のやり方を教わり、実地の稽古を行った後に、本番の丈量に臨んだ。地押丈量が終わると、田畑の収穫高、いわゆる地位等級を決める作業に入った。基準となるのは九等級上中下二七段階に分けた等級別収穫高（石盛《こくもり》表）である。それを基準に、村人の投票により田畑の地位等級を一筆ごと確定していった。

勝林島村では以上の改租作業の結果を取りまとめ、京都府に提出したのであるが、京都府からは再調査を命じられることになる。官員が言うには、先だって提出された収穫見込額（反収）は旧石高に比べて低すぎる、それはその基準になっている等級別収穫高が低すぎるからだ、というのである。再調査を命じられた村では、その後連日地主が集まり衆議を重ねたが、結論が得られないままであった。

ついに、地租改正掛官員が巡回出張し、「官の決定に不服のものはそのまま、異議なきものは低頭せよ」と上述の場面となったのである。官員が地主に飲ませようとしていたのは、等級別の収穫高をそれぞれ五割ほど大きく引き上げる、そのかわり総反別は二割ほど縮小してもいいという案（差引すると、地価や地租額が引き上がることになる）であった。実は、改租作業を担当した村の評価人は、丹波近隣他村と申し合せのうえ、反別は有畝《ありせ》（縄延《なわのび》や隠田《おんでん》などのない実際の反別）どおりに報告するが、そのかわり等級別収穫高を低くする、という配慮を加えていたのである。官員に諾否をせまられた村の地主たちは、皆一斉に低頭した。勝林島村の地価・地租が決まった瞬間であった（以上、大蔵省編・一九七九、関順也・一九五八・一九七二、亀岡市史編さん委員会編・二〇〇四）。全国各地の地租改正事業で見られた官による強引な地価決定・押し付けの典型的な一場面である。

画期的な地租改正事業　地租改正は、太閤検地以来のもっとも大きな土地制度改革であるとともに、画期的な税制改革でもあった。明治の初年、地税（地租改正終了までは江戸時代と同様の年貢徴収が行われていた）は、政府通常歳入の八割余を占める政府財政の大黒柱であり（三和・原編・二〇〇七）、地税なしには何もできない状態であったから、地税改革は緊急課題であった。

では、旧貢租の何が問題だったのだろうか。江戸時代の米納年貢の根本問題は、地域的不統一であった。江戸時代は、天領私領間あるいは私領間で年貢率が異なっており、公租の不公平は甚だし

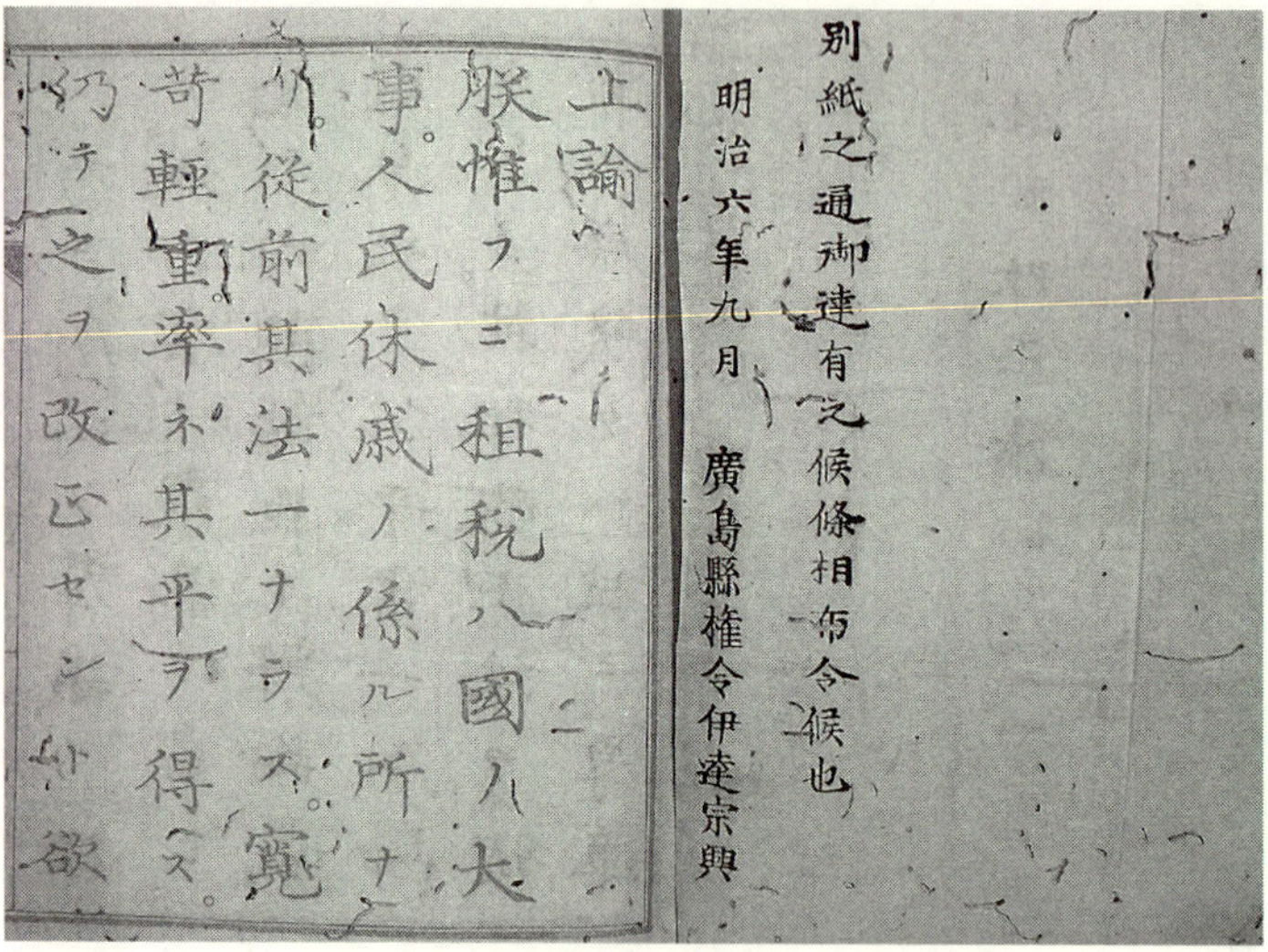
別紙之通御達有之候條相布令候也
明治六年九月　廣島縣権令伊達宗興

上諭
朕惟フニ租税ハ國ノ大事人民休戚ノ係ル所ナリ従前其法一ナラス寛苛軽重率ネ其平ヲ得ス。仍テ之ヲ改正セント欲

図1　1873年地租改正法（上諭）

かった。これが百姓一揆の原因ともなった。加えて、米納がメインとはいえ畑地まで含めると年貢の種類は多様で、かつ複雑でもあった。これらの点は、国民の税負担の公平性から見ると大きな問題であった。米納年貢は米価の変動リスクから農民を守るという意味では有効であったが、国側からすると、時々の米価水準で歳入金額が変わるという、近代的予算制度からすると受け入れがたい制度でもあった（三和・一九九三）。地税の近代的変革は、近代化を進めるうえで避けて通れない課題であった。

地租改正の内容は、①地押丈量による一筆ごとの地価と土地所有者の確定、②土地所有者への地券の発行、③土地所有者から地価の三％（一八七七年に二・五％へ減租）の金納地租の徴収、である。このことは地租改正により近代的土地所有権が確定することを意味した。近代的土地所有権のもとでは、土地に対する権利をもつのはただ一人であり（「一地一主」原則）、その権利者（所有者）がその土地に対する絶対的排他的な権限をもつことを意味した。明治政府にとって悩ましかったのは、地租改正が旧武士の家禄と関わらざるをえなかった点である。うまく処理しないと、武士の不満に火をつける可能性があった。江戸時代の土地所有は、重層的な土地所有関係のもとにあった。領主は土地に対して年貢を徴収する権利をもっていたし（領有権や領主権と呼ばれる）、農民は実際にその土地を支配し農業を行う権利をもっていた（所持権や占有権と呼ばれる）（例えば、中村哲・一九九二）。つまり、地租改正における最大の問題は、近代的土地所有権を領主側に与えるのか農民に与えるのかであった。

日本の地租改正が世界史的に見ても画期的であったのは、地租改正により農民に近代的土地所有権を認めた点にあった。英仏独など西欧の近代的土地改革ではおおむねなんらかの権利が領主側に認められていたが、日本の地租改正では領主権の近代的土地所有への転化は一切認められなかった。この点は、もっとも進歩的と見られているフランス革命以上に徹底していたのである（中村哲・一九九二）。これが可能であったのは、江戸時代には転封《てんぽう》（国替）による大名統制が行われたように、領主の在地性が弱かったことによる。言い換えると、江戸時代の領主権は、在地性を弱め家禄という存在に昇華し、単なる年貢の取分になりつつあった。したがって、家禄と土地との分離が比較的容易に行いえたのである。土地と切り離された家禄は秩禄処分によって公債で解消されることとなった。明治政府は、土地所有に関わる封建的特権をうまく処理できたといえる。

近代的土地改革は、その後の近代社会の性格に影響を及ぼすことになる。日本の場合、領主権の近代的土地所有への転化が認められなかったため、近代社会において旧封建領主の大土地所有が見られなかった。かつ、農民所持権に近代的土地所有権が与えられたため、土地所有規模の格差は比較的小さかった。秩禄処分により、一部華族層は大資産家となったが、全体としては比較的フラットな社会構成となった。そのこともあり、「立身出世」の機会は広く開かれており、階層間の流動性も高く、経済的活力を生み出しやすい社会となったのである（坂根・二〇〇二）。

地租の重課　地租改正における政府の基本方針は、新しい地租総額をできる限り江戸時代の年貢総額と同等にすることであった。ところが、先行した改租事業の結果から推測すると、かなりの減収になる見込みが明らかとなり、政府は官僚組織と改租のやり方を根本的に変更することになった（一八七五年の地租改正事務局の設置）。その際に導入されたのが、地位等級制といわれるやり方であった。政府の期待する地租総額になるように、政府のほうから府県の平均収穫額（予定税額）を示し、あらかじめ決めておいた各郡・各村の等級（郡位、村位と呼ばれる）や村内の等級別収穫高（地位等級）をそれに合わせて決めていくというものであった。要するに、政府の予定額を前提に、上（政府）から下（村）へと平均収穫高（予定税額）を割り振っていくというものであった（例えば、佐々木・一九八九）。このように、府県ごとの予定額が決まっていたために、冒頭に示したような、官による地価の押し付けが全国的に生じたのである。

しかしながら、全国的には、勝林島村の地主のように、官に「低頭」した農民ばかりではなかった。

なかには「伊勢暴動」のように改租事業への強い抵抗を示す地域も少なからず存在した。折からの不平士族の反乱もあり、政府は地租率を三%から二・五%に引下げることで対応せざるをえなかったのである。

地租率が二・五%になったとはいえ、農民の地租負担は重かった。例えば、農業部門の直接税負担（地租がほとんど）を見ると（表1）、明治中期の一八九〇年（明治二十三）でも八五%ときわめて高い。非農業部門が負担する部分は一五%にすぎない。明治前期には農業部門負担分はもっと高かったに違いない。ある推計は、明治前期（一八七八〜八二年）の農業部門負担分が九一%としている（恒松・一九五六）。このことは、殖産興業資金（初期工業化資金）を農業部門が負担したことを端的に示している（石川・一九九〇）。あわせて租税負担率（部門別純国内生産額に占める租税負担割合）を見ると（表1）、農業部門は一二%であるのに対して、非農業部門は二%にすぎない。この状況は、工業化の急速な展開により徐々に解消されていくとはいえ、少なくとも明治期の税制は、地租の重課による、まさに農業収奪的なものであったとい

表1　農業･非農業における租税負担率比較

（単位：%）

	農業部門の直接税負担割合	租税負担率	
		農業部門	非農業部門
1890	85	12	2
1900	72	12	3
1910	51	13	6
1920	36	8	6
1930	30	14	6
1937	18	7	7

出典：大鎌・1995。
注1）間接税は推計できないため含んでいない。直接税は国税・地方税。推計を含む。
2）農業部門の直接税負担割合は、直接税総額（国税・地方税）に占める農業部門の占める割合である。残余は非農業部門が負担している。
3）租税負担率＝産業別直接税負担額／産業別純国内生産。

えよう。

「村」による土地改革

地租改正では、地押丈量をはじめ、地租改正の主な作業は農民の手で農民持ちの費用で行われた。勝林島村の事例で見たように、丈量は村人（区戸長と村で選ばれた評価人）の手でなされたし、その後の地価決定の過程も同様であった。官は最後に改租結果を検査するというやり方がとられた。費用も村財政から支出された（民費と呼ばれている）。このようにしたのは、公租増徴を疑う農民の抵抗を避けるためだったと見られているが（例えば、佐々木・一九八九）、本来政府の負担で行われるべき改租作業が民費で行われたわけであり（すべてではないが）、政府にとってはその分かなりの安上がりな改租作業となった。

加えて、ここで注目しておきたいことは、村人の手で改租作業が行われたことにより、かなりのコストが削減されたことである。実際の地押丈量や地価決定の過程では、いろいろな紛争や問題が村人間で生じたであろうことはまちがいない。もし、官が直接に改租作業をやっていれば、それらの紛争や問題の解決のために相当な時間や労力がかかったに相違ない。村人の了解を十分に取らずに問題を処理すれば、村人に憤懣が蓄積され、また新たな問題を生んだであろう。しかしながら、実際には、江戸時代以来の「村」に改租作業を任せたことにより、これらの問題をうまく回避することができたのである。江戸時代以来の「村」が存在していたので、これらの紛争や問題はすべて「村」内で村人の了解のもとに処理することができたからである。成熟した「村」社会は、土地をめぐる村人間の問題をうまく処理する術を身につけていたのである。この「村」の調整機能は、地租改正をスムーズに進めるうえで重要な役割を果たした。この点でも、政府は、大いにコストを節約できたのである。「村」による土地改革は、日本独特の特徴である。以下では、これに関わる日本的な家族制度と村落社会について概観しておこう。

日本独特の家族と村落　日本農村社会、ひいては日本社会を理解するうえで、日本独特の家族制度と村落社会は重要な意味をもつ。本章で特に強調しておきたいのは、この日本独特の家族制度（日本的な「家」）と村落社会（日本的な「村」）の日本農業に対してもつ経済的意義である。

近世社会は、世界にも珍しい「家」制度という日本独特の家族制度を生み出した。この日本的な「家」は、伝来の家産を基礎に家名・家業を継承していく血縁を主とした集団である。先祖伝来の家名・家業・家産を、子々孫々に至るまで継承させていく制度的志向性をもつところに最大の特徴がある（中根・一九七〇、大竹・一九八二、水林・一九八七、坂根・一九九六など）。家族形態としては、一世代一夫婦がつながった直系家族形態をとる。「家」制度は十七世紀の後半以降一般的に成立したが、その成立要因についてはいまだに明確な説明はなされておらず、今後の課題となっている。相続には地位の継承と家産の継承の二側面があるが（中根・一九八七）、「家」制度では地位の継承と家産の継承が完全に一致した長男（長子）単独相続であるところに特徴がある。したがって、「家」は長期間にわたり固定的である。

この「家」を基盤に小農経営（家族労働を基本とした農業経営）が営まれるわけであるが、同じ地域で同じ「家」がいく世代にもわたり生産・生活をするのであるから、地域内の「家」と「家」、ある

表2　農業生産額（当年価格）　（単位：%）

	米	麦	雑穀	いも	豆	野菜	果実	工芸作物	養蚕	畜産	その他	総計
1874〜1880	57	10	3	3	4	4	1	9	7	1	2	100
1881〜1890	52	10	3	3	4	5	1	9	9	2	2	100
1891〜1900	52	11	3	3	4	5	1	7	10	2	2	100
1901〜1910	51	10	2	3	4	6	2	6	11	3	2	100
1911〜1920	51	10	2	4	3	6	2	5	13	3	2	100
1921〜1930	48	7	1	3	3	7	2	5	16	5	2	100
1931〜1940	47	9	1	4	2	7	3	6	12	6	2	100

出典：梅村他編・1966。
注：その他は、緑肥飼料作物・藁製品。

いは「家」々と農地・原野・山林との間には濃密な社会関係が形成されることになる。これが日本的な「村」である（川本・一九八三、坂根・二〇〇二など）。日本的な「村」は、生産や生活で村人（「家」々）が常に結び合うことになる地縁的な組織であり、個別農家を統合していくような自治的機能をある程度備えていた。日本的な「村」は、他村と区別する村境をもち、「村」の領域をもっていたところに特徴がある（川本・一九八三、斎藤仁・一九八九など）。この点が、他のアジア諸地域と日本の村落を区別する特徴の一つでもある。

以上の、日本的な「家」や「村」は日本農業・日本経済の発展と深く関わることになった。地租改正については上述したが、本章では、この「家」と「村」が日本農業に対してもつ意義について、それぞれ関係するところで述べていくことにしたい。

農業生産の動き　ここでは、農業生産についての基礎的データをもとに戦前期日本農業の基本構造を見ておこう。

明治期にはどのような作物が作られていたのであろうか。表2が近代日本における農作物の変遷（価格による相対比）である。中心はいうまでもなく米穀である。明治前期では全体の六割近くを占めている。次いで、麦（大麦・裸麦・小麦・燕麦《えんばく》）と工芸作物（茶・胡麻・綿花・藍・煙草・砂糖黍・菜種《なたね》・藺《い》・甜菜《てんさい》など）は一割、養蚕は一割弱である。雑穀（粟・黍《きび》・稗《ひえ》・玉蜀黍《とうもろこし》・蕎麦など）、いも（甘藷・馬鈴薯）、豆はいずれも三〜四％であった。この時期は、混食（米のほかに、麦・雑穀・いもなどを主食とすること）の割合がまだかなり高かった。表3が、一八七八年（明治十一）に大蔵省が各地に派遣した吏員の「各地方歴観記」による米食率である。それによると、地域により、まだかなりばらついていたが、米のみを主食としている地域はまだ存在しないことがわかる。畿内近国や中国地方では五〇％を越える地域が多くなっているが、それ以外の地域では三割前後のところが多くなっている。米以外の部分は麦・雑穀・いも・その他（大根・南瓜など）である。一〇年ほど後の、平野師応編『農事統計表』（大日本農会、一八八八年）は、明治前期で米食率は五割程度と報告している（小野・一九四一、大豆生田・二〇〇七）。

表3　米食率（1878年）

播磨国 30%	若狭国 70%
三重県 50%	越前国 70%
駿河国 29%	因幡国 60%
長崎県 25%	伯耆国 55%
肥前国 20%	隠岐国 30%
壱岐国 10%	備後国 70%
茨城県 50%	土佐国 28%
伊豆国 70%	阿波国 25%

出典：小野・1941。

この作物構成は昭和期までに徐々に変化していく。野菜・果実・養蚕・畜産が拡大し、米・工芸作物が比重を落としていった。特に、米穀の相対的比重の低下が目立っていた。このように伝統的な食生活パターンが急激に変わったわけではなかったが、それでも長期的にみると、食生活の洋風化ともいうべき都市化の影響が進展していたといえよう。

戦前の農政学者横井時敬《ときよし》（一八六〇〜一九二七年、東京帝国大学教授）

表4　農家戸数・農業就業者数・耕地面積・米穀生産量の変化

	農家戸数	農業就業者数	耕地面積		米生産量
			田	畑	
1876～1885	100	100	100	100	100
	千戸	千人	百町	百町	千石
(実数)	(5,497)	(14,644)	(27,303)	(19,692)	(33,720)
1881～1890	100	99	101	103	109
1886～1895	99	98	102	106	117
1891～1900	99	97	103	111	118
1896～1905	100	97	104	117	124
1901～1910	100	96	106	123	138
1906～1915	100	96	108	132	152
1911～1920	101	95	110	140	165
1916～1925	101	95	113	143	172
1921～1930	101	95	115	140	176
1926～1935	102	95	117	140	178
1931～1940	102	94	118	144	185

出典：梅村他編・1966。

は、戦前日本農業の三大基本数字として、農家戸数五五〇万戸、農業就業人口一四〇〇万人、農地面積六〇〇万町を挙げていたといわれるが(東畑・一九五六)、表4によると、このうちもっとも変化が少なかったのは、農家戸数であったことがわかる。明治前期で五五〇万戸、その後明治中期にかけて若干減少するが(最小でも五四四万戸)、明治後期からはやや増加し始め、昭和戦前期には五六〇万戸となっている。ほとんど不変であったといっていいであろう。このように農家戸数がほとんど変化しないのは、上述した日本的「家」制度によるところが大きい。

それに比べ、農業就業人口と農地面積の変化は比較的大きかった。農業就業人口は工業化の進展により徐々に減少していっている。明治前期の一四六四万人(一〇〇。以下、カッコ内は指数)が昭和期まで一貫して減少し、昭和戦前期には一三七三万人(九四)となる。したがって、一戸当り農業就業者はやや減少していったことになる。農地面積は、明治前期の四七〇万町（一〇〇）から昭和期の六〇四万町（一二九）へと大きく増加している。個々の農家の開墾努力と耕地整理法（一八九九年）・開墾助成法（一九一九年）などによる政府の開墾誘導的政策によるところが大きい。先に挙げた農地面積六〇〇万町という数字は、だいたい大正期から昭和期の概数であった。農家戸数の一定、農業就業人口のやや減少、農地面積の比較的大きな増加により、農家一戸当り農地面積や農業就業者一人当り農地面積は、明治前期から昭和期にかけて三割ほど増大していった。このことは、戦前期の農業労働生産性の増大に大きく寄与した。この点については、後にふたたびふれたい。

「家」と農業生産力の向上　江戸時代以来、日本農業の発展を支えてきたのは、日本的「家」を基盤とする小農経営であった。上述したように、日本の小農経営は明治初年において地租重課によるかなりの収奪を受けていた。それは殖産興業政策によって初期工業化のための資金へとまわされた。この状況は、初期工業化資金の農業からの純資源流出としてモデル化されているが、どこの地域（とくに途上国）でもこのモデルが当てはまるわけではなかった（石川・一九九〇）。途上国であった明治期日本で注目すべきなのは、この地租重課に耐えうるだけの小農経営の成熟が見られた点である。もし小農経営が脆弱であれば、この負担に耐えられず、押しつぶされてしまったであろう。では、明治期日本の小農経営がこれだけの足腰の強さを獲得しえていたのには、どのような秘密があるのであろうか。ここでは日本的「家」の視点からこの点について見ておきたい（坂根・二〇〇八）。

日本的「家」は系譜的に固定しているところに特徴がある。「家」制度のもとでは、相続は長男単独相続であったから、土地財産とともに親の世代までに蓄積されてきた資本や技術・経営知識などが、そのまま次世代に引き継がれることになる。親世代までの農業経営がそっくりそのまま次世代に連続していくのである。この点が重要である。

この重要性は、分割相続地帯の農業経営と比べると明らかになる。アジアでは、鹿児島地方から奄美諸島、沖縄、そして朝鮮、中国、東南アジア・南アジア諸国へと、すべて分割相続地帯である（坂根・一九九六。このうち、中国と朝鮮は宗族《そうぞく》や門中《ムンジュン》という父系血縁組織をもつ。沖縄も父系血縁組織である門中《ムンチュウ》の組織化が進んだが、歴史は浅い。父系血縁組織は分割相続形態をとる。その他の地域は一部を除き、父系・母系といった系的関係 lineality が存在しない双方社会である）。これらの地域では、農業経営は世代ごとに分裂・断絶してしまうのである。分割相続ゆえに、世代交代ごとに土地財産は分割され（男女分割か、均分分割かは地域によって異なるが、分割相続であることには変わりない）、親世代までに獲得された経営資本や知識・技術は分散してしまう。それらが次世代に継承されることもあるが、日本のようにそっくりそのまま継承されることは難しい。これを二〇年から三〇年ほどの世代交代ごとに繰り返すことになるのである。また、分割相続地帯は一般に農民の流動性が高い。短期的に職業を変える場合が多く、一世代にわたって農業に就業するかどうかも不確定であった。このような状況では、小農経営はなかなか安定的にならないだろう（とくに、東南アジア・南アジアでは日本よりも多就業であったため、もともと農業のもつ比重は日本よりも小さい）。日本の人々は日本のような農業経営の世代間継承を当然のことと認識しているが、実はそうではないのである。

図2　野良の農民

また、土地や経営資本をそっくりそのまま次世代へ受け渡していく日本では、土地改良投資など、その投資分を長期にわたり回収しなければならない長期投資も、積極的かつ安心して行いえた点も重要である。農業経営が断絶することがないからである。むしろ「家」制度のもとでは、財産を増やして次世代へ受け渡していこうとする意欲が強かったから、土地の価値を増す土地改良投資には積極的であった。

加えて、日本の「家」制度が、農民の勤勉主義や勤労主義の源泉となった点も重要である。「家」制度のもとでは、家業としての農業や家産としての土地に対する特別な観念が形成された。「家」が存在しない他のアジア諸地域では、このような特別な観念が形成されることはない。したがって、日本の場合、家業としての農業から離脱することや家産としての土地を一部でも失うことには強い抵抗が生じた。先祖から受け継いだ家業・家名・家産を子々孫々にまで受け渡していくことがもっとも重要なことがらだったからである。そのことから「家」ができる限り繁栄するように、「家」が経済的に傾いたりすることがないように、との強い意志が醸成された。江戸時代以来の、星を戴《いただ》いて（早朝から晩まで）働くわが国農家の勤労・勤勉へのインセンティブは、「家」の繁栄と永続にあったのである。それは、農民を日々の勤勉主義・勤労主義へと導いていくことになった。これを農民は通俗道徳として内面化していった（安丸・一九七四）。わが国の「勤勉革命」（Industrious Revolution）（速水融・一九七九）を、ここに見出すことができよう（中村哲・二〇〇一、坂根・二〇〇八）。

以上の点が、足腰の強い小農経営が成立することができた枠組みであったといえよう。地租重課に耐えうる小農経営が成立しえた要因の一つであった。

地主小作関係拡大の条件　この足腰の強い小農経営を基盤に成立したのが小作制度（地主小作関係）であった。足腰の強い小作経営（小農経営）が成立していたことが、わが国において地主小作制度が拡大していった第一の要因であった。小作人というと、地主に虐《しいた》げられる貧しい農家のようなイメージで語られることが多いが、それは一面的であろう。小作制度の基盤になったのは、経営的に不安定な（経営規模の小さい）貧しい農家ではなく、比較的経営規模の大きい中層農・上層農であった（荒木・一九八五）。そもそも経営的に不安定な小作農では、小作料が安定的に支払えないため小作制度の基盤にはなりえないであろう。

この点を、分析対象時期は少し後になるが、『米生産費調査』（帝国農会）の分析により確認しておこう。表5は自小作別にデータの取れる二つの期間（全国平均）の玄米収量、粗収益、労働生産性を

表5　自小作別の生産性比較

	1922～1924平均			1937～1944平均		
	自作農	小作農	小作／自作	自作農	小作農	小作／自作
平均経営面積（反）	12.6	10.6		18.0	16.0	
玄米収穫量（石）	2.45	2.49	102	2.38	2.37	100
粗収益（円）(a)	87.14	88.88	102	118.7	118.5	100
労働日数(b)	21.93	22.47	102	20.66	19.98	97
労働生産性(a)／(b)	3.97	3.96	100	5.75	5.93	103

出典：川越・1995。

自作農と小作農について示している。これを見ると、玄米収量、粗収益、労働生産性のどの項目で見ても、両期間ともに自作農・小作農の間にほとんど格差のないことがわかる。一九二二～二四年では、小作農のほうが上回ってさえいたのである（川越・一九九五）。このように、小作農は自作農と比べて遜色は見られないのであり、自作農に比べて小作農が生産力的に劣っていたわけではないことがわかる。この小作農の生産力的な強靭さは、他地域と比べての、日本農業の特徴であった。小作農家は、日本的「村」の構成メンバーとして、日本的「家」を基盤とした足腰の強い小農経営であったことには変わりはなかったのである。

日本において地主小作関係の拡大を可能にした重要な要因がもう一つあった。農民どうしの強い信頼関係である。日本的「村」社会では、「村」内の農家間には、生産・生活における非常に濃密な社会関係が形成されていた。それは農民どうしの信頼関係を非常に強いものにした。そこでは、「村」社会の集団的規範が形成され、村人間に相互規制が働いていた。これは、地主からすれば、小作人に土地を貸しても、小作人は、「村」の道理（集団的規範）に従い、ちゃんと小作料を納入してくれる、むやみに滞納しない、小作地を荒らさない、ということを確信できる関係である。これにより、地主は小作人に安心して（つまり、長期的にかつ安定的に）所有地を貸し出すことができたのである。もっとも、この「村」の集団的規範は地主をも規制することになるのであり、地主も、「村」の道理に反して、むやみに高い小作料を取り立てない、規範に反して小作地を引き上げないという集団的規制を受けることになった。いわば、この「村」社会の集団的規範は、地主小作双方への地主小作関係におけるモラルハザードの抑止として機能したのである。この信頼関係が基盤となり、日本においては地主小作関係が広範に拡大していったのである。その意味では、この信頼関係は、いわば、「社会資本」としての役割を果たしていたのである（坂根・一九九九）。

加えて、この信頼関係の強さは、小作人が小作地を借りる相手方地主を複数にすることを可能にしたと思われる。小作人が何人の地主から小作地を借りていたのかについては、これまで、この点への関心が弱く実証事例がきわめて少ない。それでも昭和戦前期には協調会の調査がある。それによると、一人の小作人が小作地を借りている相手方の平均地主数は三人から四人であった（坂根・一九九九）。江戸時代後期の畿内の事例では、小作人の相手方地主数は平均一・五人で（なかには相手方地主が五人の小作人もいた）、一人地主の小作人割合が六割ほど（協調会調査による昭和戦前期では一割弱）であったので、昭和戦前期よりも相手方地主数はかなり少なく、かつ一人地主の小作人割合が高かった。明治以降、相手方地主数が多くなっていったと考えられるが、これは、明治以降の小作地率の拡大とともに相手方平均地主数も多くなっていったためと考えられよう（以上、斎藤修・二〇〇九）。ただ、上記の江戸時代後期の事例でも相手方地主五人の事例もあったので、江戸時代にも信頼関係の強い日本的「村」のもとで、複数地主からの借地は可能であったと思われる。つまり、信頼関係の強さが相手方複数地主を可能としていたのである。小作人にとっては、そのほうが、一地主の意向で経済的に一気に窮地に陥ることがないという意味では有利であり、合理的であった。

地主小作関係の拡大　以上は、日本において地主小作関係が展開する前提条件であったが、では具体的に近代日本ではいかなるかたちで地主小作関係が拡大していったのであろうか。

地主小作関係が拡大していく制度的枠組みを形成したのは、地租改正による近代的土地所有権の確立と金納地租への移行であった。土地の売買譲渡が自由となり（土地の商品化）、地租の金納固定化は、米価の上昇が地主・自作の利益（可処分所得）を増大させる構造をもたらした。つまり、地主小作関係拡大（土地投資）の制度的枠組みが確定したのである。

表6　田畑地租率の変遷

（単位：%）

1873	3.0	1910	4.7
1877	2.5	1915	4.5
1899	3.3	1931	3.8
1904	4.3	1940	2.0
1905	5.5	1944	3.0

出典：佐藤・2002。
注：1931年以降は賃貸価格に対する税率。それ以前は地価。

幕末から明治前期における地主小作関係の拡大を全国的に跡付けることは資料上できないが、一八七三年（明治六）の小作地率は二七%（全府県平均）と推計されている。その後、地租改正を経て、松方デフレ最中の一八八三年（明治十六）に三六%、一八九二年（明治二十五）に四〇%、一九〇七年（明治四十）に四五%と拡大していった（古島編・一九五八）。とくに、日清戦争頃までの拡大が目立った。米価は、松方デフレ後から日清戦争頃までは、当年価格（名目価格）でも、物価上昇分を調整した実質価格でも、右肩上がりで上昇していたし、また、地租率も日露戦争期までは大きく引き上げられなかった（表6）。土地投資が有利になり、活発化する条件は揃っていたのである。小作地率の最高は一九二九年（昭和四）の四八％であったから、明治末までではほぼ昭和初期の最高水準近くにまで達していたといえる。

このような地主小作関係の急拡大の、一つの画期となったのは、松方デフレであった。一八七〇年代は大隈財政による積極政策がとられ、一八七〇年代後半には国立銀行設立ブームと西南戦争が加わり、不換紙幣が増発された。その結果、インフレが生じ、紙幣価値が減価するとともに、銀貨との間に比較的大きな打歩《うちぶ》（価格差）が生じ始めていた（三和・一九九三）。米価についてみると、一八七七年（明治十）に一石当り五円であったのが、インフレの進行により、一八八一年（明治十四）には一一円と倍以上に騰貴した。ところが、その後、松方デフレを経て、一八八七年（明治二十）には再び五円へと逆戻りしたのである。この十年余りの短期間に、米価は二倍になり、また元に戻ったのである。インフレの米価上昇局面では、地租は金納で固定されていたため、販売米を比較的多く所有する地主や自作にとっては、まさに黄金時代となった。衣服・飲食・家屋・家具など農村生活は華美贅沢を極め、生活水準は大きく向上したのである（大豆生田・二〇〇七）。

ところが、この状況は一八八一年（明治十四）以降の松方デフレで一変する。デフレの米価下降局面では固定された金納地租の重みは増すばかりであった。一度向上した生活水準をすぐには元に戻すこともできず、加えて紙幣整理のための財政余剰捻出のため、間接税も増徴されていた。この過程で農民経営は悪化し、所有地を手放す農民も多くなった。耕地売買率（耕地地価に対する売買耕地地価の割合）は、一八八三年（明治十六）の三・八％から一八八五年（明治十八）には五・二％に増加しており、土地移動が増大していることをうかがわせる（古島・一九六三、三和・一九九三）。地主小作関係が拡大していったのである。

このような地主小作関係の量的な拡大とともに、質的な変化も見られた。江戸時代は村請《むらうけ》制がとられていたため、地主小作関係もかなり公的な性格を強くもっていた。江戸時代の小作地の年貢納入方法には、小作人が小作料（年貢分と地主作徳分）を地主宅に納める場合もあったが、このような方法とは別に、小作人が小作料（年貢分と地主作徳分）を村役宅または郷倉に納める場合（地主作徳分はその所で地主に渡す）や、小作人が小作地の年貢分をただちに村役宅または郷倉に納め、地主作徳分は別途地主宅へ運ぶ場合があった。その意味では、小作人も年貢納入に直接に関わっていたのである（小野・一九四一）。これらはいずれも村請制下で確実に小作地の年貢分を確保するためにとられた方法であったが、村役や郷倉という「村」が、私的な地主小作関係に関与しているところに特徴があった。村請制のもとにあったため、村人からの年貢徴収は当然に「村しごと」であったが、小作料には小作地の年貢分も含まれていたので、小作料の徴収も「村しごと」の意味合いを強くもっていたのである。

地租改正事業の終了とともに、このような村請制は終焉を迎え、「村」が小作料徴収に関与することはなくなった。つまり、地租改正後は、地主は地租負担者として、小作料徴収に関する全責任を負うことになったのである。したがって、村請制終焉後、地主小作関係は不安定化し、流動的になっていった。政府が民間の地主小作関係に介入しなかったため、地主は独自に小作料徴収・小作人支配を安定的に制度化する努力を行わざるをえなかった。小作慣行調査（一八八五年）やその後の『農事調査』（一八八八年）などで、それまで平穏であった地主小作関係が、地租改正後、紛争を生じるようになったという報告を多く目にするようになるのは、この地主小作関係の再編過程を示していたのである。明治前中期に再編された地主小作関係が、第一次大戦後になると小作慣行として認識されることになる。それは、自由で排他的な近代的土地所有権を前提としたものであったため、しばしば地主の小作人支配の強烈さが前面に出ることになった。後に、一部の研究者は、それを封建的関係・半封建的関係と見まちがうことになるが、それはけっして封建的な社会関係ではなかった（以上、坂根・二〇〇二）。

2 農業・農村問題の登場

「難村問題」の登場　夏目漱石は、一九一二年（明治四十五）、長塚節の長編小説『土』の刊行に際して「たゞ土の上に生み付けられて、土と共に生長した蛆同様に憐れな百姓の生活」の「最も獣類に接近した部分を、精細に直叙したもの」という序文を寄せていた。続けて、それゆえに、けっして愉快で読みやすい作品ではないとしつつ、それでも、このような生活をしている人々が、我々と同時代に、しかも帝都からそれほど遠くない田舎（茨城県）に住んでいるという悲惨な事実を、ひしと一度は胸の底に抱きしめてみたら、これから先の人生観や日常行動のうえになんらかの参考になるだろうと、『土』の一読を奨めている。

『土』が刊行された当時、漱石のいう「蛆同様に憐れな百姓の」「悲惨な事実」が、農業・農村の行き詰まりとして問題化し始めていた。それは、「難村問題」として朝野の耳目を集めつつあった。一九一〇年（明治四十三）に設立されたばかりの帝国農会は、第一年度の調査事項として「中小農保護政策」を取り上げているし、社会政策学会（経済学者の唯一の集まり）が大会テーマとして「小農保護問題」を取り上げたのは一九一四年（大正三）のことであった。日露戦後を特徴付ける「中小農保護問題」＝「難村問題」の登場である。漱石が、「蛆同様に憐れな」農民の姿を一度は胸の底に抱きしめてみたら、その後の人生になんらかの参考になるだろうと序文を寄せたのは、そのような時代状況を背景としていたのである。

では、当時具体的に何が問題になっていたのであろうか。当時の「難村問題」は、農民疲弊・農村疲弊ということに集約される。

第一は、日露戦争を前後する増税である。政府は、莫大な日露戦争の戦費調達のために、大量の国債（外債が中心）を発行するとともに、大増税を行った。一九〇四年（明治三十七）、一九〇五年（明治三十八）と地租率を引き上げ（表6）、間接税を増徴・新設した。例えば、一人当りの租税負担額は、一八九一年（明治二十四）を一〇〇とし、物価上昇分を調整した指数で見ても、一九〇七年（明治四十）二一一、一九一二年（明治四十五）二六六と急激に増大していた（大島・一九五九）。これが、農民疲弊・農村疲弊の基本的な原因であった。

第二は、農家経営のもつ生来の不安定さである。この当時、各県農会で農家経済調査が試行的に行われる場合があったが、それらからいえることは、①家計収支がかなり不安定であることである。収支差引を見ると、余剰が残る年もあれば欠損の年もある。まったく安定的ではない。家族周期上での支出の多寡や家屋の普請、冠婚葬祭などの臨時的出費などで大きく左右された。欠損が出ると、預貯金など蓄えの取崩しか、借金でまかなわなければならない。②農家の家計収入は、田畑の収穫高とその価格水準に大きく左右されるという点である。収穫高は天候や災害に大きく左右され、不可抗力の場合が多い。農民の手の届かない問題であった。また、米価の高低は農家家計収入に直結した。米騒動につながった一九一八年（大正七）以降の米価急騰期までは、米価は低迷し乱高下していた。当年価格で見ると米価は右肩上がりになるが、物価変動分を調整すると、日清戦争頃から米騒動頃までの二〇年ほどは低迷していた。これが、租税増徴とともに、農民疲弊・農村疲弊のもう一つの基本的原因であった。米価の下落はたちまちに農家経済を圧迫し、農民疲弊を生んでいったのである。

第三は、都市文化の農村への浸透と若者の都市への流出である。後に述べるように、農村労働力の都市への流出は構造的に見られたのであるが、この時期以降は向都熱、教育熱による若者の都市への流出が、農村疲弊や農村の人材涸渇として問題視されるようになった。その際、都市・商工業との対抗的図式がことさら強調され、農村は都市商工業の圧迫による被害者として語られることが多くなった。これが日露戦後の特徴であった。例えば、農村の負担で（町村財政により）教育した多数の青年男女が町村を離れ都会文明に貢献することが、農村からはやりきれない思いでみられていた（小野・一九四二）。このような時代状況を受けて、農こそは国の基《もとい》であり、国家元気の源泉であり、優秀強兵の給源地であるといった、農本主義的な主張が目立って強くなっていった。学会でも、日本農政学（横井時敬・高岡熊雄など）と呼ばれる農本主義的色彩の強いグループが、一つの有力な潮流として登場してきた（坂根・一九八七）。

「難村問題」の背景　このような「難村問題」が登場する背景にあったのは、何であったのだろうか。まず、表7で、明治中期以降の経済成長の状況を見てみよう。明治期の農業生産高の伸び（年率）は、明治中期（一八九〇〜一九〇〇年）で一・四％、明治後期（一九〇〇〜一一年）で一・八％であった。こ

表7　経済成長の状況（伸び率・年率）

（単位：％）

	粗国民生産	農業生産高	製造業生産高
1890 〜 1900	2.7	1.4	4.5
1900 〜 1911	2.1	1.8	3.7
1911 〜 1921	3.8	1.4	6.5
1921 〜 1931	2.0	1.0	4.7

出典：新保・1995。

れに対し、製造業生産高の伸びは、明治中期で四・五％、明治後期で三・七％とかなり高く、農業生産高の伸びを大きく上回っていた。これは次の大正期（一九一一〜二一年）になるともっと拡がっていく（農業生産高一・四％、製造業生産高六・五％）。このように農業生産高の伸びは製造業部門と比べるとかなり見劣りしていたのである。このような農工間の不均衡な成長が基本的状況として進展していたのである。もっとも、もともと有機物生産である農業生産高は短期間にそう大きく伸びるものではない。年率一・五％〜二％の成長率であれば、農業生産高の伸びとしては大きい部類にはいる。その意味では、明治期の農業生産高は大きく伸びたと評価してもいいのであるが、問題は、それ以上に、製造業生産高の伸びがはるかに大きかったということである。

これだけ成長率に格差があると、しだいに農業部門の地位が低下してこざるをえない。この点は、純国内生産・就業者の割合や農業・非農業部門の労働生産性格差に明瞭に表れてくる（表8）。農業就業人口は明治前期で七割、明治後期でも六割を占めていたが、純国内生産では、明治中期ですでに五割を下回っていた。したがって、労働生産性比較（表中の(C)／(F)）では、農業部門は明治中期ですでに非農業部門の三割から四割程度でしかなかった。農工間における生産性の格差は予想以上に大きかったのである。

以上のように、農業部門と非農業部門にこれだけ開きが出てくると、早晩、農業・農村の行き詰まりが問題になってこざるをえない。明治初年には農業部門は生産物総額の六割を占め、就業者も七割以上が農林業であり、かなり農業国的な状態であったから（三和・一九九三）、その後明治中期頃までは農業・農村問題が表面化することはなかった。ところが、非農業部門の目覚ましい発展は、純国内生産においても農業部門を凌駕し始め、生産性の格差も広がり、相次ぐ対外戦争による増税も加わり、しだいに農業・農村問題が社会問題として表面化してくることになったのである。農業部門は、かつては非農業部門をサポートする側にあったのであるが、しだいに非農業部門にサポートされる側にその立場を移していかざるをえなくなる。この問題は今日に至るまで農業の基本的問題であるが、その最初の噴出が、日露戦後の「難村問題」・「中小農保護問題」であった。

表8　農業・非農業の生産性比較

	農業		非農業		労働生産性比較 (C)／(F)
	純国内生産割合 (A) %	就業人口割合 (B) %	純国内生産割合 (D) %	就業人口割合 (E) %	
1872 ～ 1880		72		28	
1885 ～ 1890	44	69	56	31	35
1891 ～ 1900	42	65	58	35	39
1901 ～ 1910	37	65	63	35	32
1911 ～ 1920	33	59	67	41	34
1921 ～ 1930	25	50	75	50	33
1931 ～ 1940	18	47	82	53	25

出典：大川他編・1974、梅村・1973。
注：農業は、林業・水産業を含む。ただし、1905 年までの有業者には漁業を含んでいない。この期間の農業生産性がいく分高く出ている。
(C) = (A) / (B)、(F) = (D) / (E)　である。

　このような「難村問題」に対し、政府は農業政策

表9　土地生産性と肥料投入（反当）

	肥料	内、購入肥料（%）	労働	固定資本	反当収量
1883～1887 （実数）	100 （4.43円）	11 （0.49円）	100 （29.8人）	100 （95.4円）	100 （1.30石）
1888～1892	101	10	97	99	110
1893～1897	105	12	94	99	105
1898～1902	109	14	91	98	117
1903～1907	116	18	88	99	125
1908～1912	132	28	84	99	133
1913～1917	142	32	80	98	142
1918～1922	156	39	78	97	148
1923～1927	173	43	78	100	145
1928～1932	184	49	78	104	147
1933～1937	220	45	75	104	155

出典：速水佑次郎・1967。
注：購入肥料割合以外は1883～1887を100とした指数。実数は1936～38年価格表示。推計を含む。

表10　購入肥料の消費割合

（単位：%）

	魚　肥	大豆粕	有機質肥料その他	過燐酸	硫　安	配合肥料	その他	合計
1903～1908	15	30	17	10		14	14	100
1912～1916	10	34	12	11	13	14	5	100
1917～1921	6	42	9	9	12	11	12	100
1922～1926	6	42	9	8	16	12	7	100
1927～1931	9	29	7	11	19	16	9	100
1932～1936	11	19	6	12	24	16	12	100
1937～1941	15	23	7	16	28		11	100

出典：宍戸・1956。

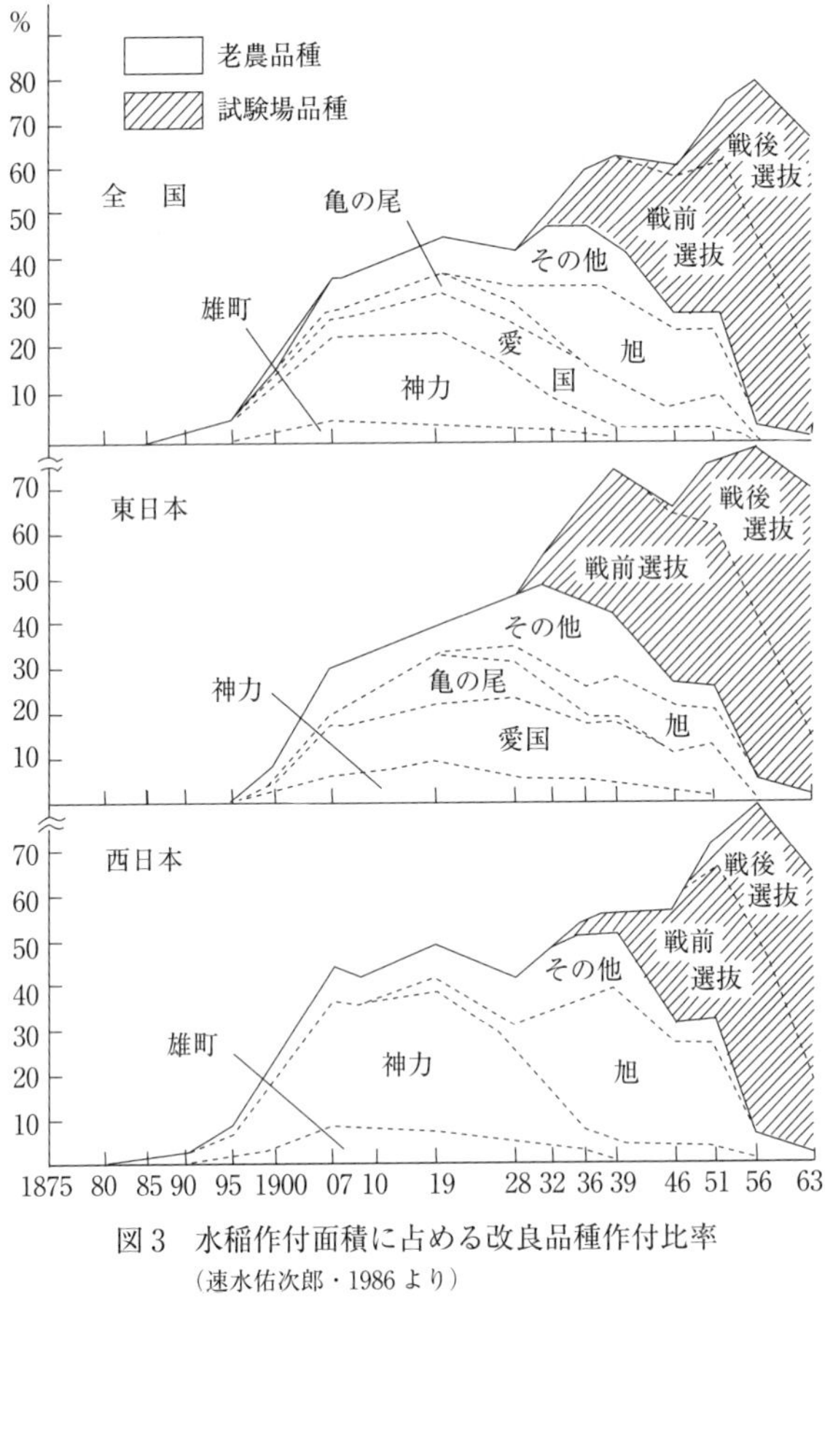

図3　水稲作付面積に占める改良品種作付比率
（速水佑次郎・1986より）

を積極化させ始めた。それは、「中小農保護問題」を政策課題としたもので、それまでの単なる生産政策的農政から小農保護を目指した社会政策的農政への転換を意味していた。以下では農業生産力増進を目指す政策と金融面や流通過程での小農保護政策を見ておきたい。

明治農法の普及　明治政府は、当初、西洋農業の直接的な導入を試みていた。欧米の大型農機具をはじめ、作物や畜類などが政府によって輸入され、その定着のために、試用・展示・試作・貸与などが行われた。また、札幌農学校や駒場農学校を設立するとともに、そこに外国人教師を招き、西欧農学による農業指導者の養成が行われた。しかし、このような西洋農業の直接的な移植の試みは、日本の実情との違いがあまりにも大きく、一部を除き定着しなかった。このような状況をふまえ、伝統的な在来技術がしだいに見直されていった。全国の老農を集めて開催された一八八一年（明治十四）三月の全国農談会と翌月の大日本農会の創設は、一つの画期となった（西村・勝部・一九九一）。以後、老農の伝統的な在来技術を基礎としつつ、学理あるいは経験によって非合理なところを排除し、しだいに体系的な技術が形成されていった。いわゆる明治農法である。明治農法を一言で表現すれば、肥料の多投と耐肥・多収性の品種の導入、その栽培環境の整備ということであろう。

農業生産力は、品種の改良、肥料の増投と土地改良の進展（かつそれらの合理的な組み合わせ）によって高められる。わが国近代における農業生産力の発展は、土地生産性の伸びに、単位労働当りの耕地面積の伸びがプラスするかたちで実現したのであるが（後述）、明治農法の形成と普及は、肥料感応的な耐肥・多収性品種の導入により、明治期の土地生産力を押し上げることになった。表9を見ればわかるように、反当収量は、明治農法が普及した明治中期から大正期にかけて大きく伸びていることが確認できる。この過程で普及した主な優良品種は、神力《しんりき》・亀の尾といった多肥多収性の品種であった（図3参照）。神力は、一八七七年（明治十）、兵庫県の農民・丸尾重次郎が見つけたもので、西日本で普及し生産力を大幅に躍進させた品種であった。亀の尾は一八九三年（明治二十六）に山形県の農民・阿部亀治が見つけた耐冷性の品種であり、主に東北を中心とした東日本で普及した。これらは農事試験場で選抜された試験場品種とは違い、農民の手で選抜された点に特徴があった（速水佑次郎・一九七三、山本・一九八六）。このような耐肥性をもつ多収性品種の導入が、明治農法の基本となる。

次に肥料であるが、化学肥料が多くなるのは第一次大戦以降であったから、それまでは有機質肥料（草肥・堆厩肥・人糞尿などの自給肥料と魚肥・大豆粕などの購入肥料）が中心であった（表10参照）。幕末から明治期にかけては、金肥（購入肥料）といえば、魚肥が代表格であった。北海道の鰊搾粕が代表的なものであるが、漁船の動力化とともに大量・安価に供給されるようになった。日露戦後になると大豆粕が魚肥を圧倒するようになる。「満州」（中国東北部）からの大豆粕の輸入が増大したためである。大正後期には購入肥料の四割を超える部分が大豆粕であった。ところが、第一次大戦中に硫安製造の技術革新が進み、それまで輸入にたよっていた硫安が国内で低廉に供給されるようになった。それに伴い、昭和にはいると、硫安による大豆粕の代替が急速に進んでいった（速水佑次郎・一九六七）。

表9により、反当の投入肥料価格の推移をみると、明治中期（一九〇〇年代）以降急速に増大していったことがわかる。明治前期と昭和初期を比べると、投入肥料価格はほぼ二倍に拡大していた。そのうち、購入肥料がどれぐらいの割合を占めているかを見ると、明治前期の一割程度から、明治後期には二割に増加し、化学肥料が普及するようになった昭和期には四割から五割ほどが購入肥料となっているのである。肥料の増投、とくに硫安の増投が急速に進んでいることを示している。反当の労働投入量は昭和期までにかなり減少が進み、固定資本はそれほど大きな変化がなかったから（表9）、明治中期以降の反当収量の急速な増加は、肥料感応的な耐肥・多収性品種の導入と肥料の増投（明治農法の普及）に負うところが大きいことが理解できよう（速水佑次郎・一九六七）。

肥料と品種とは密接に関係している。抜群の多収性を誇り、全国的に名の通った神力も、昭和に入るとその座を旭に譲っていく（図3）。もともと神力は、遅効性・緩効性の有機質肥料（大豆粕など）段階でその威力を発揮しえたのであるが、速効性の石灰窒素や硫安などの無機質肥料の前では稲熱病《いもち》や稔実不良などの致命的欠陥を露呈した。化学肥料が普及していくと、それに対応できる新しい品種が求められる。このような新しい段階に対応した品種として登場したのが、化学肥料に対して強い耐肥性をもち、かつ収量も多く、食味のよかった旭であった。旭は、一九〇八年（明治四十一）に京都府の農民・山本新次郎が偶然に発見した品種であったが、昭和戦前期には米穀市場の標準品種となり、神力にかわり一時代を築くことになった（『福岡県農地改革史』下、山本・一九八六）。

耕地整理の進展と農業技術　耐肥・多収性品種の導入は肥料の増投を前提としているが、収穫の増

図４　畑を耕す老夫婦

加を目指すには肥料の増投とともに深耕が必要となる。深耕は畜力耕（畜力と犂）を、畜力耕（馬耕）は湿田の乾田化を必要とする。いわゆる乾田馬耕である。したがって、明治農法の普及には、畜力耕に適合的な田区改正と灌漑排水の整備（乾田化）とが必要となってくるのである。

明治農法の受容基盤となる土地改良は、耕地整理法を中心に推進された。一八九九年（明治三十二）に耕地整理法が制定され（一九〇九年に大改正）、田区整理とともに、灌漑排水施設の拡充を中心とする土地改良事業が推し進められた。あわせて、土地を担保に土地改良資金を融通する日本勧業銀行・農工銀行が設立された（一八九六年）。土地改良事業は、近畿など比較的圃場整備が進んでいたところよりも、東北、北陸などの東日本や九州・中国などで広範に展開した（以上、磯辺・一九七九、坂根・一九八八）。

図５が耕地整理法施行から一九三六年（昭和十一）

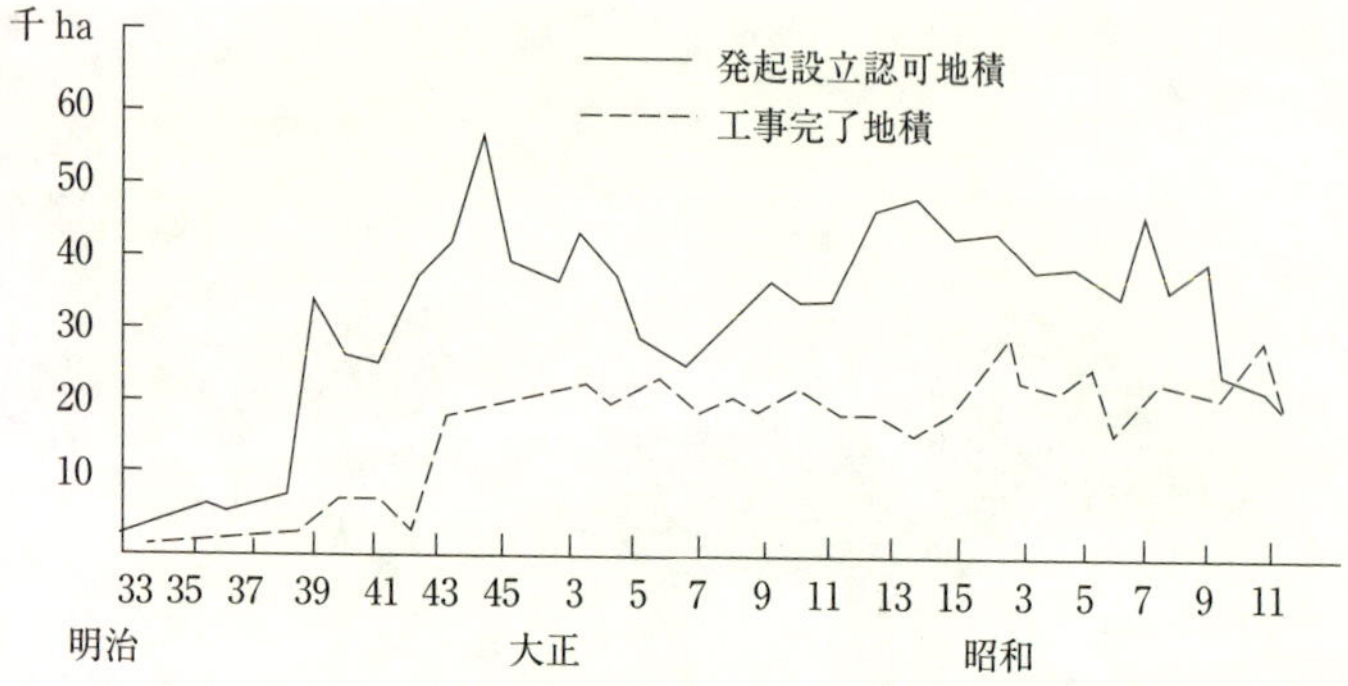

図5　耕地整理面積の推移　（金沢・1971より）

までの耕地整理面積の推移である。明治末期、大正末期、昭和恐慌期の三時期に発起設立認可面積が多くなっている。発起設立から数年後に耕地整理事業が完了するのが通例であるから、工事完了面積は、発起設立から数年遅れてほぼ同様の推移を辿っている。ただし、工事完了までの年数が同一でないことと中途での事業廃止の場合があるため、グラフ（図5）の山は、設立発起よりも低くなだらかになっている。

　このような土地改良事業の推進は、同時期の系統農会の組織化や産業組合法の施行とともに、政府の積極的な農業政策への転換を印象付けることになった。政府が推し進める農業技術を農民へ普及するルートが系統農会であった。一八九九年（明治三十二）に農会法が成立し、民間でそれ以前から存在した農会を、町村農会―郡農会―道府県農会―帝国農会という系統農会組織へと作り上げていった（帝国農会は一九一〇年設立）。系統農会は、近代日本の農業生産力の増進にとって大きな力となった。

　政府による日露戦争前後の農事改良も、警察取締り的な強制措置を背景に推進されており（いわゆるサーベル農政）、政府の積極的な農業政策への転換をよりいっそう強く印象付けるものであった。日露戦争直前の一九〇三年（明治三十六）十月、政府は一四項目の農会に対する農商務省諭達を発した。それは、米麦種子の塩水撰、短冊形共同苗代の採用、稲苗の正条植、牛馬耕の実施、麦黒穂の予防、耕地整理の施行などで、明治農法を推し進める農事改良であった。政府による強権的な農事改良は、広島県などで農民の反発をまねいていたが、結果的には、表11のように、短期間で比較的高い実行歩合をもたらしている（坂根・一九八八、西村・勝部・一九九一）。

明治農法の原型となった西南農法は、無床犂（抱持立犂《かかえもったてすき》）を馬に引かせるものであったが、その操作には高度な熟練を要し、体力も必要であった。無床犂は深耕が可能であったため、それが推奨されたのであるが、さすがにそのままでは普及せず、それにかえて磯野改良短床犂などの近代短床犂が考案され、各地で普及することになった。

表11　農事奨励成績（全国平均）

（単位：%）

	1904	1905
米種子塩水撰実行農家歩合	54	69
麦種子塩水撰実行農家歩合	33	76
麦黒穂の予防実行歩合	30	49
短冊形苗代実行歩合	86	86
共同苗代実行歩合（見込歩合）	16	19
稲苗の正条植実行歩合	34	49

出典：農林大臣官房総務課編・1959。

　稲作において雑草の防除は重要であった。日本農業においては、もっぱら人力による中耕・除草が入念に行われた。除草器具は、雁爪から回転除草機（中井太一郎の太一車など）へと進歩していった。短冊形苗代と正条植は、本田移植のさいの、単位面積当りの株数増加と一株当り植付け本数の減少を可能にするとともに、除草器具による中耕・除草の作業を容易にすることにつながった（以上、磯辺・一九七九、

図6　正条植（大正中期の徳島県坂東町）

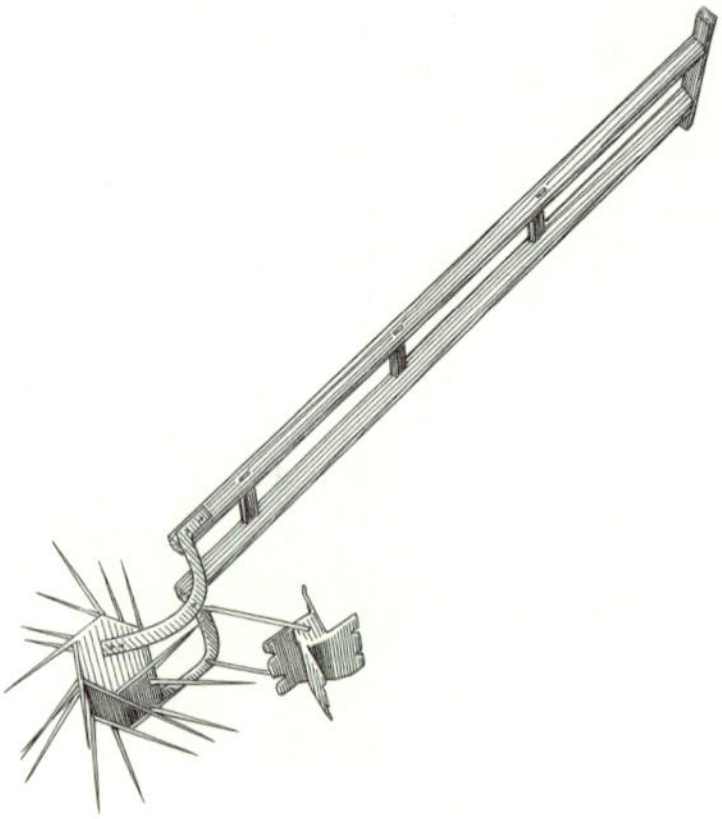

図8　太一車

図7　雁爪

牛山・二〇〇三)。

産業組合の設立　次に、金融面や流通過程での農民保護政策を見ておきたい。この分野で注目すべきなのが、産業組合の設立である。一九〇〇年(明治三十三)に施行された産業組合法は、信用・購買・販売・生産(後に利用)の四種事業を認めていた。組合員からの貯金と資金貸付(信用組合)、肥料・農具といった産業用品や日用品の購買事業(購買組合)、米穀など農民の生産物を販売する事業(販売組合)、農業用の機械類などを組合員に利用させる事業(生産組合。後、利用組合)である。いずれかの事業のみの組合も可能であったし、いくつかの事業を兼営することもできた。

このなかで先行的に設立が進んだのが、信用組合である。信用組合は、対人信用に基づく短期資金貸付を通して、地主・高利貸商人から生産農民を守るという目的をもっていた。当時の農民の資金調達は、無尽・頼母子講にたよるか、地主・高利貸商人から借入するしか方法がなかった。近代的銀行も農村部に設立されつつあったが、一般農民にとってはまだ敷居が高かった。こういう状況のなか、地主・高利貸商人が高利で農民から収奪する事例が、目立ってきていた。これに対応し、かつ生産資金を一般農民に供給するという目的で設立されたのが信用組合であった。

信用組合の基礎は、対人信用である。したがって、信頼関係が高い農村社会でないと信用組合の成立は難しい。日本的「村」社会により強い農民間の信頼関係が存在した近代日本農村では、信用組合の組織化は順調に進んだ。この点が他のアジア諸国／地域との大きな違いであった(斎藤仁・一九八九)。

地主・高利貸商人による農民収奪とともに問題になっていたのが、肥料商人や米穀商人による農民収奪である。明治中後期の農家経済を見ると、自作や小作の農業経営費のなかで肥料代は七割ほどの割合を占めていた（斎藤万吉・一九一八）。このうち購入肥料は二割程度と考えられる（表9）。農業所得は農業粗収益から農業経営費を差し引いたものであるが、この購入肥料代金が適正な市場価格よりも高くなると、農民の所得はその分縮小することになった。また、農民が農産物を販売する際、農産物が適正な市場価格よりも安く買い叩かれると、その分農業粗収益が少なくなり、農民の所得が縮小した。当時はまだ、肥料価格や米価などの情報が農民に十分に届いていなかったため、肥料商や米穀商は、農民がそれに疎いことにつけ込んで、肥料を高く売りつけ、農産物を安く買い叩いたのである。このような肥料商や米穀商による農民収奪が、農民疲弊の一要因として問題になり始めていた。これへの対策として設立されたのが、購買組合であり、販売組合であった。産業組合は農会よりも組織化が遅れたものの、明治後期以降、急速に拡大していく。

自給率の低下　この時期の農業問題の焦点は、上述した「難村問題」と、いま一つは米穀自給率の低下であった。自給率の低下は、食料安全保障、とくに帝国主義下の一朝有事における食料確保に関わっており、国防上の重要問題であった。いま一つは、米穀自給率の低下（外米輸入の増加）による、さらなる貿易収支の悪化である。金本位制を維持するため、正貨流出は避けねばならなかった。

米穀自給率の動向を確認しておこう（表12）。米穀自給率は、だいたい明治中期頃から一〇〇％を下回り始めた。年度別に見ると、わが国は基本的には、金本位制に移行した一八九七年（明治三十）

を画期にして、以後一貫して米穀輸入国へ転じることになった（一八九九年のみ除く）。

実は、明治半ば頃までは、米穀はわが国の重要な輸出品であった。主な輸出先は欧州諸国・米国であった。欧州市場への米穀輸出には運賃など諸経費がかかったが、それでも国内米価が下がると諸経費を差し引いても利益が出たため、国内米価が下がると米穀輸出が活発化した。そのため、明治中期頃までは、国内米価は、欧州米価から輸出諸経費を差し引いた水準以下には下がらないというメカニズムがはたらいた。つまり、この時期の米穀輸出は、国内米価が下落することを抑制する役割を果たしていたのである（大豆生田・二〇〇七）。

表12　人口・一人当米穀消費量・自給率の変化

	人　口	1人当米穀消費量	自給率
1876～1885	100	100	101
（実数）	千人 (36,713)	石 (0.70)	
1881～1890	104	109	101
1886～1895	109	119	100
1891～1900	114	116	98
1896～1905	121	121	95
1901～1910	128	129	94
1906～1915	136	129	95
1911～1920	145	136	94
1916～1925	153	141	91
1921～1930	163	143	88
1926～1935	176	140	85
1931～1940	188	141	84

出典：篠原他編・1967。梅村他編・1988。
注：自給率は、生産量・輸移出入量から算出。在庫の調整をしていない。

しかし、米穀需給のバランスは大きく変わりつつあった。その原因は、人口が増加し、かつ一人当り米穀消費量が急速に増大したことにあった（表12）。人口は、明治前期の三七〇〇万人から増加し、一八九一年（明治二十四）には四〇〇〇万人を、一九一一年（明治四十四）には五〇〇〇万人を、一九二六年（大正十五）には六〇〇〇万人を超え、一九四〇年（昭和十五）国勢調査では七二〇〇万人に達した。

また、一人当り米穀消費量は、明治前期を一〇〇とすると、昭和期には一四〇にまで拡大していた。これには二つの側面があった。一つは、農村における明治前期の混食が変化し、しだいに米食比率が高まっていったことである。最初に雑穀食・いも食が減少し、次いで、麦食割合が減少していった。地域的な格差はかなりあったようであるが、全体として米食比率が目立って高まっていったのである（大豆生田・二〇〇七）。この点は、表2で、雑穀生産が明治後期以降、急速に低下していったことからも確認できる。

二つは、都市人口の急速な増加である。都市では、明治初年にはすでに米食が中心になっていた（大豆生田・二〇〇七）。このことは、江戸時代の都市では、米食がかなり普及していたことを示唆している。この点を象徴的に示すのが、「江戸煩《わずら》い」である。農村から江戸に奉公にあがった少年たちは、しばしば春から秋口にかけて足腰の力がぬける「江戸煩い」という奇病にかかった。ところが隙《ひま》をもらって郷里（農村）に戻ると不思議とその病が治るというのである。奇病の正体は、脚気《かっけ》であった。江戸では、糠《ぬか》を落とした白米食が定着していた。糠に含まれるビタミンB_1の欠乏が脚気を引き起こしていたのである。郷里では玄米・混食であったため奇病は治った（篠田・二〇〇五）。このことは、すでに江戸時代の都市では米食、それも白米食が浸透していたことを示している。

以上の、農村における米食割合の高まりと、混食しないか混食割合の小さい都市の人口が増加していくということから、大正期頃までに一人当り米穀消費量が急速に増大していったのである。以上の人口増加と一人当り米穀消費量の増大、この両者が合わさり、国内米穀消費量が急速に拡大していったのである。

これに対して米穀生産はどれぐらいの増大を見せたのであろうか。表4で確認できるように、米穀生産量も急速に拡大してはいた。むしろ人口増加よりも米穀生産量拡大のほうが上回っていたのであるが、上述したように、これに一人当り米穀消費量の急速な増大が加わったために、結局は、一八九七年（明治三十）を境に恒常的な米穀輸入国に転じざるをえなかったのである。この自給率の低下は、食料安全保障と正貨確保という新たな問題を明治政府に突きつけることになった。

食料自給圏の形成　一九〇五年（明治三十八）の日露戦争時の第二次非常特別税により、米籾関税（従価一五％）が始まった。この米籾関税は、いうまでもなく日露戦争のための財源を目的としていたが、他方で同時期の地租増徴（表6）に対する米価支持の意味（地租増徴で地主負担が増すので、米籾関税により米価を高めに誘導し地主に利益を与えるということ）ももっていた。この関税は、その後一九〇六年（明治三十九）に関税定率法に組み込まれ存続した。一九一〇年（明治四十三）には朝鮮米にも移入税として引き継がれていった。これを前後する頃から、米穀輸入関税をどうするかという議論が巻き起こっていた。輸入関税によって国内米価を維持しようとする地主的勢力と、輸入関税を撤廃し低米価＝低賃金で商工業発展を目指す勢力（資本家的勢力）とが激しい議論を展開した。これに、金本位制維持のために正貨を確保する議論が絡んだ。

その結果、最終的には、第三〇回帝国議会で米及籾移入税廃止法が成立し、一九一三年（大正二）

より移入税が撤廃されることになった。つまり、通常は朝鮮・台湾両植民地米を最優先で国内に無税で移入し、それでも不足する分は輸入税を課した外米で手当し、より深刻な不足には輸入税もはずして外米で補填していく、というものであった（大豆生田・二〇〇七）。植民地米移入税の廃止と外米輸入税の存続という食料確保の基本的枠組みが形成されたのである。これは植民地米を重要な一環に組み込んだ食料アウタルキー（自給圏）の形成であり、そのため、その後は、国内農業生産の振興とともに、植民地米の増産が重要な食料政策上の課題となってくるのである。

農村からの労働力流出と農業労働生産性の上昇　前述したように明治後期（一九〇〇～一一年）の農業生産高の伸び（年率）は、一・八%と高かった。それを前後する明治中期（一八九〇～一九〇〇年）・大正前期（一九一一～二一年）も一・四%と比較的高かった（表7）。当然ながら、実際の米生産量も、この明治中期から大正前期に増大し、同時期の人口増加率を上回る拡大を示していた（表4・表12）。それではこの米生産力はどのようなメカニズムで拡大したのであろうか。

表4で見たように、農家戸数は五五〇万戸とほぼ一定であり、農業就業者は一四〇〇万人前後で、明治初年からやや減少していた。したがって、農家一戸当り就業者は、明治初年の二・六人から昭和期には二・五人とやや減少した（表13）。農家一戸当り耕地面積を見ると、明治初年の八・五反（田五・〇反、畑三・六反）から昭和期には一〇・八反（田五・八反、畑五・一反）へと一・三倍に増加していた。増加幅は、畑が大きく一・四倍に、田は一・二倍にとどまっていた（表13）。いずれにしても、農家戸数がほぼ一定で耕地面積が増加したため、農家一戸当り耕地面積は減少することなくむしろ増加した

のである。明治以降、都市化・産業化が急進展し、工場用地や宅地・道路・鉄道敷地などへの転用が進み、かなりの農地潰廃が進行したにもかかわらず、それを上回る開墾・干拓・埋立・荒地復旧がなされたことを示している。

米生産量ではどうであろうか。反当収量は、明治初年の一・二四石から大正前期に一・八五石、昭和期には一・九五石へと急速に伸びている（表13）。明治初年を一〇〇とすると、大正前期一四九、昭和期一五七であったから、この反当収量の伸びは、大正前期までにほぼ成し遂げられたことになる。次に一戸当り米穀生産量を見ると、明治初期の六・一石から昭和期の一一・二石へと一・九倍に伸びていた（表13）。一戸当り米生産量は戦前期に二倍近く伸びていたのであるが、一戸当り農業就業者はこの間やや減少していたから、農業就業者一人当り米生産量は、この間ほぼ二倍に伸びていたといえよう。つまり、農業労働生産性（農家一戸当り米生産量、農業就業者一人当り米

表13　農家１戸当りの農業就業者数・耕地面積・米生産量　（単位：人、反、石）

	農家１戸当り					反当収量
	農業就業者数	耕地面積			米生産量	
		田	畑	計		
1876~1885	2.66	5.0	3.6	8.5	6.1	1.24
1881~1890	2.64	5.1	3.7	8.8	6.7	1.32
1886~1895	2.62	5.1	3.8	9.0	7.2	1.41
1891~1900	2.60	5.2	4.0	9.2	7.3	1.41
1896~1905	2.58	5.2	4.2	9.4	7.6	1.47
1901~1910	2.56	5.2	4.4	9.7	8.5	1.62
1906~1915	2.54	5.3	4.7	10.0	9.3	1.74
1911~1920	2.52	5.4	5.0	10.4	10.0	1.85
1916~1925	2.51	5.5	5.1	10.6	10.5	1.89
1921~1930	2.51	5.6	5.0	10.6	10.7	1.89
1926~1935	2.48	5.7	4.9	10.6	10.7	1.88
1931~1940	2.46	5.8	5.1	10.8	11.2	1.95

出典：梅村他編・1966。

生産量）は、この間に約二倍の拡大を見せていたのである。この伸びをもたらしたのは、一・五七倍の伸びを見せた反当収量と一・二倍に拡大した一戸当り耕地（田）面積であった。この両者が重なり合い、この間の労働生産性が二倍に拡大したのである。かつて戦後の農業生産性をめぐる議論のなかで、土地生産性の偏重（「地主制」批判の含意）や土地生産性と労働生産性の併進といった議論があったが、ここで述べてきたように、農業労働生産性は、農家一戸当り耕地面積と反当収量（土地生産性）の動向によって決まるのであり、土地生産性と労働生産性を対抗的にとらえることは無意味であろう（以上、速水佑次郎・一九七三）。

以上のように、土地生産性（反当収量）の伸びを軸に一戸当り耕地面積の拡大がプラスされることによって、明治期以降の急速な農業労働生産性の伸びが実現したのである。明治期から大正前期にかけての土地生産性の伸びについては、すでに述べたように明治農法の形成と普及によるところが大きいのであるが、明治以降の農業労働生産性の増大について注意すべき点は、一戸当り耕地面積が拡大しえたことであろう。わが国の場合、明治期にはまだ可耕地が存在し、耕地拡大（開墾など）が可能であったことと、農民の開墾・開拓への努力やそれを指導奨励した政府の政策的後押しがあったのであるが、ここで注目したいのは農家戸数が増加しなかった点である。これを規定したのが日本的「家」制度であった。「家」は固定的に継承されていくので、「家」を継承する長男夫婦以外の構成員（長男の兄弟姉妹）を「家」（農村）から押し出す強い力が働いた。これが五五〇万戸と農家戸数がほぼ一定であった理由である。したがって、農村部での人口増加分は、確実に都市部に押し出されるこ

表14　実納小作料率の推移（割合）　（単位：%）

小作料率	~30%	~40%	~50%	~60%	~70%	~80%	80%~	計
明治初年	2	8	20	31	25	10	5	100
明治20年	1	6	25	38	22	7	1	100
大正15年	2	20	45	28	6	0		100

出典：帝国農会調査部・1926。
注：調査戸数は420戸。遡及調査。不明分を除いた割合。

とになる。このメカニズムが働いていたために農家戸数は増加せず、一戸当り耕地面積は、開墾等により増加した分だけ増大することになったのである。ところが、分割相続地帯ではそうはいかない。分割相続地帯では、分割相続により農家世帯数が増加する傾向が強く、農村部に労働力が滞留しがちである。そうなると、農家一戸当りあるいは農業就業者一人当りの耕地面積が減少していくことになり、農家一戸当り米生産量や農業就業者一人当り米生産量の伸びを押さえつけてしまう（結果的に農業所得が低下してしまう）のである。明治期日本では、世代交代に伴うこの悪循環を回避することができた。それが可能であったのは、長男夫婦以外の構成員を農村から押し出した日本的「家」が存在したこととともに、都市における商工業の発達が農村から流出した労働力を引き受けたからである。

高額小作料の虚実　一般に戦前日本における地主小作関係の特質として、高額小作料という点が挙げられる。戦前より「地主制」への批判点となってきた点である。最初にこの点を確認しておきたい。

明治期からの小作料率の推移にはいくつかの資料があるが、ここでは帝国農会調査部のデータを掲げた（表14）。明治初年、一八八七年（明治二十）、一九二六年（大正十五）の三時点での調査である。明治初年以降、しだいに実納小作料率が下がってきていることがわかる。例えば、実納小作料率六〇％以上の割合を見ると、明治初年四〇％、一八八七年（明治二十）三〇％、一九二六年（大正十五）六％である。五〇％以下では、順に三〇％、三二％、六七％となる。明治期にはまだ五〇％以上、とくに六〇％以上の場合が多かったのであるが、大正末になると五〇％以下が三分の二を占め、六〇％以上も数％と少なくなっているのが理解できよう。他のデータでも、明治初期はかなり小作料率が高く、その後、急速に下がっていくということを示している。

このように統計調査によると、明治以降小作料率が順次下がってきているのであるが、これはどのような要因によるのであろうか。基本的には、都市における商工業の発展により、小作地の需給関係がしだいに弱まってきており、その結果、小作料率が順次下がってきていると思われる。これを端的に示すのは、③で述べる小作料減免争議の展開であった。

もう一つ考えられるのが、地主は小作地の収穫高を正確に把握しえていない場合が多く、その結果、収穫高が実際よりも過少に把握されており（取り立てる小作料は現物を徴収するわけだから正確に把握している）、そのため小作料率が高く出ている可能性が高い、という点である。地主の小作料徴収簿の類を調べても、それぞれの小作地の土地等級や契約小作料額・実納小作料額の記載はあっても、それぞれの小作地の収穫高はまったく記載されていない。このことが示しているのは、地主は実際の収穫高を把握しえていなかったのではないか、ということである。例えば、耕地整理事業では小作料が引き上げられるのが一般的であった。それは、事業による増収見込分や縄延びなどを理由としていたが、それに加えて、それまで地主が把握していなかった実際の収穫高（地主が把握していたよりも実際の収穫高が高い）を前提に小作料を調整し直すという意味があったのではなかろうか。このような耕地整理事業などを契機に、実収高が把握されていき、小作料率が下がっていく側面があったのではなかろうか（小作争議による小作料減免作業でも、地主の把握する収穫高は実態にいっそう近付くことになる）。つまり、明治以降、耕地整理事業などを契機にして、地主の把握する収穫高がより実態に近付くことによって、小作料率が下がっていったのではなかろうか。表14によれば、明治初年では七〇％以上の小作料率が一五％もあったが、どうみても七〇％以上の小作料率は高すぎる。小作農の生存が保障される水準を大きく越えており、実態を示しているとは考えられない。地主の把握する収穫高が低すぎる結果、小作料率が異常に高く算出されていたのではあるまいか。

以上の二つの点が重なり合って、明治以降小作料率が順次下がっていったのではないかと思われる。

3 小作争議の勃発

小作争議の始まり　「一昨日と昨日の夕方二回にわたり、小作人が小作料の減免を申し入れてきた。色々とやり取りしたが、どうも小作人の態度が横柄になり、こっちの言い分も聞かず、頑固で困った。それで仕方がなく減免を認めたが、床に入ってから色々と考えるに、何とも不愉快で寝付かれなかった」。京都府南桑田郡篠村馬堀の地主山田晋太郎は、同集落の地主の話として、このように一九二一年（大正十）十一月十七日の日記に記している（亀岡市史編さん委員会編・二〇〇〇）。この文章は、初めて減免を要求されたときの地主の心情をよく表している。小作人からの「頑固」な小作料減免要求は、地主にとっては驚きであり、これまでと勝手が違うことへの戸惑いもあわさり、不愉快なものであった。この後、篠村では、小作組合による小作争議が繰り返されることになる。小作争議の時代の幕開きであった。

京都府南桑田郡は、農民運動の発祥の地といってもいいところであった。早くも一九一九年（大正八）十月には、南桑田郡小作人大会（約八〇〇人が参加）が開かれ、それを契機に郡下町村で続々と小作組合が作られていった。篠村にも小作人大会後の一九一九年（大正八）十二月に篠村小作同盟会が結成されている。山田晋太郎の日記には、減免受入の条件として小作組合規約を焼き捨てること

（解散すること）が記されており、地主は小作組合に手を焼いていた。

南桑田郡は、農業生産力が高い地域であった。農民分化も進んでおり、郡平均小作地率（田畑）が六割と非常に高かった。不在地主も多いところで、小作争議が起こりやすい条件が揃っていた。加えて、保津川を下るか老の坂を越えれば京都市であり、都市的な思想や考え方がいち早く入ってくる地域でもあった。南桑田郡下の小作組合は、一九二二年（大正十一）に設立された日本農民組合（日農）へも続々と加盟しており、まちがいなく初期日農の有力な地盤であった。一九二八年（昭和三）二月の第一六回総選挙（初の普通選挙）で、労働農民党の山本宣治が京都第二区（京都市を除く北桑田郡以南）で当選したことは有名である。このときの篠村での山本の得票率は五四％に及んでいた（南桑田郡平均は三三％）。村民の半数以上が労働農民党に投票するという驚異的な数字であった。

とはいえ、小作組合に参加していた農民の要求は、国家組織や社会制度の変革を求めるような政治的なものではなく、もっと素朴な経済的社会的要求であった。少なくとも小作組合に参加している一般的な農民の要求は、小作料の減免や自作農化への欲求であり、日常生活の安定や農村社会での社会的地位の向上にあった。農民組合指導者が高度な政治的要求を掲げるようになると、一般小作組合員との溝はしだいに大きくなっていった。南桑田郡の日農組織も三・一五事件（一九二八年）で弾圧を受けるが、それ以後、農民は日農組織からしだいに離れていくことになる（亀岡市史編さん委員会編・二〇〇四）。

小作争議の全国的動向　では、小作争議は全国的にはどのように展開したのであろうか。図9の棒

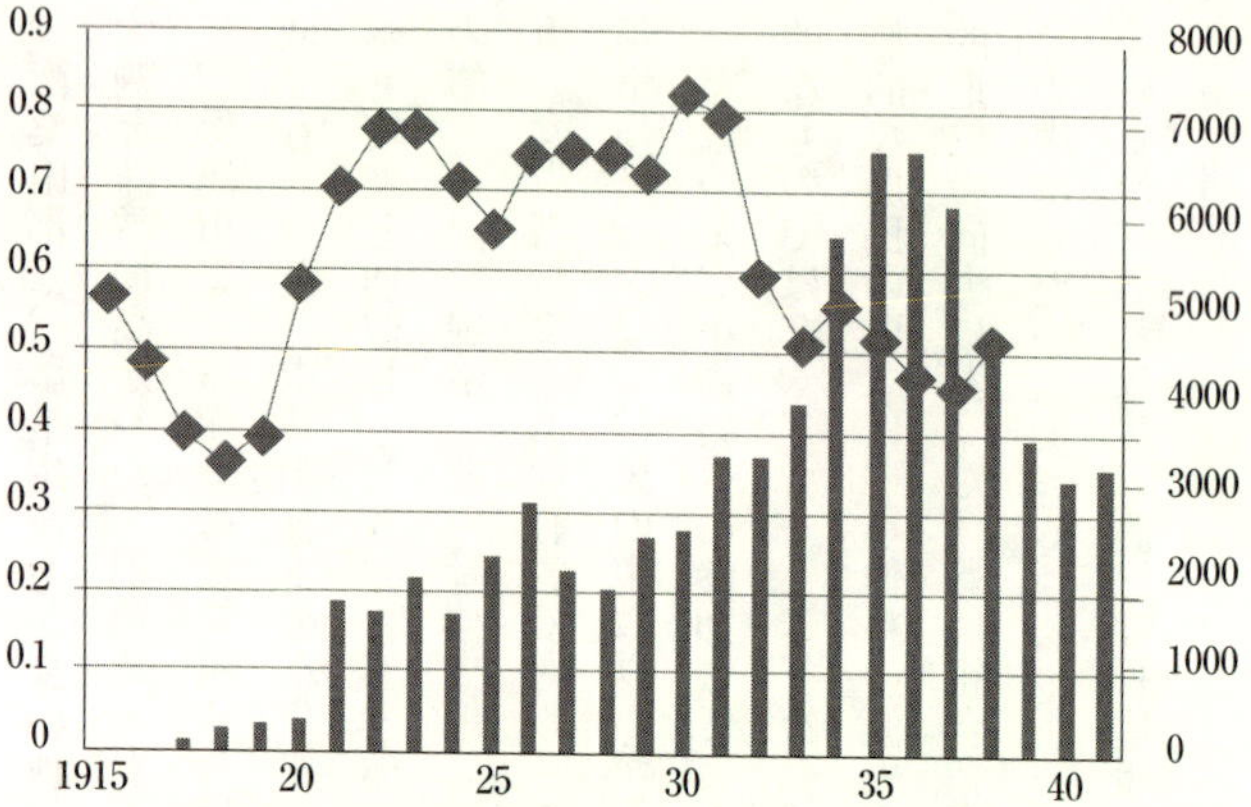

図9　賃金／農業粗収益比率と小作争議件数
（有本・坂根・2008より）

グラフが全国の小作争議件数を示したものである。小作争議は第一次大戦後から起こり始め、一九二〇年代にはいると一気に増加していった。一九二〇年代中頃に二〇〇〇件台に達し、一九二〇年代後半はその水準で推移している。この一九二〇年代争議の特徴は、①農業集落を基礎的範囲とした集団的小作争議が主流であったこと、②小作料減免が中心的な要求内容であったこと、③西日本を中心に展開したこと、である。農業集落を基礎的範囲としたため、一争議平均の参加小作人数は五〇人から八〇人と比較的多く、関係土地面積も四〇町から七〇町と大きかった。また、一九二〇年代の集団的小作争議では、小作人の争議要求がある程度実現する場合が多く、この集団的小作争議により、小作料は確実に低下していった。[2]で見た一九二六年（大正十五）の実納小作料率（表14）は、この集団的小作争議の洗礼を受けたものであった。

一九三〇年代の小作争議はかなり状況が変わる。全体の件数は、一九三〇年代中頃のピークに向けて増加していき、その後戦時体制にはいることもあり減少していく。ピーク時は七〇〇〇件に近付いていた（一九三五年六八二四件がピーク）。このように争議件数は増加していったのであるが、争議内容は一九二〇年代争議と大きく異なっていた。この一九三〇年代小作争議の特徴は、①土地争議を中心とした個別的小作争議が主流となったこと、②土地取上げへの抵抗（小作継続）を要求する争議が中心となっていったこと、③東北を中心に東日本に主要舞台を移したこと、である。個別的小作争議が主流となったことから、一争議平均の参加小作人数は二〇人以下へと減少し、関係土地面積も二〇町以下から数町へと縮小した。これは全小作争議の平均値であるため平均小作人数や関係土地面積が大きく出ているが、実際の個別的小作争議は、地主一人対小作人一人で、関係面積が一町から数反程度が多かった。個別的土地争議は、地主の土地取上げに対する小作人の受身の争議であり、小作人の要求は通りにくくなっていった（以上、小作争議件数などについては、三和・原編・二〇〇七）。

発生原因別にみた小作争議のタイプには、農外労働市場の拡大による集団的小作料減免争議（機会費用争議）、米価下落や凶作・減収により生活が困難になり生活防衛的に小作料減免を要求するもの、地主の土地引上げに対して小作継続を要求する個別的土地争議、地主への土地返還に際する条件（作離料の高低など）をめぐる個別的土地争議などがあった。生活防衛的争議は、一九二〇年代から発生していたが、とくに一九三〇年代中頃には台風被害があり急増した。一九三〇年代中頃に小作争議件数がピークを迎えるのはその影響が大きい。機会費用争議は、農外労働市場の拡大に伴い農外賃金が

図10　小作争議の農民たち（熊本県）

上昇し、農業に代わる就業機会を農家が得て、農家の農業労働力に対する機会費用が高まったことにより発生するもので、とくに、一九二〇年代に労働市場が開けた地域で展開した。個別的土地争議は、一九二〇年代から西日本でも発生したが、とくに一九三〇年代の東日本で多発したところに特徴がある。

集団的小作料減免争議の展開　ここでは、集団的小作料減免争議の代表格である一九二〇年代の機会費用争議について説明しておこう。この機会費用争議は、当時の経済状況から経済論理的に説明が可能な争議であった。従来、農民的小商品生産と地主制との矛盾といった視点から集団的小作料減免争議を説明するのが一般的であったが、この議論では、そもそも農民的小商品生産とは何なのか、何故に農民的小商品生産が集団的小作料減免争議につながるのか、といった理論的内容がまったく不明であった。従来、呪文のように農民的小商品生産と地主制との矛盾・対抗を唱えてきたが、論理的説明に使用できる概念ではなかった。

第一次大戦は、日本に空前の好景気をもたらした。それに伴い労働市場も急拡大した。大戦後の戦後景気もあり労働市場の拡大が続き、農外賃金も上昇していった。その結果、農業所得と農外賃金との格差がしだいに開くことになった。図9では、農業粗収益と農外賃金との相対比の推移を示している。米騒動をもたらした米価高騰時には農業粗収益がかなり有利になっているが（一九一八年のグラフのボトム）、その後米価の下落と農外賃金の高止まりにより農業粗収益に対して農外賃金が圧倒的に有利になっていく。一九二五年（大正十四）前後は米価が回復するため、一時的に農業粗収益が有利になっているが、総じて一九二〇年代は、農外賃金が農業粗収益に対して有利な状況が生じているのがわかる。

この経済状況は、小作農に農業に代わる就業機会を提供していることを意味する。小作農にすれば、農業（小作地）に労働力を投下するよりも、農外部門にそれを振り向けたほうが得をする（所得が大きくなる）という状況が生じていた。この代替的な就業機会の拡大は、農家労働力の機会費用を高めることになった。こうなれば、小作農にとって農外部門にどんどん労働力を移していけばいいのではないかということになるが、事態はそう単純でもなかった。日本的「家」制度があったため、小作農は家業としての農業への強い執着をもっており、機会費用どおりに農業労働力を農外に振り向けるわけにはいかなかったのである。このジレンマのなかで発生するのが機会費用争議であった。

小作農は小作地の返還をちらつかせ（いざとなれば、労働力を農外部門に移動させることを覚悟しつつ）、地主との小作料減免交渉を行うことになる。小作農の要求は、農外賃金（機会費用）に見合った小作料へ現状の小作料を引下げることであった（小作料引下げ→農業所得の増大→農外賃金との均衡）。ただし、それは「家」観念による農外への労働力移動への抵抗感から、市場均衡的な機会費用に見合った小作料よりも、実際の小作料が少しぐらいは高くても許容できるものであった。地主が、この機会費用よりもやや高い小作料への引下げを認めないときには、しばしば交渉が決裂し、小作争議が発生することになる（機会費用争議の発生）。これが、一九二〇年代の集団的小作料減免争議となって現れたのである（以上、有本・坂根・二〇〇八）。

以上の見方をすると、わが国で集団的小作料減免争議が発生したのは、日本的「家」や日本的「村」が存在したからであったともいえる。上記したように、農外就業機会が開け、農業労働力の機会費用が高まったとき、小作農が順次小作地を返還し、速やかに農業労働力を農外に移動させていけば、小作争議は発生しない。そうなると、小作地への需要が弱まり、小作料が農外賃金と均衡するところまで下がるだけである。しかし、そのようにならなかったのは、「家」制度が存在したため、小作農が農業を継続したいという強い意志をもっていたからである。この小作農の農業を継続したいという意志があってはじめて、小作料引下げをめぐる争議が発生したのである。つまり、日本的「家」の存在が、小作争議を発生せしめたといえよう。また、集団的小作料減免争議は、通常、農業集落（日本的「村」）を範囲として発生した。農業集落内の地主と小作人との小作料減免をめぐる争議というかたちをとったのである。これには二つの側面がある。一つは、地主にしても小作にしても、一つにまとまる単位として、日本的「村」がその基盤となったということである。小作人の小作組合は、農業集落での組合組織を最下部の基礎組織として、町村レベル、郡レベル、府県レベルへと積み上げるかたちで組織化が進んでいった。二つは、農業集落レベルで、地主小作双方が納得する「村」並みの小作料相場が形成されていたことである。小作料減免はこれを修正することになるので、「村」単位での減免交渉が必要となったのである。

以上を前提とすると、集団的小作料減免争議は、日本的「家」や日本的「村」を前提とした、日本独特の農民運動であったといえる。農民運動は、例えば他のアジア諸国でも見られたが、多くは「農民暴動」と表現されるものであった。日本のような整然とした集団的小作料減免争議は展開しなかったのである。

小作争議対策の展開　小作争議の全国的な発生は、「小作問題」として、当時の重要な農政上の課題となった。小作争議が日農などに指導され、しだいに政治色を帯びてきたこともあり、政府はそれへの早急の対応を迫られた。しかし、小作争議対策はどうしても地主の利害に抵触するところが出てくるので、地主の抵抗が予想された。

政府がとった第一の対策は、土地制度改革の方向であった。一九二〇年（大正九）に小作制度調査委員会を設置し、小作立法への動きを開始した。内容は、小作概念を設定し、その第三者対抗力、長期性、譲渡の自由などを規定するもので、明らかに民法の規定を小作人に有利な方向に修正する内容であった。ところが委員会の内部資料が新聞にすっぱ抜かれ、地主側の猛烈な反対が巻き起こることになった。その結果、小作立法は棚上げにされ、小作調停法が制定されたのである。小作立法はこの後も企図されはしたが、実現することはなかった（ただし、一九三八年に農地調整法が成立する。後述）。

この小作調停法は、地主小作間では調整が困難な小作争議の調停を、裁判所が選任した調停委員、当事者、地方小作官で行うというものであった。この調停を申し立てるのは、その争議の当事者である。小作調停法は、小作立法がないままに制定されたわけで、地方小作官などは地主小作関係についての実態的規定をもって調停にあたれたわけではなかった。その意味で小作調停法は手続法にすぎなかった。この小作調停委員会で重要な役割を果たしたのが、地方小作官であった。地方小作官は農商務省（農林省）が道府県に配置したもので、各地の小作調停のみならず、小作事情調査や自作農創設事業に大きな役割を果たした（坂根・一九八八）。地方小作官は奏任官の高等官であり、道府県庁内では内務省高等官と並ぶ高い地位にあった。高等官（軍人も含め）は、日本を動かすことができる特権的な存在であり、彼らにはそのような意識も強かった。当時の府県庁には高等官食堂というのがあり、判任官以下は利用できなかった時代である。その高等官（地方小作官）が地方農村に分け入り、個別具体的な小作争議の調停作業を、農民と膝詰で行ったのである。当時の官僚制度からして、異例の事態であった。

この小作調停法による小作調停はしかしながら、実際の小作争議の沈静化や小作争議における小作秩序の変革に大きな役割を果たすことになった。例えば、集団的小作料減免争議の多かった近畿地方では、小作調停により、小作料減額や小作料減免をルール化する内容をもった集団的な調停条項が結ばれること（集団的地主小作関係の形成）が多かった。このような集団的な調停条項により協調主義的な小作秩序が広範に形成されていった。この集団的小作争議による集団的地主小作関係の形成が、第一次大戦後の小作争議の到達点であった（坂根・一九九〇）。

また、一九三〇年代に東北で多発した個別的土地争議に対しても、地方小作官は「地主」「小作」双方の経済状況を調べ、それをふまえて調停を行っていた。土地争議は小作料減免争議以上に個別事情がからみ複雑な場合も多く、画一的な対応では処理できなかったためである。小作調停制度はこのような状況にも柔軟に対応できた。

政府がとった第二の対策は、自作農創設維持事業（自創事業）であった。これは一九二六年（大正十五）の自作農創設維持補助規則により行われた。自創事業は、小作人が政府の低利資金を借入れて、耕作している小作地を地主から買取る（小作地の自作地化）という事業である。その際、政府・道府県が利子補給を補助金で行うというものであった。具体的には、低利資金の利率は四分八厘で、政府・道府県が一分三厘の利子補給をして、小作人は三分五厘で借入れるというものであった。ただし、小作地を小作人に売るかどうかはまったく地主の自由であった。

この自創事業の実績（一九二六〜一九三六年度）は、北海道を除くとかなり小規模なちっぽけなものとなり、小作争議対策としての効果はきわめて限定的なものになった。小作地面積に占める自創面積は、北海道は一三％と一割を超えていたが、他の地域では三〜四％程度であり、かなり小規模であった。そもそも一九三〇年代でも小作地率が上昇していた東北地方では、自創面積は増加した小作地面積の五分の一にも満たないもので、焼け石に水という状況であった（坂根・一九八八）。

地主的土地所有の後退　明治期に急速な拡大を遂げた地主的土地所有は、大正期にはいると、しだいに後退を始めることになる。この動きは、西日本から現れ始めた。例えば、小作地率の動きを見ると、東北地方や関東地方では一九二〇年代以降も増加していくが、近畿地方や東海地方、中国地方など西日本では一九二〇年代になると明瞭に下がり始めた（荒木・一九八五）。同様の動きは、例えば、五〇町歩以上地主数の推移でも見ることができる。五〇町歩以上地主数は、近畿六府県では一九一二年（明治四十五）にピークを迎え（近畿六府県で一一一地主）、以後減少していくが、東北六県のピークは一九三〇年（昭和五）である（東北六県で六三四地主）（三和・原編・二〇〇七）。このように、明らかに第一次大戦後になると、地主的土地所有は西日本から後退を始めることになったのである。

では、地主的土地所有を後退させることになった要因は何であったのであろうか。ここでは、地主的土地所有の動向を規定したと思われる田畑（小作地）利回りの低下を見ておきたい。もし、田畑利回りの低下が進行すれば、地主はそこから資金を引き上げ他の有利な投資先に資金を移す行動をとるであろう。ただし、わが国の場合は、「家」制度があったため、農民が農村社会で土地をもつことは単なる不動産所有以上の特別な意味をもっていた。農村社会内で農民が土地をもつことは農村社会でステイタスを上げる特別な意味をもったのである。農民はしばしば利回り計算を度外視して土地購入に走った（坂根・二〇〇二）。したがって、田畑利回りに敏感に反応したのは、資産運用として小作地投資を行っていた大地主や不在地主であった。

田畑利回りの推移を見ると（表15）、大正中頃までは、小作地利回りが明らかに有利に推移している。とくに、米価が高騰した一九一九年（大正八）にはピークに達している。これは、米価高騰が耕地価格の上昇に先んじていることによるところが大きい。その後、集団的小作料減免争議が頻発し、小作料額が低下してくると、小作地利回りが定期預金利回りなどを下回るようになってくる。一九二五年（大正十四）は、米価が上昇した時期であり（一九二〇年の戦後恐慌後、一九二〇年代でもっとも高い時期）、耕地価格も下がってきていたが、それでも定期預金利回りなどを下回ってきている。一九二〇年代は、耕地価格の傾向的下落が見られたのであるが、それでも集団的小作料減免争議による小作料の低下と米価の低迷という状況のなかで、小作地利回りは定期預金利回りなどを下回っていたのである。小作地利回りのボトムは一九三一年（昭和六）であった。これは、耕地価格以上に米価が急落したためであろう。いずれにしても、第一次大戦後になると、小作地利回りの低下は大きく、小作地投資の有利さが急速に失われていったのである（坂根・二〇〇五）。

表 15　田畑利回り一覧表　（単位：%）

	小作地利回		東京定期預金年利	国債利回	社債利回	株式利回
	田	畑				
1909	6.27	5.86	5.48			
1913	6.54	6.15	6.09			6.75
1919	7.92	7.10	5.59			7.50
1925	5.67	5.32	6.37	6.03	8.17	7.80
1931	3.69	3.89	4.64	5.40	6.49	6.82
1937	5.41	4.85	3.42	3.94	4.40	5.31
1943	5.58	4.72		3.78	4.36	5.25

出典：三和・原編・2007、坂根・2005。
注 1）小作地利回は、実収小作料から公租等負担と管理取立費を差し引いたものを耕地売買価格で除したもの。北海道を除いて算出。
2）1943 年の国債利回などは 1942 年のもの。

4 昭和恐慌による農業・農村の疲弊

農産物価格の急落　「汗水垂らして作つたキヤベツは五十個でやつと敷島一つにしか当らず、蕪は百把なければバツト一つ買へません、繭は三貫、大麦は三俵でタツた十円です、これでは肥料代を差引き一体何が残りますか」（東洋経済新報社編・一九三〇）。これは、昭和恐慌時の急激な農産物価格下落を表現した有名な一文である。煙草代や肥料代と比べ、農産物価格が極端に安く、引き合わなくなったことを嘆いている。恐慌期であるからすべての物価が下落したのではあるが、問題は、非農産物価格に比べ農産物価格がとくに大きく下落したことにあった（価格指数で農産物価格と工業製品価格とが開いていく状況が見られたため鋏状《きょうじょう》価格差・シェーレといわれた）。恐慌期の農業問題の焦点は、この農産物価格の下落による農業恐慌（農村疲弊）からいかに脱出するのか、という点にあった。

昭和恐慌からの脱出に取り組んだのは、一九三一年（昭和六）十二月、大蔵大臣となった高橋是清（犬養毅内閣）であった。高橋は金本位制を即日廃止し、日銀引受の赤字国債による積極政策をとった。輸出拡大と需要創出政策により、国内景気の回復を図ったのである。農業恐慌からの脱出政策もその重要な一環であった。

農村経済更生運動の展開　農業部面の恐慌対策としては、通常、農村経済更生運動やそれに伴う産業組合拡充政策（組合と組合員の増加、未設置町村の解消、各種事業の充実、農事実行組合の組合加入など）をあげるのが一般的である。農林省は、そのために経済更生部という新たな内局（局と同格で、部長は勅任官）を設けた。その部長に前農務局長（小平権一）をつけるという力の入れようであった。東京（農林省）に農村経済更生中央委員会をおき、地方には道府県経済更生委員会―町村経済更生委員会を組織させ、中央の方針に従って経済更生計画の樹立・実行に当らせるという上意下達の画一的な施策を展開した。経済更生運動は、町村が全体の統制機関となり、農会（農業経営の改善）、産業組合（信用・販売・購買事業の改善）、小学校（社会教化）を指揮し、更生計画を遂行するというものであった。その際、更生計画の樹立とその実行を促すために指定村方式をとり、指定村にはごく少額の補助金（一〇〇円から二〇〇円程度で更生計画書作成の手間代ぐらい）をつけた（坂根・一九八八）。この上意下達の画一的な施策は、当時世界的に流行しつつあった計画経済の影響を受けている。

経済更生運動の特徴は、精神運動的色彩がきわめて強い点にあった。この運動の中心人物であった小平が、経済更生計画においては農民精神の更生に非常に重点をおいた、と後に述べているように（小平・一九四八）、農民精神の更生＝精神主義が強調された。この精神運動の内実は、私的な欲望を抑制して、冗費の節約＝過少消費・自給主義を推進し、勤労主義を推奨して少しでも増産に結びつく過重労働を推し進めることにあった。少しでも増産して農業所得を増加させ、できるだけ節約かつ自給をして現金支出を減らす、というのである。これが実行されれば、過少消費により農村消費市場は縮小し、農作物の増産（勤労主義）により農産物価格も低迷を余儀なくされる。これは、高橋財政が推進している景気回復政策と齟齬をきたす側面が大いにあった（もともと高橋大蔵大臣は経済更生計画には否定的だったと思われる）。経済更生運動は、いわば、恐慌が過ぎ去っていくのを、頭を低くして、やせ我慢して、自給経済に閉じこもって、ただひたすら待つ、というもので、根本的な恐慌対策ではなく、恐慌を克服していく経済的な力となりえるものではなかった。その意味で、対症療法的な内向きの精神主義的な施策であった。

米価支持政策と救農土木事業　農業恐慌対策としてもっとも重要であったのは、米価支持政策である。政府は、米価下落に対し本格的な米価支持政策へと大きく舵を切った。一九二一年（大正十）の米穀法では、米価安定のために、政府による米穀の買入・売渡を定めていたが、その発動の基準米価は示されていなかった。それもあり、米穀法による一九二〇年代の米価維持政策には、限界が大きかった（大豆生田・一九九三）。昭和恐慌期になると、米穀法の第二次改正（一九三一年三月）、第三次改正（一九三二年九月）が行われ、一九三三年（昭和八）三月には米穀統制法が成立した。このなかで、米価の最高価格・最低価格（政府公定価格）が決められ、この公定価格帯を越えて米価が乱高下するときには、政府は無制限に買入・売渡を行うことができることになった。公定価格帯（最高価格・最低価格）は、家計米価（最高価格）と米生産費価格（最低米価）を基準に決定された（坂根・一九八八）。

この米価支持政策は、農家経営の好転に大きな効果をもった。図11が、自小作別の一〇時間当り農業所得と農業日雇賃金の推移を示したものである。一九二〇年代後半では、まだ自作の農業所得は農業日雇賃金と同程度であり、自小作・小作はすでに農業日雇賃金を下回っていたが、その後、米価の低落とともに急速に農業所得は減少することになる。そのボトムは、米価と同じ一九三一年（昭和六）であった。恐慌期には、自作でさえも、農業所得が農業日雇賃金を下回っていた。一九二〇年代は、養蚕業が最後の好景気を迎えていた時期でもあり、農家経済はまだ堅調に推移しえたが、恐慌期になると、繭価も下落し、農家経済は困窮の度を増した。米穀法第二次改正（井上財政期）での最低米価はまだ低かったが、第三次改正（高橋財政期）では、最低米価が米生産費価格まで引き上げられ、以後、米価は目立って回復していった。それに伴い、単位時間当りの農業所得も急速に回復していくことになる。この背後に、米生産費を上回る米価支持政策があったことはいうまでもない。米価支持政策は、有効な農家経済へのてこ入れ策であった。

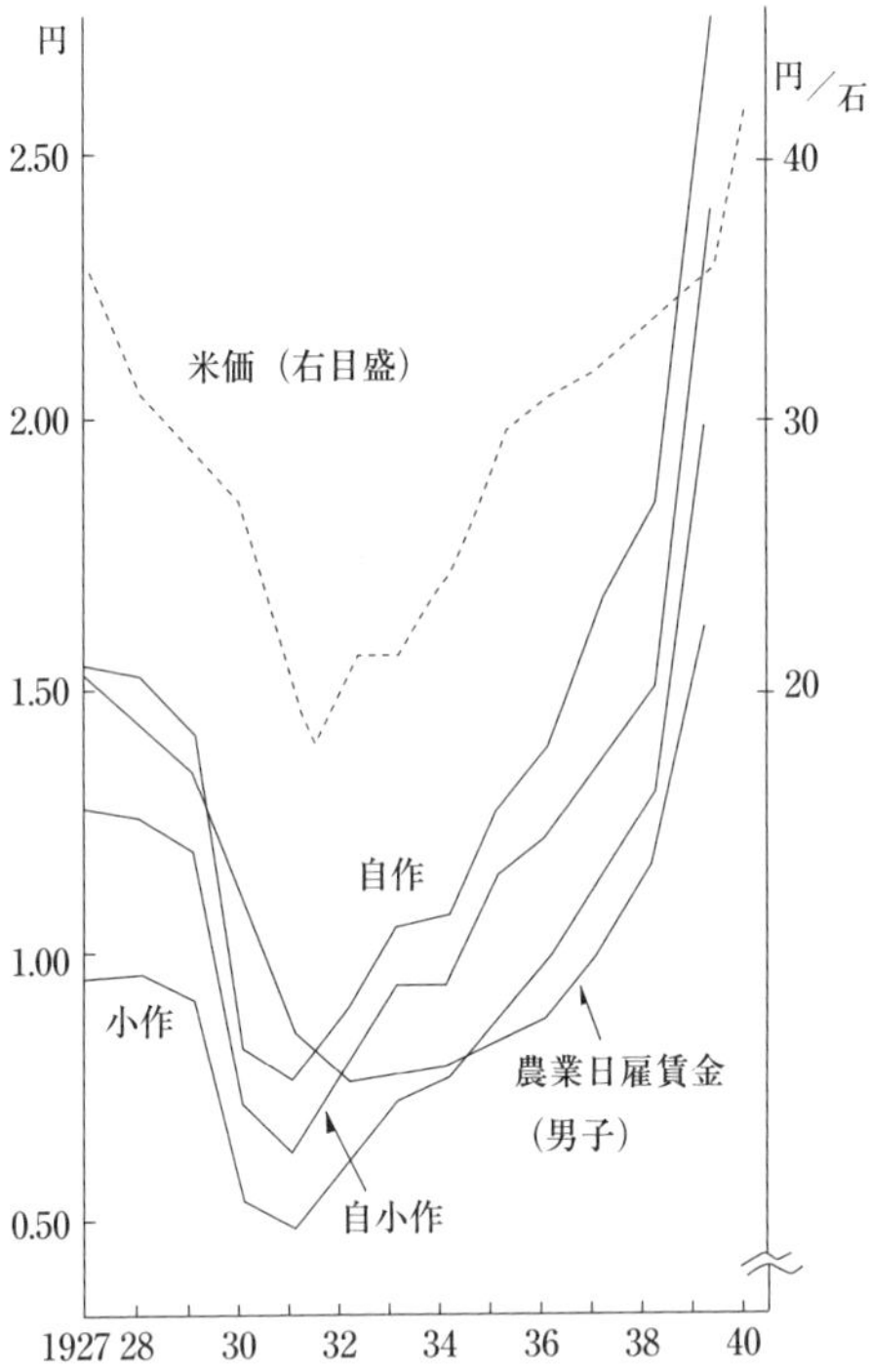

図11　10時間当り農業所得の推移

いま一つ、農業恐慌対策として高橋財政の重要な施策が、時局匡救《きょうきゅう》事業であった。この事業は、一九三二年度（昭和七）

から三年間に総額八・六億円という巨額の財政支出を土木事業や失業救済に当てるというもので（当時の一般会計歳出は二〇億円程度）、高橋財政の需要創出政策の重要な一環であった（岡田・一九八九）。経済更生計画とは違い、高橋財政らしい施策であった。農林省の主な事業は、①大規模開墾、②用排水幹線改良、③小規模開墾、④小規模用排水改良、⑤暗渠排水、⑥小設備（農道・堤塘などの改良・新設）であった。事業の国庫助成率は五割（一部四割）、地方負担分にも低利資金が供給されるという手厚い支援を受けていた。農林省事業は小規模事業に特徴があり、かなり広範囲に展開した。これらの総地区数一七万地区、関係地積二〇〇万町歩であり、この地区数は全国市町村数の一四倍、地積は全国耕地面積の三分の一に及んでいた（坂根・一九八八）。

この農業土木事業は、耕地拡大や用排水整備、農道整備など農業インフラの改良・拡充を推し進めるものであり、農業経営の合理化（生産費の低下）や農業生産力拡充を企図していた。ただし、これらの事業は必ずしも速効的な効果を期待できるものではなかった。むしろ、速効的な恐慌対策としては、農業土木事業の労賃散布による追加的所得のほうが効果的だった。一般的には、当時の限界消費性向（追加的所得のうち消費に回る部分の割合）はあまり低くないと考えられており、時局匡救事業による追加的所得が国内消費財市場の拡大に寄与した効果は大きかったと見られている（三和・一九七九など）。ただ、恐慌期の波及効果（乗数）をどの程度に見積もるのかは、今後の研究課題として残されている。

土地争議の深刻化　3でも述べたように、一九三〇年代小作争議は、土地争議を中心とした個別的小作争議が多くなり、争議内容も小作防衛的な小作継続（地主の土地取上げへの抵抗）を要求するものが多くなっていった。地域的には、その舞台が、西日本からしだいに東日本へと移っていった。その背景には、次のような恐慌期の経済状況があった。

昭和恐慌期には、都市では企業倒産や人減らしが進められ、失職した労働者は、出身地への帰村（帰農）傾向を強めていた。また、恐慌期には、図11で見たように、農業日雇賃金よりも農業所得が急激に下がってきており、日雇労働力を雇うと経営的に引き合わない状況が生じていた。つまり、帰村に加えるに、農家経営から雇用労働力を押し出そうとする傾向が強くなってきており、その結果、農村部には労働力が滞留していったのである。地域的に見ると、もともと近畿など西日本では労働市場が早くから開けていたのに対し、東北など東日本では農村労働力の農外（都市部）への流動性は低く、農村に膨大な人口を抱え込む傾向が強かった。加えて、東北などでは人口の自然増大が大きく（出生率・死亡率ともに高いが、出生率が格段に高い）、その増加人口が西日本ほどは都市に流出しえず、農村部に滞留していたのである。こういう状況下で、昭和恐慌が発生し、人口圧力がよりいっそう強まることとなったのである。自作地経営や小作地経営は、数少ない安定的な就業の場を意味することになった。

このようななか、耕作地主は就労部面の拡大を目指して、できる限り自作地を広げようとし（小作地の自作地化）、小作人から土地取上げの動きを強めた。また、農外労働市場が狭まったことから、自作農や小作農もできるかぎり耕作地（小作地）を拡げ、就労部面を拡大しようとしていた。地主は、より高い小作料を支払う小作人に小作地を貸そうとするから、従来の小作人から小作地を取上げ、新しい小作人に変更する動きを強めたのである。このように、恐慌期には、各地で土地取上げが生じ、土地取上げ争議が頻発することになったのであるが、東北など東日本では、上述のように人口圧力はより強く表れたため、しだいに土地争議の主要舞台となっていったのである。

ここで注意しておきたいのは、土地争議の当事者がどのような階層であったのかである。まず、小作地を取上げげられる小作側であるが、多くを占めたのが比較的経営規模の大きい小作・小自作の中・上層経営であったことである。けっして、経営規模の小さい貧農や雑業層ではなかったのである。当時の農民組合運動の指導者は、土地争議の小作側当事者を貧農と認識していたが、まったくの誤認であった。次に、地主側当事者であるが、案外、零細な土地所有者が少なくなかったのである。もちろん、三町歩以上所有の地主らしい地主も多かったのであるが、他方で、とくに、小作地の自作地化を進めようとした（つまり土地取上げを行った）地主には、零細な土地所有者が多かった。なかには、雑業層など他に就業しながら資金をためて耕地を購入し、それを自作地としようとする零細な土地所有者が地主として立ち現れている場合も多々見られた。このような場合には、零細な土地所有者が、自作をめざして、経営規模の大きい小作人から土地を取上げ、土地争議が発生し、農民組合が中・上層経営の小作側を支援する、という構図となっていた。このようなケースでは、小作側のほうが経済的に優位にある場合が多く、農民組合がいわば「弱いものイジメ」をする格好となった。このように、土地争議は複雑かつ深刻な場合が多く、集団的な小作料減免争議ほど単純な対立構図ではなかった。

それだけに、地方小作官は地主側・小作側双方の個々の経済状況を詳細に調査しつつ、それをふまえて調停作業を行わざるをえなかったのである（以上、坂根・一九九〇）。

5 戦争と戦時農業統制の開始

厳しい米穀取立て　一九四三年（昭和十八）五月初旬、淡路島西南部のある村では、米の供出をめぐり、村長・村農会長を囲み各集落の代表者たちが集まって、連日協議を重ねていた。議題は、本年三回目の供出要請問題であった。この村では、この年二月に供出の割当がきて、自家保有米を除き全量を供出したのであるが（一回目の供出）、それでは供出割当量に足らないというので、さらに保有米の三割の供出を行っていた（二回目の供出）。ところが、それでもなお不足するとして、三回目の供出要請がきていたのである。それをどうするか、連日協議を重ねていた。

この村では、村への割当量を、耕地面積に従って各集落に割振り、各集落では、その割当量を集落の責任で供出するというやり方をとっていた。一九四三年（昭和十八）産米以降は集落単位に割当てる部落責任供出制がスタートするが、それ以前から集落（日本的「村」）を単位に、その責任で供出することは、全国で行われていた。この村では、集落ごとに見ると、割当量の供出を完了した集落と未完了の集落が生じていた。当然、まずは、未完了集落から供出を求めることになった。村長は、未完了の集落に巡査を連れて家捜しまで行ったが、それらの集落には少しの米も残っていないことがわかった。したがって不足分は、供出完了集落からさらに供出してもらうほかはない、ということになったのである。かといって、供出完了の集落では、すでに割当分の供出は完了しているわけだから、さらにそれを上回って供出させられるのには大きな抵抗があった。その協議が冒頭の会議であった。割当の完遂ができないのは村の名誉に関わるので是が非でも完納にこぎつけたい、というのが村長や農会長の強い意見であり、結局、完納集落からできるだけ残りの米を出してもらい、それでも不足する分はやむをえないから勘弁してもらう、ということになったのである。

農民保有米のすべてを供出させられたこの村では、数日後から配給米を受けざるをえなくなった。配給米は東京と同じ、一分搗《づき》の外米入りで、量も一人二合七勺だった。農民は、手持ち米まですべて取り上げられ、あげく一分搗の外米入りを口にせねばならなかったのである。農民の落胆や不満は大きかった（以上、大内・一九四三）。

この年二月から、行政機関や大政翼賛会を中心に、全国的な米穀供出確保運動が猛烈に展開されていた（玉・二〇〇三）。上述のように、淡路島西南部のこの村では農民の手持ち米もすべて取り上げるような厳しい米穀取立てが行われたが、それは、この米穀供出確保運動の一環だったのである。この運動では、全国で四一〇〇万石（一九四二年産米）の供出完遂がスローガンとなっていたが、この村のような供出未完了の地域もあり、実際は全国で一〇〇万石余りの未達成となった（表16）。

食糧管理制度の開始　高橋財政の結果、景気は急速に上向き、生産は回復していった。農業部面の回復は遅れたが、一九三〇年代中頃には米価も回復し、農家経済も落ち着きを取り戻していった。そのようななか起こったのが、一九三七年（昭和十二）七月の盧溝橋事件であった。これ以降、本格的

表16　米穀の供出実績　（単位：千石、％）

	生産高（A）	割当量（B）	供出高（C）	農家保有米（A－C）	供出率（C/A）	進捗率（C/B）
1940	60,874	18,067	17,502	43,372	28.8%	96.9%
1941	55,088	29,903	28,867	26,221	52.4%	96.5%
1942	66,776	41,017	39,970	26,806	59.9%	97.4%
1943	62,887	39,059	39,682	23,205	63.1%	101.6%
1944	58,559	37,250	37,294	21,265	63.7%	100.1%
1945	39,149	26,561	20,611	18,538	52.6%	77.6%

出典：農林省食糧管理局・1948、渡辺・1953。

な戦時経済体制にはいり、農業でも戦時統制が強まっていった。

戦時期の農業問題の焦点は、食料問題であった。一つは、不足しがちな食料をできる限り増産することであり、二つは、生産した食料をいかに消費者に安定的に届けるのかであった。一九三九年（昭和十四）の旱魃で、西日本・朝鮮は凶作となったが、その衝撃により、この二つの問題が一気に表面化することになった。

大きな制度変更が一気に行われたのが、米の流通過程であった。米穀の偏在と米価の高騰による不平等（飢餓）を発生させないために（経済全体としてはインフレを抑制するために）、限られた生産米を、確実にかつ適正な価格で消費者に届ける必要があった。そのため、一九四〇年（昭和十五）、臨時米穀配給統制規則・米穀管理規則が出され、米穀の国家管理が始まった。それは、生産農家から、その農家の自家保有米を除く全量を、供出米として国家が買取り、それを消費者に配給するという壮大な試みであった。この米穀国家管理により米穀市場自体が否定されることとなった。一九四二年（昭和十七）には食糧管理法が制定され、統制が米穀以外の麦類・いも類に拡大されるとともに、配給機関として食糧営団が新設された。

ここで重要なのは、米価がどのように設定されたのかである。米価は、すでに公定米価制となって

表17　公定米価表

（単位：円）

		1939年・40年産米	1941年・42年産米	1943年・44年産米	1945年産米
買入価格（地主米価）	（A）	43.00	44.00	47.00	55.00
奨励金・補給金	（B）		5.00	15.50	245.00
生産者価格	（C=A+B）	43.00	49.00	62.50	300.00
売渡価格（消費者価格）	（D）	43.00	43.00	46.00	250.00
＜参考＞					
収穫高（2石）	（E=C × 2）	86.00	98.00	125.00	600.00
小作料（1石）	（F=A × 1）	43.00	44.00	47.00	55.00
小作料率（%）	（G=F/E）	50.0	44.9	37.6	9.2

出典：農地制度資料集成編纂委員会編・1972、阪本・1978。

いたが、さらに生産者米価と消費者米価が分離され、生産費基準（生産者米価）と家計費基準（消費者米価）という二重米価制度がとられた。生産者と消費者をともに保護するため、国が生産者から「高く」買取り、消費者に「安く」売渡すことになったのである。加えて、生産者にさらに食料生産へのインセンティブをつけるために、買入米価（地主供出米に対する買取価格）に奨励金・補給金を上乗せした生産者米価を設けることとなった。例えば、一九四一年（昭和十六）産米では、買入価格に五円の奨励金を上乗せし、生産者米価四九円、買入米価（地主米価）四四円、消費者米価四三円という、事実上の三重米価制が成立したのである（表17）。その後、戦時インフレが進行するなかで、食料増産の誘因として奨励金・補給金がますます増額されることになった（表17）。この三重米価の差額部分はすべて政府が負担したため、食糧管理特別会計は膨大な額に膨らんでいった。

　この食糧管理制度は、地主小作関係に大きな変更をもたらすことになった。在村地主への小作料は、在村地主の自家保有米を除いた部分は小作人から国に供出され、地主にはその代金が国から支払われることになった(不在地主には自家保有米は認められていなかった)。小作料が、従来の現物納から代金納に、強制的に変更させせられることになったのである。いま一つは、小作人の供出米は地主の小作料部分も含めて生産者米価で買い上げられたが、地主に支払われる小作料部分は地主米価で計算されたため、生産者米価と地主米価の差額分だけ小作料が軽減されることになったのである(表17の小作料率を参照)。明治以来、なかなか実現が難しかった代金納と小作料率の引下げが、食糧管理政策を通して一気に実現することとなった(以上、農地制度資料集成編纂委員会・一九七二、坂根・二〇〇二)。

では、米穀の供出実績は、どうなっていたであろうか。表16が戦時中の供出実績である。敗戦の一九四五年(昭和二十)産米を除き、進捗率はかなり高い実績となっている。一九四三年(昭和十八)・一九四四年(昭和十九)は供出率が引き上げられたにもかかわらず、進捗率は一〇〇%を若干超えている。一九四三年からは日本的「村」機能を利用した部落責任供出制がスタートし、一九四四年からは事前割当制がとられていた。それにしてもほぼ完璧に近い進捗率である。その意味では、この前代未聞の壮大なプロジェクトは、ほぼ完璧に遂行されていたことになる。供出米の割当は、国(農林大臣)→都道府県(地方長官)→地方事務所→町村(農会)→農業集落→農家(生産者・地主)へと下ろされていったが、このルートのなかで、供出米取りまとめの重要な役割をになったのが、農業集落(日本的「村」)であった。日本的「村」による隣保共助と相互規制という機能を生かして、供出米の完納を達成していったのである。

日本的「村」が重要であったことは、日中戦争期の中国での食料調達と比べてみると明瞭になる。中国でも日本軍との闘いのために食料徴発が行われていたが、農民を相互規制する社会的規範の弱い中国農村では、食料徴発に伴うさまざまなモラルハザードが生じていた。各地で不正や不平等が噴出し、それによる農民の不満や非協力が大きくなり、思うように食料徴発が進んでいなかった。もともと地籍や戸籍が実態と合致していないという、それ以前の問題（国家による農村掌握の低さ）も、食料徴発の困難さを増幅していた（笹川・奥村・二〇〇七）。もっとも日本の場合にも、正規ルートのどこからか漏れ出た米穀が闇の米穀市場を成立させていたのであるから、その意味では日本でも米穀供出・配給をめぐる不正が生じていたことは明らかであった。ただ、その大きさと深さは中国の比ではなく、中国の場合とは質的に異なっていたと見るべきであろう。

食料増産政策の強化　食料の安定的供給は、戦争遂行の不可欠の前提だったので、食料増産は農政上の第一の課題であった。食料増産を目指して、戦時（非常時局）でしか実現が難しいような農地所有制限・生産統制が強力に推し進められた。

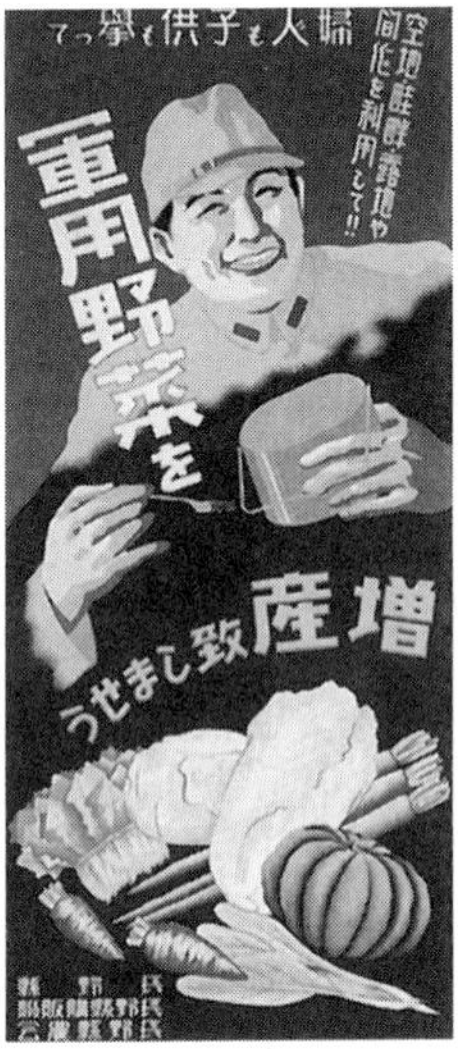

図12　食料増産ポスター

食料増産が戦時農政の第一の課題であったため、農地を耕作し食料を生産している生産農民が重要視され、彼らに有利なかたちで農業統制が進められていった。それを端的に示すのが、生産的機能をもたないかその機能が小

図 13　食料増産の排水作業（横浜市）

さい地主に対する抑制策であった。これを戦時食料政策について見てみると、第一は、先に述べた米穀の公定価格で、生産者米価と地主米価（買入米価）に差が設けられたことが、まず挙げられる。生産者の供出米は、地主米価に奨励金・補給金を上乗せした価格で買取られ、地主の供出米（小作料相当部分）と差がつけられていたのである。生産農民優遇と地主抑制が明瞭に表れていた。第二は、自家保有米が不在地主には認められなかった点である。在村地主には居住町村小作人からの小作料の範囲内で自家保有米が認められていたが、不在地主には認められていなかった（厳密にいうと、一九四二年九月以降の措置）。第三は、自家保有米の計算についてである。在村耕作地主の自家保有米は生産農民と同等に計算されていたが、在村不耕作地主には一割ほど減額して計算されていたのである。以上に表れている国家の意思は、地主よりも生産農民を、不在地主よりも在村地主を、在村不耕作地主よりも在村耕作地主を、それぞれ優遇するというものであった。要するに、生産的機能をどの程度もっているのかを基準として、生産農民を第一に、それとの距離で地主の処遇を決めていたのである。戦時期の地主のイメージは、国家と生産農民の間で小作料に寄食している、生産から遊離した徒食の輩というものであった。

この生産農民保護という基本的方針は、戦時農地政策にも貫かれていた。一九三八年（昭和十三）の農地調整法では、農地賃借権の強化が盛られ、生産農民（小作人）の安定的経営を図る措置がとられていた。小作立法が挫折してきた大正期以降の小作立法史からすると、この農地賃借権の強化は画期的な措置であった。この農地調整法には、自創事業や小作調停制度の拡大、農地委員会制度の創設も規定されており、地主抑制的な施策を強化するものであった。

戦時農地政策としては、小作料統制令、臨時農地等管理令、臨時農地価格統制令の戦時農地立法（三勅令）が代表的である。一九三九年（昭和十四）十二月に公布・施行された小作料統制令は、小作料の引上げ停止（一九三九年九月十八日の水準で据置）、市町村農地委員会による小作料適正化事業、地方長官による小作料引下げ命令を規定していた。要するに、戦時経済統制の中核をなした価格等統制令との調和を図るとともに（小作料の引上げ停止）、小作料の引下げを通して生産農民（小作人）の経営安定を図ろうとしたものであった。小作料統制令による小作料引下げは、主に市町村農地委員会による小作料適正化事業として行われた。小作料適正化事業（町村単位での小作料の引下げ事業）は、一九四五年（昭和二十）三月までで小作地総面積の五分の一に及んでいた。

表18　食料品供給量指数
（1934～1936年平均＝100）

	主食	副食
1937	105	101
1938	105	98
1939	105	99
1940	102	101
1941	95	107
1942	96	96
1943	95	92
1944	92	76
1945	78	60
1946	56	58
1947	75	53
1948	77	63

出典：中村隆英・1989。
注：主食＝米、麦、大豆、甘藷、馬鈴薯。副食＝蔬菜、果実、鮮魚介、牛馬豚肉、砂糖、味噌、醤油。

臨時農地等管理令と臨時農地価格統制令は、一九四一年（昭和十六）二月一日に施行された。臨時農地等管理令は、食料確保のため耕作面積を維持することを目的としており、農地転用の制限、耕作放棄地の耕作強制、作付統制の三つからなっていた。このうち、農地転用制限は、農地を耕作目的以外に転用するときには地方長官の許可が必要となるもので、当時、進行していた工場・道路敷地などによる農地潰廃面積の増加への対応策であった。農地統制は、その後さらに強化され、所有権・賃借権などの農地権利移動の全面的統制へと踏み込んでいった（一九四四年三月）。作付統制では、不急不要作物の制限・禁止や主要作物の作付命令が規定された。稲・麦・甘藷・馬鈴薯・大豆が食料農作物に、桑樹・茶樹・薄荷《はつか》・煙草・果樹・花卉《かき》が制限農作物に指定された。臨時農地価格統制令は、上昇しつつあった農地価格を抑え、農家経営の安定と自創事業を促進することを目的としていた。そのため、農林大臣が定める農地価格を超えた価格で農地売買をすることを禁じたもので、価格等統制令に対応した措置であった。以上の戦時農地立法により、農地の利用権・収益権・処分権のすべてにわたり統制が加えられることになったのである（以上、坂根・二〇〇二など）。

では、戦時期の食料供給はどうなっていたのであろうか。表18が戦時期から敗戦直後における食料品の供給量を示している。一九三四年（昭和九）から一九三六年（昭和十一）の平均を一〇〇とした指数であるが、一九四〇年（昭和十五）頃までは、主食・副食ともに、ほぼ一〇〇かそれを超えており、この時期までは一九三〇年代中頃の供給量を維持していることがわかる（ここで主食としているのは、食料農作物として、とりわけ増産に力が入れられた農作物である）。ところが、一九四一年（昭和十六）・一九四二年（昭和十七）頃から主食・副食ともに一〇〇を下回り始める。戦時期のモノ不足の始まりであった。これが一気に悪化するのが、一九四五年（昭和二十）・一九四六年（昭和二十一）であった。とくに、一九四六年（昭和二十一）には主食・副食ともに半分近くまで落ち込んでおり、食料事情は危機的な状況に陥った（中村隆英・一九八九）。戦争を継続しておれば、一九四六年（昭和二十一）の端境期《はざかい》には餓死者が出たであろう。

闇経済の展開　戦時期になると、軍需生産へ重点が移されたため、民需物資需給の不均衡がしだいに強まってきた。民需物資の不足が深刻になるなか、インフレ悪化を避けつつ、国民に生活必需物資を届けるようにする必要が生じてきた。そのために、価格の統制を行い、生活必需品の配給制を実施する必要が出てきたのである。一九三九年（昭和十四）十月、あらゆる物価と賃金を九月十八日の水準に据え置く価格等統制令が出され、食料品を中心に配給制・切符制へと順次移行していった。価格統制（公定価格制）がスタートしたのである。

市場原理を無視した価格統制（経済統制）が、これまでの人類の歴史のなかでうまくいったことは一度もない。統制が行われると、統制違反が出てくるのが世の常である。物資が不足しているなかで価格統制を行うので、必ず闇市場が生じ、そこでの闇価格（統制違反価格）は高騰する。闇に流せば、公定価格の数倍から、場合によっては数十倍の価格で売れるのである。そのため、統制違反が横行し、闇経済（地下経済）が生じ、統制経済との二重経済状態となる。もちろん、統制違反の取締りも厳しく行われるが、闇取引を押さえ込むことは、まずできない。わが国の戦時経済統制も例外ではなかった。

表19が主要物資の闇価格一覧表である。公定価格に対する倍率を示している。一九四三年（昭和十八）八月から一年余りの動きを示しているが、公定価格に対する倍率がかなり急速に上昇していくことがわかる。品目別には、米・甘藷・馬鈴薯など主要食料品は、だいたい数倍から十数倍に高騰している。それでも他と比べると騰貴倍率が小さいほうである。なかでも、砂糖と石鹸がきわめて高騰していることがわかる。砂糖にいたっては、一九四四年（昭和十九）末には公定価格の一四二倍の闇価格で取引されているのである（砂糖の輸入は戦時期になると皆無に近い状態となったため早い段階から不足していた）。ちなみに、当時、公定価格は「丸公」と、闇価格は「丸ヤ」と呼称された。「丸ヤ」は「国民相場」とも称されたという（中央物価統制協力会議・一九四三）。「国民相場」という表現は、統制経済と区別された闇経済に対する国民の意識をよく示している。

闇で取引される物品の品質も大きく低下していった。代用品の横行である。例えば、日中戦争前には五二銭で購入できたブリキ製のバケツが、一九四三年（昭和十八）頃には木製になったにもかかわらず一・二七円でないと購入できなくなっている。ブリキ製が一年間使えたのに、木製は一ヵ月しか

表19　闇価格表（公定価格に対する闇価格の倍率）

	1943年		1944年			
	8～10月	10～12月	1～3月	4～6月	7～9月	10～12月
米		8.9	9.5	17.8	18.7	23.5
甘　藷		5.4	5.7	8.6	17.0	20.0
馬鈴薯		4.3		9.7	15.4	10.0
蔬菜類			2.6	3.0	13.5	4.7
嗜好品・果実		3.8	6.8	9.1	5.6	12.4
調味料		6.1	5.9	9.2	12.3	16.0
鶏　卵		4.0～12.5	6.7	7.3	9.8	18.0
砂　糖	16.3	16.0～44.0	41.0	59.0	98.0	142.0
石　鹸	18.0	10.0～30.0	33.0	26.0	55.5	81.0

出典：中央物価統制協力会議・1945。
注1）6期のうち、4期の倍率が判明するものを掲げている。
2）「調味料」には砂糖を含まない。
3）1944年10月～12月の「石鹸」は「洗濯石鹸」。他は「石鹸」。

使えない代物であった。繊維製品は木綿からスフとなり、使用価値は大幅に下がるのに、値段は数倍に跳ね上がった。国民生活の劣化が著しく進行していたのである。

闇取引には不正がついて回った。よく見られたのは、不正量目による取引である。実際よりも過大に偽って販売するのである。中央物価統制協力会議の調査によると、穀物で一四％、生魚介類で三〇％、蔬菜類で二九％、果実類で二四％の不正量目取引が行われていた。また、清酒の水増し販売や牛肉への馬肉混入販売は半ば公然と行われていた。闇取引では、闇であるが故の事情もあり、情報が非対称になる場合がほとんどで、また取引をめぐる市場ルールが固まりきれなかったのである。

インフレにモノ不足という状況が続くと、やがて物々交換が盛行するようになる。戦時経済でもこの動きが見られた。例えば、下駄一足と醤油一升の交換、煉炭と米、鼻緒と米などで、多くの場合「丸公」価格を基準に取引された。物々交換の盛行は、貨幣への信頼がしだいになくなってきていることを示している。人々は生活必需物資ならば何品でも見つけしだい購入しておき、交換物資用に備えるという風潮が強まっていったのである（以上、中央物価統制協力会議・一九四三）。

闇取引における買い手は、ほとんど消費者であったのであるが、売り手は誰であったのであろうか。中央物価統制協力会議の生活資財闇物価集計表（一九四三年十月〜一九四五年六月）を見ると、売り手には、生産者・小売商・ブローカーが多い。ただ、食料品では、圧倒的に農家が多くなっている。これは、都市住民の都市近郊農村への「買出し」と農家の振り売によるものと思われる。統制のとりわけ厳しかった米麦の闇取引も多く、少なくない農家が闇経済をになっていたことがわかる（中央物価統制協力会議・一九四五）。また、都市住民の食料購入（入手）方法についての調査（一九四三年）を見ると、調査世帯平均で、割当配給による部分が六四％、残り（自由購入と闇購入）が三六％となっている（自由購入とはいっても闇価格で購入されたものが大部分。闇購入部分については調査時に過少に申告している可能性が高い）。国民も、かなりの部分を闇に頼って生活を維持せざるをえなかったのである（野本・二〇〇三）。

戦時農業統制違反の常態化　従来、戦時経済統制で市場経済が逼塞せしめられたような議論が多く、戦時経済統制期を例外的な時期と見る傾向が強かった。しかし、闇経済を含む統制経済外の部分は、市場経済の論理に基づいて動いていたのであり、戦時期とはいえ、統制経済の外では、経営者・商人・

地主・農民たちは価格や利子率、各種の利回りを基準に、市場経済の枠組みで経済合理的に行動していたのである。上述したように、その部分はけっして小さくなかった。いわば、広くひろがった闇経済の上に、一部統制経済が浮かんでいるような状態ではなかったろうか。

従来、戦時農業統制も、戦時期という非常時であり、強力な国家統制もあり、若干の統制違反はあっても、全体としてはほぼ守られていたのではないかという漠然としたイメージがあったと思われるが、実際には思われているよりも、はるかに多くの統制違反が行われていた。上述したように、闇市場のほうが公定価格よりもはるかに取引価格が高かったため、それが大きなインセンティブとなって、闇に物資が流れ闇市場が成立していた。生産量から確実に把握していたはずの米穀でさえ、どこかの段階で、かなりの量の米穀が正規ルートをはずれ、闇市場に流れていたのである（一般には、生産量の過少申告が考えられる。過少申告については加瀬・二〇〇五）。米穀がこれであるから、他は推して知るべしであろう。

農地作付統制でも、制限・抑制農作物のほうが食料農作物よりも価格のうえで有利であったことから、農民の統制違反があとを絶たなかった。市場経済原理からして、当然の経済合理的行動であった。臨時農地価格統制令でも、統制価格を超えた農地売買が一般的に行われていた。登記価格には実際の売買価格を届け出る必要はなかったし、司法当局も実際の売買価格の届出を必要としておらず、行政当局も実際の農地売買価格を知る術がなかったのである。売買当事者以外には実際の売買価格を知るものはなく、これでは農地価格統制のやりようがなかった。臨時農地価格統制令はいわばザル法状態であった（坂根・二〇〇四）。農地の統制価格は、一九三九年（昭和十四）の基準価格が敗戦後までほぼ維持されたが、実勢の売買価格はそれをはるかに超えて騰貴しており、闇取引価格は実勢価格（均衡価格）に近付こうとしていたのである。

戦時中、農林省を悩ませていたのは、自家飯米分以上の経営規模農家では、農産物価格が他の価格と比べて低く、また農外賃金がかなり高かったことから、自家飯米分の生産だけを行って、それを超える労働力部分を農外に振り向ける農家が目立って登場してきたことであった。その結果、農業粗放化・農業生産縮小・耕作放棄などが生じていた。国家にとっては、これらのことは食料増産の点から大問題であったが、農家からすると、それがもっとも合理的な行動であったのである。戦時期とはいえ、農民はあくまでも「打算的」で「功利的」であった。

Ⅶ　現　代

1 戦後復興期の農業——一九四五〜五五年

深刻な食料不足　戦後復興期の最大の問題は食料不足問題だった。食料需給は逼迫し国民の多くが食料調達に苦労した。カロリー摂取水準は急低下し、栄養不足人口が急増した。新聞紙上には「一千万人餓死説」が飛びかっていた。こうした深刻な食料不足の要因をまず見ておこう。

供給面では農業生産が大幅に減少した。一九三四〜三六年を一〇〇とした農業生産指数は、一九四五年には一気に六五・五にまで落ち込んだ。四五年産米は、凶作のうえ九月以降の風水害で大減収となり、実収見込みは三九一四万石（戦前水準の六六％）に落ち込んだ。米以外の食料生産についても、穀類が平年の七七％、畜産物が二二％、水産物が四〇％となった（『第二七次農林省統計表』一九五〇年版）。

徴兵と戦時動員によって、農業労働力、とりわけ若年の基幹的男子労働力が決定的に不足していた。一方、労働力不足を補うべき農機具供給は、軍需優先のもとで大幅に減少した。また肥料工業も軍事転用され、化学肥料の供給は極端に乏しくなっていた。多労多肥による集約栽培を基本としていた日本農業にとって、労働力と化学肥料の不足は決定的な打撃となったのである。

食料供給を激減させた第二の要因は、朝鮮・台湾からの移入米の途絶であった。植民地米はピーク時には内地生産量の二〇％前後を占めていたので、その影響は甚大であった。国内生産量の激減と植民地米の途絶によって、戦前一一〇〇〜一二〇〇万トン程度あった米供給量は、一九四五年産では約六〇〇万トンへと半減したのである。

第三の要因は供出率の低下であった。敗戦による行政組織の混乱と食料難によるヤミ価格の高騰のもとで、農民の供出意欲は極端に低下した。例年であれば九〇％前後に達する供出率は、一九四六年二月末時点で五一％水準にとどまっていた（食糧庁・一九五七）。政府はこれに対し、一九四五年産の生産者米価を一石九二・五円から一五〇円、三〇〇円と二度にわたって引き上げた。他方、食糧緊急措置令を公布し（一九四六年二月十七日）、強権発動を行使して供出推進にあたろうとした。またGHQ、地方軍政部も供出の督促に努めたが、結局四五年産米の供出率は米で七八％、総合で七七％の水準にとどまった（SCAP／GHQ・一九九八）。いったん冷え込んだ農民の供出意欲を高めることは難しかったのである。

政府の食料調達量が減少する一方で、消費人口は大幅に増加した。復員と引揚げによって、敗戦から一九四七年五月末までの二一ヵ月間に海外から帰国した復員兵・引揚者の合計は五三六万人に達した（正村・一九八八）。また戦争終結によって出生率は上昇し、ベビーブームを迎えた。

食料需給の逼迫　以上のように、食料の供給量が大幅に減少する一方で、食料の潜在需要は急膨張をみた。その結果、食料需給は逼迫し深刻な食料難をもたらしたのである。当時は主要食料について厳しい配給制が敷かれていたが、こうした食料難を背景として、食料配給基準は大人一人一日二合三勺（約三三〇グラム）から二合一勺（約三〇〇グラム）へと切り下げられた。しかしながらこれでも、約一〇七二万石の不足が予想された（食糧庁・一九五七）。加えて、主食の不足を補うために代用食（麦・薯・豆かす・トウモロコシ）の混入比率が高まっていった。このため、一九四六～四七年の平均熱量摂取量（物価庁調査）は一人一日当り一六〇〇キロカロリーにまで落ちた。月によってはこの摂取熱量はさらに低下し、一一〇〇～一二〇〇キロカロリーと飢餓水準にまで落ち込むこともあった。しかも摂取熱量のうち配給から調達できていたのは六〇～七〇％にすぎず、大部分の国民がヤミ市場に依存せざるをえなかった（食糧庁・一九五六）。

基準を切り下げられた配給も、都市部では完全に実行されず遅配が常態化した。一九四六年九月末現在、東京一七・六日、大阪二四・〇日、福岡三〇・三日と、大都市部での遅配が目立った。北海道に至っては、八四・一日と三ヵ月近い遅配を示したのである（食糧庁・一九五七）。

こうした深刻な食料難は、都市部における政治的・社会的危機を深化させた。食料危機突破をスローガンとする社会運動は全国各地に拡大し、一九四六年五月十九日の食料メーデーでそのピークを迎えた。

食料不足を契機とする社会不安の増大は都市部にとどまらなかった。農村部では、農地改革を回避し、また食料自給を図ろうとする地主の小作地取上げが頻発した。これに対し小作農は耕作権擁護の運動を展開した。農村部の社会状況もまた不安定性を増していったのである。都市・農村の双方で深刻化していった社会的危機の回避策として打ち出されたのが、農地改革をはじめとする占領下の制度改革であった。

アメリカの食料援助　深刻な食料不足を緩和する切り札と期待されたのが、アメリカ占領軍による食料放出・援助であった（以下、岩本・一九七九を参照）。占領開始にあたっての対日食料援助に関するGHQの方針は、ワシントンの政策決定によって厳しい制約が課せられていた。「初期ノ対日方針」は「日本ノ苦境ハ日本国自ラノ行為ノ直接ノ結果ニシテ連合国ハ其ノ蒙リタル損害復旧ノ負担ヲ引受ケザルベシ」（外務省特別資料課・一九四九）と述べ、また「初期ノ基本的指令」（四五年十一月一日）も、占領軍最高司令官は「日本にいずれの特定の生活水準を維持し又は維持させるなんらの義務をも負わない」（同前）と明記していた。日本政府の責任が強調されていたのである。また食料輸入に関しては、「中国、朝鮮、フィリピンその他の解放地域の需要をまず決定し、供給不足のため全地域の要求に応じ得ない場合は、上記の地域を優先的に取り扱わねばならない」（大蔵省財政史室編・一九七六）と厳しい原則が採用されていた。四五年十月九日付け覚書（「必需物資の輸入に関する覚書」）において、食料輸入の許可条件として、最低生活・生産不可能・支払可能の厳しい条件が指示されたこと、さらにこの最低生活の具体的内容を「日本が侵略したどの国の水準よりも高からざるもの」（食糧庁・一九五六）としたポーレー賠償委員の声明（四五年十一月）などは、こうした基本方針を反映したものである。

しかしながら、日本国民に許容すべき生活水準を低く抑えるという初期占領政策の原則は、食料事情の悪化を原因とする社会不安を前にして修正を余儀なくされていった。

日本政府は占領開始直後から、GHQに対し食料輸入の許可を申請していた。四五年九月二十九日付けでGHQに提出された「本土に於ける食糧需給状況」は、四五年産米の収穫量を五五〇〇万石と予想し、一人一日当りカロリー摂取量を一五五一カロリーとして、穀類約三〇〇万トン、砂糖一〇〇万トン、コプラ三〇万トン、椰子油五万トンの輸入を要請したもので(食糧庁・一九五六)、その後の輸入要請のベースとなった。こうした日本政府の要請に対しGHQは、十月九日付け覚書(「輸入物資の報告に関する覚書」)を発し、「初期ノ対日方針」の原則に則って、輸入許可にあたっては、①国民生活の最低水準の維持に絶対必要なこと、②国内自給の不可能なこと、の二点にわたる証明を要すると厳しい態度を示した。また、十一月十三日には、食料増産措置に関する報告を要求し、まず国内生産の増強が必要であるとした(食糧庁・一九五七)。

しかし前述のように、占領政策の実施に責任をもつGHQは、食料不足に起因する社会不安を鎮める必要があり、こうした観点から食料の輸入をある程度許容せざるをえない立場にもあった。その結果GHQは、十一月二十四日、一定の条件付きで食料輸入を許可する回答を日本政府に送付する一方で、本国政府に対し日本へ二一四万トンもの食料輸出を要請した(大蔵省財政史室編・一九七六)。この要請に対し、日本の食料事情を楽観視していたアメリカ政府は、一九四五年の世界的食料不足と解放地域からの援助要請への対応を優先せざるをえないという事情もあって、対日食料輸出には当初消極的であった。しかしGHQの強硬な要請に押されて、四六年三月から五月にかけてアメリカ政府食料使節団やアメリカ飢餓緊急対策委員会を日本に派遣し、食料輸出の必要性について調査させた。彼らはGHQの要請を基本的に支持する報告を本国に提出したので、これによって対日食料輸出・援助に糸口がつけられた。四六年五月から十月にかけて、六八万トンの食料が放出されたのである（食糧庁・一九五七）。この放出量は、日本側の当初の要望量の四分の一にすぎなかったが、放出に際しては時期と地域が慎重に選択されたため、食料不足に基づく社会不安を緩和するうえで重要な役割を果たした。アメリカからの食料輸入は翌四七年から四八年にかけてさらに増大し、この間の対日援助物資の主要部分を占めたのである。

その後日本政府は、アメリカが余剰農産物を対外援助によって処理するために制定した公法四八〇号（一九五四年成立）に基づいて、アメリカからの食料援助を積極的に受け入れた。受入れ農産物の中心は小麦であったが、その売上代金の一部は日本でのアメリカ農産物の市場開拓に使用されることになっていた。日本の食料供給が、アメリカからの輸入に大きく依存する構造が、ここに確立されたのである。

農地改革　農業部門の最大の制度改革が農地改革であった。

農地改革（戦後日本側のイニシアチブで立案されながら実施されずに終わった第一次改革と区別するために第二次農地改革と呼ばれる）は、一九四六年十月二十一日に公布された改正農地調整法と自作農創設特別措置法に基づいて、一九四六年末から五二年にかけて実施された。しかし、小作地の買収・売渡業務の大半は四八年までに終了していた。この間、小作地の取上げや闇売却など地主による改革への抵抗は見られたものの、後述のような改革内容の徹底性に加えて、改革の実施スピードもきわめて速かったということができる。

農地改革法の内容は、以下の四点に要約できる。

①不在地主の全貸付地と、在村地主の貸付地で保有限度（北海道で四町歩、都府県で平均一町歩）を超える部分を国が強制買収し、それを小作農に売り渡す。

②自作農の農地最高保有限度を原則として都府県平均三町歩（北海道一二町歩）とする。

③在村地主に残された小作地については、小作料は金納化するとともに最高小作料率（田は収穫物価額の二五％、畑は一五％）を設け小作料の高騰を防ぐ。また、小作契約の文書化を義務付けるとともに、土地取上げの制限を強化し、耕作権移動を当面知事の許可制の下におく。

④農地の買収・売渡は二ヵ年で完了させるものとし、その実務にあたる市町村農地委員会の階層別委員構成を、地主三、自作農二、小作農五とする。

以上の結果、譲渡の対象となった農地面積は約二〇七万ヘクタールに達し、これは四五年八月一日現在の全小作地の八三％に相当した。この結果、小作地率は一九四一年の四六・二％から四九年には一三・一％へと大幅に低下した。また、自小作別農家構成において純小作農が激減し、自作農や自小作農などの割合が大きく高まった。

農地以外では、未墾地・牧野がそれぞれ一三四万ヘクタール、四五万ヘクタール買収されたが、このうち売却された面積は、未墾地が七五万ヘクタール、牧野が四一万ヘクタールにとどまり、それほど大きな効果をもたなかった。

小作農への農地売却価格は自作収益を基準に算定されたが、戦後の猛烈なインフレーションにもかかわらず固定化されたため、小作農にとっての負担は著しく軽減された。また、残された小作地の小作料負担も同様の理由で大幅に軽減された。改革内容の徹底性に加えて、インフレーションにもかかわらず小作地売渡価格と残存小作地の小作料が据え置かれたことが、農地改革の徹底性を一段と強めたのである。

アメリカの占領政策と農地改革　こうした徹底した内容の農地改革が、ごく短期間の間に実施できた要因には、大別して内発的要因と特殊戦後要因とが考えられる。

内発的要因としてとくに注目すべきは、①小作経営の成長と地主制の後退、②農政官僚の経験蓄積の二点である。農地改革のいわば前史に相当するこのプロセスは、Ⅵ近代で詳論されるのでここでは扱わない。

戦後特殊要因として重要なのは、①食料不足を契機とする深刻な政治的・社会的危機と、②アメリカ占領政策の二点である。食料不足問題についてはすでに述べたので、アメリカ占領政策と農地改革の関連について簡単に整理しておく（以下、岩本・一九七九参照）。

アメリカの対日占領政策の立案が本格化してくるのは、太平洋海域における戦況が日本軍にとって決定的に不利になる一九四三年後半以降のことであった。

農業政策も、経済政策全体のなかに位置付けられるかたちで国務省の極東関係スタッフを中心に検討が進められていった。この過程で対日農地改革に関する重要な文書の作成にあたったのがR・A・フィーリーである。フィーリーの基本的立場は、日本の軍事力を直接破壊するだけでは不十分で、日本軍国主義の基礎になっている日本の経済構造自体を改革しなければならないというものであった。

対日占領政策立案過程で、アメリカ国務省内には占領政策の内容をめぐって「日本派」（＝「宥和派」）と「中国派」（＝「厳罰派」）の二派が対抗していたといわれるが、いずれの側も日本の恒久的な非軍事化のためには、経済的基礎構造にまでメスを加え、日本軍国主義の温床を除去することが必要であるという点で一致していた。

フィーリーは、戦前日本大使を務めたグルーとともに日本大使館に勤めた経験をもち、人脈的には「日本派」に属する人物であった。戦後日本経済のあり方についても、日本を農業国にしてしまうという極端な見解には批判的で、一定の工業水準を許容するような柔軟な考えを示している。しかし、その一方でかなり思い切った経済改革の必要性を強調しており、農地改革を核とする農業改革についても、こうした文脈のもとで重視されている。

農業改革に関するフィーリーの構想については、戦後来日した折に、アチソンを通じてマッカーサーに提出された「日本の農業改革」と題する文書がよく知られている。この原型となったのが一九四五年五月一日付けで起草された「占領期における日本の農業改革」と題する文書で、作成にあたっては農務省の外国農業専門家であるラデジンスキーの協力を得たとされている（以下、合田・一九九〇による）。同文書はまず前文で、日本に対する占領政策は、単に「軍事的、経済的な規制と管理にとどまるべきではなく、日本国民をして平和を愛好する態度と政策をもつように変えるべき諸努力」が必要であるとし、さらにそうした努力のなかでは農業問題へのアプローチが重視されている。なぜならば、「すべての階級のなかで農民階級は、日本国民の性向をして軍国主義的なものから平和的なものへと転換せしめる計画において、最も重視されるべきである。それは人口の四五％近くを占める最大の階級であるだけでなく、最も貧しく最も不満の多い階級である。主としてその貧困と不満の故に、彼らは軍国主義的宣伝にとりわけ影響されやすかったし、また、他のどの階級よりも軍国主義的計画に対し心からの支持を送り続けてきた」のだとフィーリーはとらえるからである。

提案されている農業改革の内容は、ドーアによって紹介されたフィーリー文書（ドーア・一九六〇）と似通っている。フィーリーの認識では、日本の農民の諸困難の基本的原因は「土地に対する人口の過剰」に起因する耕地不足であるが、「予見し得る将来においては農村過剰人口の他の職業への移動という見通し」はないので、「農村の過剰人口は前提として受け入れざるを得ず、注目されるべきは農民を苦しめているその他の諸悪弊の解決である」としている。そしてまず改革の対象とすべき項目として、「広範な小作制度と劣悪な小作条件、高い利子率と結びついた農家負債の重圧、商工業を優遇し、農業を冷遇する政府の財政政策」の三点を挙げている。このうちもっとも重視され、またもっとも詳細な検討のなされているのが小作制度改革問題である。小作制度の改革には、小作条件の改善（小作料引下げ、小作権強化）と小作制度の一掃（自作農創設）の二つの方法が考えられるが、前者は地主自作化を誘発するなどいくつかの重要な欠陥をもっているので、後者、すなわち小作農の自作農化が望ましい政策として推奨されている。

しかしこのフィーリー構想が、アメリカ政府の公式プログラムにそのまま採用されていったわけではない。例えばこの文書を議論したと思われる「部局間対日経済政策委員会」の一九四五年六月二十三日会議では、「対日宥和派」から多くの批判がなされている。批判のポイントは対日農業改革の実施に際してはそれに要するコストを勘案しなければならないというもので、具体的には以下の三点の反対理由が述べられている。①フィーリーが考えているような農地改革を行うことは、食料生産に悪影響を与えて、都市への食料供給を減少させる恐れが強い。②農村過剰人口が存在する以上、土地所有権の移転だけでは農家の経済的地位に永久的かつ本質的な効果を与えることができない。③直接軍政を想定したうえで、こうした規模の改革を軍政下で実施すれば軍政要員を大量に必要とする。

こうした批判意見を受けてこの文書は、敗戦直後に開催された「部局間対日経済政策委員会」の八月二十九日会議で最終的に起草中止に追い込まれることになる。その後農地改革が占領政策の不可欠の一環として位置付けられるようになるのは、フィーリーやラデジンスキーが来日し、第一次農地改革案が日本側のイニシアチブで準備されてくることを契機にフィーリー案が復活することを通してであった。

すでにドーアが紹介したように、フィーリーの対日農業改革構想は、マッカーサーの政治顧問であったG・アチソンを通してマッカーサーに提出された。その内容は、すでに紹介したフィーリー構想に酷似しているが、小作制度の改革を基本としつつ、その内容は有償方式での全小作地の解放を柱とし、それに金融政策や財政政策、あるいは農産物価格政策を配置するという構成になっている。

このフィーリー文書をベースにして、十二月九日付けGHQ「農地改革に関する覚書」が作成され、第一次農地改革法を成立させる契機として働くことになる。つまり、農地改革実施に向けての最初の飛躍には、ＧＨＱの要請が不可欠だったわけである。

しかしこの覚書の指示に基づいて、一九四六年三月十五日にＧＨＱに提出された第一次農地改革法を基礎とする日本政府の回答は、ＧＨＱの満足を得ることができず拒否されてしまう。ＧＨＱが拒否したもっとも重要な理由は、①在村地主の保有限度が五町歩と大きすぎること、②買収に政府が直接関与せず、地主小作間の直接交渉に任されていること、の二点にあった。

以後、農地改革法制定の主導権はＧＨＱ側に移行し、対日理事会での議論に委ねられていく。対日理事会では、全小作地の低価格買収（一定規模までは有償、それを超える小作地については無償）を基本内容とするソ連案と、在村地主の保有限度を一町歩に切り下げた英連邦案とが提案され、結局後者の英連邦案が対日理事会での有力な案としてＧＨＱに勧告された。

以上の過程からもわかるように、戦後農地改革がきわめて徹底した内容の改革として実施された重要な推進力として占領軍の存在（間接統治方式を採用していたとはいえ、占領軍は実質的に憲法を超える存在であった）を無視することはできないのである。

農地改革の効果　すでに述べたように、農地改革によって日本の農業構造は大きく変化した。農民の多くが自作農となり、ここに日本農業の最大の問題であった地主制度は解体した。では農地改革はどのような効果をもたらしたのか。

まず第一は経済的効果である。ハイパーインフレーションのもとで農地改革が実質的に小作地の無償没収に近い内容をもったことによって、旧小作農の小作料負担は大幅に軽減した。小作料負担が解消したことによって、農家経済に剰余形成の可能性が生じた。しかし戦後改革期においては、小作料負担の解消分を農民が手中に収めえたわけではない。農家への過重な租税負担と低米価供出政策によって、従来の小作料負担部分は国家に回収されたのである。言い換えれば、農業部門は戦後再び課税される部門として位置付けられたわけであるが、農地改革なしには農業部門への課税は不可能だった。

第二は生産力的効果である。後述のように、戦後農業生産力の回復は工業部門と比較すると順調な経過をたどった。その最初の到達点が一九五五年の米の大豊作であり、米の総生産量が初めて一〇〇〇万トンを超えることになった。米の自給がようやく達成されたのである。

小作農が農地所有権を得ることによって生産意欲を高めたことがその背景にあると考えられるが、こうした「所有の魔術」の発現には、農業における土地資本投資の特性が関係している。農業生産力の上昇には土地改良投資が不可欠であるが、こうした土地改良投資は投資されると同時に土地と合体してしまい、後に投資部分だけを分離して回収することができない。土地資本投資がこうした特性をもつ以上、地主への農地返還の可能性を常に有している小作農は、安心して土地改良投資を行うことができないのである。むろん民法では、土地改良投資の未回収分を小作地返還時に地主に請求できる権利を認めてはいるが、その権利行使には種々のコストがかかるため、小作農による土地改良投資の制約要因となっていたことは否定できない。農地改革は小作農を自作農化することによってこうした障害を除去し、土地改良投資に対する農民の積極性を大きく引き出したのである。

第三は政治的効果である。農地改革によって、土地問題を契機とする農村内部の対立は消滅した。農民運動は沈静化し、農村社会は安定性を強めた。農地改革が日本農村社会を民主化すると同時に、それを「反共の金城湯池」に変えたとするＧＨＱの農地改革評価が、ここから出てくる。一九五〇年代以降本格化する補助金農政のもとで、農村はその後政権を一貫して担っていく自民党の強固な政権基盤となっていったのである。

農業協同組合法　農地改革が創出した膨大な零細な自作農に、協同活動の組織的基盤を提供したのが農業協同組合法であった（以下、岩本・一九七九参照）。

農協法の成立過程は、農地改革法の場合と異なり非常に難航した。日本側の作成になるものだけでも第一次から第八次に至る法案が準備されているのである。この農協法の成立過程を概括すれば、農業・食料統制に農業団体の中央集権的組織力を活用しようとする農林官僚の構想が、自由・自主・民主という協同組合の古典的原則に忠実なＧＨＱ側の構想にしだいに席を譲っていく過程として要約できる。四六年一杯は農林省案が先行するものの、翌四七年には主導権は完全にＧＨＱ側に移行し、日本側の構想は次々と拒否されていくのである。

農林官僚が当初農協法に盛り込もうとしたのは以下のような点であった。①部落農業（事）実行組合を下部組織とし、その上に市町村—都道府県—全国の各組織を積み上げる四段階制を採用する。②農協の機能としては、農業実行組合を基本単位とする生産協同体構想を強く打ち出す。具体的内容は、農作業の共同化、農業資材・施設の共同利用、土地改良などである。またこのために、組合員に対する統制の実施を容認する。③農協に食料集荷や農業資材の配給割当のような統制事務の分担（＝行政の補完機能）を期待する。④農協の保護・育成という観点から、行政官庁の監督権の強化を図ろうとしている。

以上の構想は、戦時中の農業会の機能を戦後においてもそのまま維持しつつ、生産面では共同化の契機を新たに追加しようとしたものであった。

こうした日本側の構想に対し、GHQはNRS（天然資源局）を中心として強硬な批判を加えてくる。GHQ側の農協構想は、以下のようなものであった。①農業実行組合などの部落単位の団体は認めない。これは、実行組合などの組織が、戦時中部落単位で統制を担っていた点を重視し、隣組解散の一環として主張されたものである。②生産協同体構想に対しては、それが組合員に対する強制作用を不可欠とするため否認された。これと関連して、農地改革法においても、法人による農地の取得は認められなかった。③農協はあくまでも農民自身の自主的組織であるべきであり、国の行政機能を代行させることは正しくないという立場から、食料集荷ならびに食料・肥料等の配給には、農協とは別の政府機関の設置が要請された。④前項と関連して、農協の行政庁による監督からの自由が強調され、設立・認可に対する国の裁量権は大幅に縮小させられた。⑤独禁法との関連で、連合会の兼営禁止が強く求められ、以後連合会は業態別に分立することになった。

一九四七年十二月に制定された農業協同組合法によって、全国に農業協同組合が設立されていった。末端の単位農協は一九四八年八月段階で二万を超え、十二月十五日には二万七八一九となった。ほとんどの農協が市町村を事業範囲として設立されたが、一市町村に複数の農協が設立されるケースも見られた。設立当初の農協は規模が小さかったのである。また、単位農協の四六％が非出資組合であり、資金的基盤も弱かった（協同組合経営研究所編・一九六一）。

農協経営の悪化と農協法改正　農協法制定にあたって示されたGHQの農協設立方針は、ほぼ四八年一杯にわたって堅持された。しかし四九年にはいると、自由・自主・民主を原則とする農協法の理念は、その理念のもとに設立された農協自体の経営悪化によって再検討を余儀なくされた。

農協経営の悪化は、ドッジプラン下の不況と重税に基づく農家経営の悪化によるものであった。農産物価格は食料事情の好転、統制の撤廃、不況による需要減退等により低落傾向に陥ったが、価格補給金を打ち切られた農業資材価格は上昇し、シェーレ現象が発生した。一方、財政均衡化のために歳入源として租税負担が強化され、農家経済は逼迫していった。四九年の農家経済調査によれば、この年は農家全階層平均で収支はマイナスに転化している。こうした農家経済逼迫のもとで農協経営も急速に悪化し、四九年下期決算で赤字を出した単協は、総数の四二％にも達したのである。

この時期の農協経営の悪化には、農協自体の経営体としての弱点が関係していた。GHQの農協設立方針は、原則に忠実なあまり経営体としての側面を軽視したことは否めず、その結果多くの農協が以下のような弱点に悩まされたのである。①きわめて多数の農協が乱立した。②しかもその多くは加入条件を緩和し出資額を低く抑えたため自己資本に乏しかった。③GHQの指示に基づき連合会が乱立したため、事業が分散化し資金的基礎も弱体であった。

こうした事態のもとに、GHQにおいても農協法の修正が検討課題に上ってくる。四九年末、GHQは農林省に対し、連合会兼営禁止措置の緩和の意思表明を行うとともに、農協の財務内容の悪化対策として財務基準設定の必要を指示したのである。これをうけて農林省では農協法改正案を作成し、五〇年四月国会通過、五月六日公布施行の運びとなった（第四次改正）。この改正によって、農協法の当初の理念は大きく修正された。主な点は以下のとおりである。①連合会を信連、経済連、指導連の三本立てとした。この結果、販連・購連を経済連として一体化することが可能となった。②経営健全化のために財務処理基準の設定を求め、これに沿って同年十一月十六日に「財務処理基準令」が公布された。③常例検査規則が加えられ、行政官庁の監督権が強化された。こうした改正に加えて、経営不振農協には財政的支援も開始された（「農業協同組合再建整備法」一九五一年四月七日公布）。この過程で、GHQが農協の自主的原則に抵触するとして難色を示していた行政庁の監督権は一段と強化された。こうした一連の農協法改正によって、農協組織と行政との関係が深まっていく制度的な基礎ができあがっていったのである。

食糧管理制度　日米開戦の翌年に制定された食糧管理法は、基本食料の戦時調達を目的として制定された。それゆえ、制定当時の食糧管理法には生産者保護的性格は弱かった。総力戦に必要な食料を低価格で調達するという課題が最優先されたのである。食糧管理法のこうした特質は、戦後の深刻な食料不足時代にも一貫していた。農産物価格の抑制を求めた占領当局の要請により採用された価格パリティ方式のもとで、主要農産物の統制価格は低い水準に抑えられた。米の政府買入価格（各種奨励金を加算）の平均生産費に対する倍率を一九四六〜四九年の四年間について示すと、一・〇七、一・二七、一・三六、〇・八七と低迷している。また政府買入価格のヤミ米価格に対する比率は、同期間について〇・一二三、〇・一九九、〇・二七二、〇・三二二で極端な低価格となっている（暉峻・一九六七）。当時の政府買入米価は、国際価格をすら大幅に下回っていたのである。

しかしこうした米価抑制政策は、一九五〇年代にはいるとしだいに修正されていった。朝鮮戦争勃発による世界的な食料不安を背景に、食料自給率を高めることが政策目標に掲げられたからである。不足する外貨を節約し、また財政圧迫の要因であった価格差補給金を削減するためには、国内生産力を高めて農産物輸入を削減する必要があると判断されたのである。

こうした観点から、農民の生産意欲を刺激する施策が採用された。まず食料需給の緩和を背景にして、農産物への直接統制が漸次緩和されていった。一九四九年に野菜・繭・鶏卵、五〇年にイモ類、五一年に雑穀、五二年に麦類と、統制は次々と廃止されていった。

米についてはGHQの意向もあり統制は撤廃されなかったが、政府買入価格の引上げが実施された。基本米価の算定方式も五二年産米から所得パリティ方式に変更された。また不作だった一九五三・五四の両年には、豊凶係数による米価補正がなされた。また早期供出・超過供出・供出完遂などの奨励金も引き上げられた。この結果、政府買入米価は一九五〇年の石当り五五二九円から五五年の一万二五九円へと急上昇をみた。公定米価とヤミ米価の価格差も急速に縮小し、一九五〇年代半ば頃にはほぼ消滅した。国内米価も一九五四年頃には国際米価を上回るに至った。これに伴って米価の生産費カバー率も上昇し、一九五〇年から五四年にはほぼ一七〇%台、史上最高の豊作の五五年には二一一%に達した（暉峻・一九九〇）。

以上のように、一九五〇年代にはいると食糧管理制度は徐々に価格支持的機能を果たすように変化していった。しかしながら、食糧管理制度の生産者保護的機能は、この時期にはまだ安定していなかった。一九五〇年代後半の五年間、政府買入価格は一転して停滞基調に転じるからである。米価が再度上昇に向かうのは、米価算定方式に生産費および所得補償方式が採用された一九六〇年以降のことであり、この段階において食糧管理法の生産者保護的機能が明確となる。

土地改良制度　一九四九年制定の土地改良法は、土地改良事業が食料の安定供給という国民経済的効果をもたらすという判断に立って、農業生産基盤整備への公費補助に途を拓いた。土地改良事業への財政支出は、一九五〇年代前半に取り組まれた食料増産運動の過程で増大した。朝鮮戦争の勃発が食料不安を高めたこともあって、政府は一九五〇年八月に食料一割増産を閣議決定した。食料増産運動は一九五二年十月の食料増産五ヵ年計画で本格化することになるが、同計画は農地の開発・改良と栽培技術の向上によって五ヵ年間で米麦一七五八万石（米換算）を増産し、輸入食料八六万トンの節減を目標とした（農林水産省百年史編纂委員会・一九八一）。財政的制約により、当初の野心的な計画はその後規模縮小を余儀なくされたものの、この時期の食料増産運動が農業部門への資金散布を引き出すきっかけとなったことはまちがいない。

土地改良事業への財政支出を本格化させたのが、積雪寒冷単作地帯振興臨時措置法（一九五一年）

に始まる特定地域法の制定であった。積寒法は、北・裏日本の後進性克服のための総合助成策を含むものだったが、土地改良事業への補助金交付を主な内容とした。同法によって、ドッジ・ラインのもとで事実上打ち切られていた団体営土地改良事業への補助金が復活し、土地改良事業費は大幅に増加した。積寒法に続き、一九五二年には急傾斜地帯農業振興臨時措置法、特殊土壌地帯災害防除及振興臨時措置法、湿田単作地域農業改良促進法が、翌一九五三年には海岸砂丘地帯農業振興臨時措置法、畑地農業改良促進法、離島振興法が公布され、日本のほぼ全土が特定地域法でカバーされることになった。いずれの法律も、灌漑排水・農道建設・区画整理・開墾等の農地整備事業への補助金交付を主な事業内容としていた。

特定地域立法による土地改良事業費の増大に伴って、農業への財政支出もこの時期増加した。農林省一般会計の規模は、一九五〇年の四八五億円から五一年八三二億円、五二年一四五〇億円、五三年一四九〇億円へと急増をみた。この過程で、一般会計に占める農林省予算の比率も上昇し、一九五〇年の七・七%から一九五三年の一六・六%へと大きくシェアを高めた。しかしながら農林省予算のシェアがピークに達した一九五二年においても、純国内総生産に対する農林水産業純生産の割合を大きく下回っている。農業セクターは依然として課税される部門であり、同セクターが保護対象部門として確定するのは一九六〇年代半ば以降のことになるのである。

にも達したのである。

[2] 高度経済成長と農業――一九五五〜八五年

高度経済成長　戦後日本経済は一九五五年から七〇年代初頭にかけて驚異的な成長を遂げた。この間、年率で九・七％もの実質成長率を継続している。この結果、ＧＤＰの規模はこの一五年間で四倍にも達したのである。

戦後日本の高度経済成長には、以下の要因が関係していた。第一は先進国との経済格差の存在で、これが技術発展を促進した。いわゆる「後発性の利益」である。第二は、高い貯蓄率に支えられた高い投資比率の継続で、銀行融資に依存する間接金融システムが投資を促進した。第三は豊富な人的資源である。上記の三要因は、戦前期から一貫して見られた成長要因であったが、戦後の高度経済成長には、以下に列記するような戦後に固有の要因も関係していた。①戦災などによる工業力の破壊によって、戦後は低い生産水準からの出発となった。②経済民主化によって競争力が強化され、また国民の購買力が引き上げられた。③低金利による政府の投資促進策や長期経済計画が、民間部門の設備投資を促進した。④軍事費の負担が相対的に小さかったため、政府投資が生産部門に投入できた。⑤輸出産業への保護と円の過小評価が輸出を促進した。⑥終身雇用制などによる安定的な労使関係が築かれた。⑦戦時中に拡大した日本と先進国との技術ギャップが、戦後の技術導入を促進した。⑧世界的な経済成長によって、海外市場が拡大し日本の輸出拡大を可能にした（南・一九九二）。

兼業化の進展　高度経済成長は農業部門にも大きな影響を与えた。まず、経済成長による農外労働市場の拡大は、農家から大量の労働力流出をうながした。一九六〇年代には、年間七〇〜八〇万人もの労働力が農業部門から非農業部門へと流出した。また、この多くが新規学卒者を中心とする若年労働力であった。この結果、農業労働力は一貫して減少した。一九六〇年から七五年にかけての一五年間に、農家世帯員は三三％、農業従事者は二二％、農業就業人口は四六％、基幹的農業従事者は五八％もの減少をみた。農業従事の度合いの高い労働力ほど大きな減少率を示しているのが特徴的である。

一九五〇年に戦後のピークを記録した農家数は以後減少に転じ、上記の一五年間に一八％減少した。農家については、総数の減少よりもその内部構成の変化が重要であった。一九六〇年に三四％の構成比を示した専業農家は七五年には一二％にまで減少してしまった。また、兼業従事の程度が低い第一種兼業農家も三八％から二五％へと減少した。これに対し、農家所得の半分以上を兼業所得から得ている第二種兼業農家は、同期間に二八％から六二％へと大幅に比率を高めた。日本の農家の圧倒的多数が、農外所得に主として依存する兼業農家になってしまったのである。この過程で農家の所得構成も大きく変化した。一九六〇年には農家所得の五〇％を占めていた農業所得は、一九七五年には二九％にまで低下し、以後もさらに低下傾向が続いた。

しかしながら、兼業所得によって農家の所得水準は大幅に上昇した。農業所得、農外所得に被贈年金所得を加えた農家総所得は、一九六〇年の四五万円から、六五年八四万円、七〇年一五九万円、七五年三九六万円へと急増した。消費者物価指数で一九九五年価格にデフレートした実質値で見ても、一九六〇年の二四七万円から七五年には七一六万円へと約三倍増を果たしたのである。しかしながら、この農家総所得の増大は、主として農外所得や被贈年金所得の増加によってもたらされた。農外兼業所得の比率は同じ期間で、四一%から五七%へと増大した。農家は脱農化することによって、農家所得の上昇を実現できたのである。以上の結果、勤労世帯と比較した農家の低所得問題は大きく改善された。農家世帯と勤労者世帯の世帯員一人当り可処分所得を比較すると、一九六〇年には農家の方が三〇%低い水準にあったものの、以後急速に格差を縮小させ、一九七〇年代初頭には農家世帯が勤労者世帯を上回るに至るのである。低所得問題という日本農村の積年の課題は、農家の兼業化によって一応の解決をみたのである。その後の農業政策は、この事実をふまえて展開されることになる。

農業の機械化　農外への若年労働力の流出や兼業化が急進展するなかで農業労働力は弱体化したが、農作業の機械化がそれを補った。稲作の機械化に焦点をあてて検討しよう。まず動力耕耘機が一九五五年頃から導入され始め、一九六〇年代半ばにかけて急速に普及していった。ついで一九六〇年代後半以降、乗用トラクターが普及した。国産の中型トラクターの供給体制が整っていったからである。耕耘過程の機械化に続いて一九七〇年代初頭から収穫過程の機械化が進行する。収穫機と脱穀機の両機能を搭載した自動脱穀型コンバインが普及し始めるのである。機械化がもっとも難しかった田植機も一九七〇年代半ばには開発に成功し、以後急速に普及していった。この結果、中型トラクター・田

図1　機械化された田植え（2001年、鹿児島県大崎町）

図2　大型コンバインで行われる稲刈作業（2002年、北海道新篠津村）

植機・自脱型コンバインによる稲作の中型機械化一貫体系が完成した。この結果、一九五五年には一〇アール当り一九〇時間を要した水稲作が、一九八〇年には約三分の一の六四時間にまで短縮した。しかしながら、機械化による稲作部門の急速な労働生産性の上昇のもとで進行したのは一層の兼業化であった。労働生産性の上昇を活かすには生産規模の拡大が不可欠であるが、稲作に代表される土地利用型部門では農地流動化による耕作規模の拡大がきわめて難しかったからである。結局、労働生産性の上昇によって余剰となった労働力は、農外に流出していかざるをえなかった。

農業生産の変化　高度成長期の農業生産の変貌も著しかった。農業生産は一九八五年までは増加基調にあった。一九六〇年を一〇〇とする農業生産指数は、一九七〇年一二六、一九八五年一四五と着実に増加した。むろん高度成長期は、農業よりも非農業部門の成長率の方が格段に大きかったから、国内総生産に占める農業総生産のシェアは一九六〇年の八・六%から一九七〇年四・四%、一九八五年二・三%へと低下傾向をたどった。また、国内農業生産の拡大以上のテンポで食料需要が拡大したため、海外からの農産物輸入が増大した。この結果、食料（カロリー）自給率は一九六〇年の七九%から一九七〇年六〇%、八〇年五三%と傾向的に低下していった。とりわけ穀物自給率の低下が顕著で、一九六〇年の八二%から一九八〇年には三三%へと急落をみた。飼料穀物の輸入拡大がその最大要因であった。

高度成長期の農業生産拡大を牽引したのが園芸・畜産の二部門であった。一九六一年制定の農業基本法で選択的拡大部門と位置付けられた園芸・畜産部門は、国民所得の順調な増加にも支えられて急速に拡大していった。一九六〇年と一九八五年の生産指数を比較すると、野菜が一・五倍、果実が二・一倍、畜産は四・三倍にも拡大したのである。

畜産部門の生産拡大は畜産農家の構造変化を伴っていた。飼養農家数が減少するとともに、一戸当りの飼養規模が急速に拡大していったのである。この構造変化は、高度成長期だけでなく現在にまで継続しているので、ここでは一九六〇年から二〇〇〇年にかけての四〇年間の変化を概観しておこう。まず酪農部門では飼養戸数が一九六〇年の四一・〇万戸から二〇〇〇年の三・四万戸へと激減した。この間乳牛頭数は二倍以上に増加したので、一戸当り乳牛飼養頭数は二・〇頭から五二・五頭へと急増した。北海道酪農の平均飼養頭数は二〇〇〇年に八二・七頭と、EU諸国と肩を並べる水準に達した。肉用牛部門の構造変化はやや緩慢であったが、それでも飼養農家数は一九六〇年の二〇三・一万戸から二〇〇〇年の一一・七万戸へと激減し、一戸当り飼養頭数は一・二頭から二四・二頭へと増大した。役畜としての牛から食肉としての牛に転換したのである。規模拡大がもっとも顕著だったのが豚・鶏の中小家畜部門であった。一九六〇年に七七・九万戸存在した養豚農家は二〇〇〇年にはわずか一・二万戸にまで減少した。一方、一戸当りの豚飼養頭数は同期間に二・五頭から八三八・一頭に急増した。採卵鶏の変化はより激しかった。一九六〇年には三八三・九万戸もの農家が平均一四羽の採卵鶏を飼養していた。いわゆる庭先養鶏である。これが二〇〇〇年には飼養農家数五〇〇〇戸、一戸当り飼養羽数三万五〇〇〇羽へと急変貌を遂げた。ブロイラーの変化も同様であった。ブロイラー農家の数値が得られる一九六五年から二〇〇〇年にかけての変化を見ると、飼養農家数は二万戸から三〇〇〇戸へ、一戸当り飼養羽数は八九二羽から三万五〇〇〇羽へと変化している。

この期間の畜産部門におけるもう一つの重要な変化は、農家以外の事業体（農外資本）の生産シェアが急速に拡大したことである。二〇〇〇年における農家以外の事業体の生産シェアを見ると、酪農部門ではまだ四・七％の低い水準にとどまっているが、肉用牛では二〇・四％、肥育豚では四三・七％、採卵鶏六二・七％、ブロイラー四五・四％と高い比率を占めている。食肉メーカー・飼料会社・商社などが農家以外の事業体への主要な出資企業であるが、こうした農外資本は、生産事業に直接乗り出すだけでなく、畜産農家との間で生産契約を結び垂直的に統合している。

以上のように畜産部門では、高度成長期以降急速な規模拡大と農外企業の参入が進行した。それを支えたのが海外からの安価な飼料輸入であった。とりわけ栄養価の高い濃厚飼料については、全面的に海外に依存する体制が定着していった。国内での濃厚飼料生産を放棄することによって畜産部門の急拡大が実現したのである。畜産部門は、土地利用型部門としての飼料生産を回避することによって構造変化を達成したのであり、このことは、農地の権利移動を伴う土地利用型部門の構造変化がいかに難しいかを、逆の面から示しているのである。

農業基本法の制定　稲作に代表される土地利用型農業部門の構造改善（＝規模拡大）は、日本農業に課された大きな課題であったが、これに本格的に取り組もうとしたのが一九六一年制定の農業基本法であった。

一九五五年以降、日本経済が高度成長軌道に乗ったことをふまえて、池田内閣は一九六〇年に「所得倍増計画」を打ち出した。「所得倍増計画」が策定された当時、農業セクターで問題視されたのが、経済成長下で拡大を続ける農工間所得格差問題であった。戦後の食料不足期に一時的に改善していた農工間所得格差は、工業部門が本格的に回復し始める一九五〇年代初頭以降、再度拡大に転じた。世帯員一人当りの勤労世帯実収入に対する農家所得の割合は、一九五一年の九三・七%から五八年の六四・三%へと一貫して低下した（暉峻・一九九〇）。当時、農家人口はなお全人口の三分の一強を占めていた。高度経済成長のスタートにより、農外での就業機会が増え賃金水準も上昇していった。この結果、農工間の所得格差問題が重要な政策課題として浮上してきたのである。

農業基本法の策定作業は、このような状況のもとで始まった。農基法制定後に農業予算が急増した西ドイツの経験を知った農業団体や農林関係議員が、農業基本法の制定を要望した。戦後改革・復興期の食料増産というスローガンも一九五五年の米の大豊作以後は色あせてきており、それに代わる大義名分が必要とされていた。他方財界からは、農業に対する財政負担の縮小と農業の合理化を求める要望が提出された。当初基本法制定に消極的であった農林官僚も、自作農主義に代わる新しい農政理念を構築すべくしだいに関与を強めていった（今村・一九七八）。

答申案（「農業の基本問題と基本対策」）の策定過程では、農林官僚がイニシアチブをとった。農基法の目標は、構造政策による農工間生産性格差の是正を通して農工間の所得均衡を図ることに求められ、以下のような構造改革のシナリオが描かれた。すなわち、〈高度経済成長→農業過剰人口の他産業への吸収→離農・規模縮小→農地流動化・集積→規模拡大・生産性向上（＋選択的拡大）→所得均衡（自立経営育成)〉、というシナリオである。このシナリオの成否は、農家労働力の流出から農地流動化・規模拡大に至る経路が想定どおりに形成されるか否かにかかっていた。構造政策を農業政策の基軸に据えることによって従来型の社会政策的保護農政から脱皮しようとした点に、農基法の画期性を求めることができる(佐伯・一九九七)。

農基法農政 しかしながら、農基法にはその理念を支持しこれを推進する政治的主体が欠けていた(佐伯・一九九八)。自民党農林議員は、自らの支持基盤の強化に役立たない構造政策に当初から消極的だった。農協も、積極的な離農促進を想定する構造政策には協力的でなかった。一方、農基法に批判的な論者は、農基法が「貧農切り捨て」につながると批判した。高度成長下の離農が農家生活の水準低下を必ずしも意味しないという事実が明らかになったのちも、「貧農切り捨て論」は維持された。

農基法を待望した勢力が期待したように、農林関係予算は順調に増加していった。一般会計予算に占める農業予算の比率は、一九六〇年以降順調に増加し、六〇年代半ばから七〇年代半ばにかけては一貫して一〇%を超えている。農業予算の対一般会計予算比は、一九六一年以降農業総生産の対国内総生産比を上回るようになり、その開差は以後急速に拡がっていく。農業保護政策の本格化を意味するといってよい。農業予算の対一般会計予算比の上昇以上に目立つのが、農業予算の対農業総生産比の急上昇である。一般会計予算の対国民総生産比は、一九六〇年代初頭の一〇%水準から、一九八一年の一八・二%へと順調に増大していくが、農業予算の対農業総生産比はこれをはるかに上回るペースで上昇し、八〇年代初頭のピークには四〇%に達している。農業生産の成長率が国民経済全体のそれに遅れをとるなかで、農業セクターにおける財政支出の役割が急速に高まっていったのである。

農基法下の農業財政資金は生産対策と価格（米価）対策に集中投入された。とりわけ価格対策費の比率上昇はめざましく、一九六〇年代後半から七〇年代前半にかけて、農業関係予算の五〇％前後を占めるに至った。価格政策費の大半は米価政策費が占めた。一方、農基法の基軸として位置付けられた構造政策への資金配分は、一貫して低位にとどまった。むろん構造対策費以外にも、農業構造改善に寄与する費目がなかったわけではない。生産対策支出の中枢を占めた土地改良・基盤整備事業は、耕地形状を拡張・整備することによって構造改善のための条件を整備したし、選択的拡大政策下で充実した農家への資本形成補助金は、施設型農業や畜産部門を中心に進展した急速な規模拡大を支えた。大規模な国営農地・草地開発事業が、農場制農業の実現に寄与した点も認めなければならない。また、米・加工用原料乳・畑作物等への価格支持政策が、農基法農政の「優等生」たる北海道農業の戦後展開を支えてきたことも忘れてはならない。しかしながら大局的に判断するならば、農基法が描いた構造改革のシナリオは挫折した。農家労働力の農外吸収が進展すれば構造改革が自ずから生ずるという農基法の想定は実現せず、農家は兼業形態での営農継続を選択したのである。

[3] 国際化時代の農業——一九八五年〜現在

農業国際化の進展　一九八五年の先進五ヵ国蔵相・中央銀行総裁会議で為替レート安定化に関する合意（プラザ合意）がなされた。円の対ドルレートはプラザ合意直前の一ドル二四〇円水準から一気に円高にシフトし、一九八八年には一ドル一二〇円にまで高騰した。この結果、国内農産物は一層割高となり農産物輸入はさらに増加した。一九八五年から二〇〇〇年にかけて、農産物輸入数量指数は二倍に増えたのである。この結果、一九八五年時点で五三％にまで低下していたカロリー自給率は以後も低下傾向を続け、九〇年代末には四〇％にまで低下した。また、自給率がすでに極端に低くなっていた麦類・大豆・飼料穀物に加えて、従来は比較的高い自給率を維持していた品目でも自給率の大幅な低下が見られるようになった。一九八五年と二〇〇〇年を比較すると、野菜が九五％から八二％へ、果実が七七％から四四％へ、牛乳・乳製品が八五％から六八％へ、牛肉が七二％から三四％へ、豚肉が八六％から五七％へと、それぞれ大きく減少している。

対日貿易で膨大な赤字を記録したアメリカからは、この間、農産物輸入自由化への圧力がいっそう強まった。八六年九月には全米精米業者協会が日本の米輸入制限を通商代表部に提訴した。この段階では米の輸入自由化は実現しなかったが、九三年のガット・ウルグアイ・ラウンド合意によって、九五年からはミニマム・アクセス米の輸入が始まった。また米以外の輸入制限品目であった小麦・大麦・乳製品・でんぷん・雑豆・落花生・こんにゃくいもなどが輸入制限品目から外され、関税化のもとで自由化された。また九一年四月からは牛肉・オレンジの輸入自由化が開始された。牛肉や果実の急激な自給率低下は、こうした自由化措置が大きく関係している。また、従来は貿易対象になりにくかった生鮮野菜までが、輸送技術の革新のもとで輸入されるようになったのも大きな変化であった。

二〇〇一年十一月にはWTO（世界貿易機関）の時期交渉がスタートした（ドーハ・ラウンド）。ドーハ・ラウンド農業交渉の主要テーマは関税・国内補助金のさらなる削減と輸出補助金の撤廃であるが、各国の利害対立のもとで、二〇一〇年四月現在、なお決着の見通しがついていない。農業交渉では、米国・EUのほか、日本も属する食料純輸入国、食料輸出国グループ（オーストラリア・カナダ・ブラジルなど）、有力途上国グループ（中国・インドなど）などの主要グループが組織され、それぞれの利害関心に基づいた主張を展開している。交渉において日本は、食料安全保障の確保と農業の多面的機能の維持のためには、多様な農業の共存が認められるべきだと主張している。具体的な主張点は、重要品目数の拡大、関税引下げ率の緩和、上限関税の設定阻止などである。同じ主張をしている国には、スイス・ノルウェー・韓国などがあるが、WTO内部ではそれほど大きな影響力を行使できていない。現行のWTOルールは、食料輸入国が自給率向上のために行う増産政策も生産刺激的政策として禁止対象としている。これに関税率の大幅引下げが実施されれば、日本農業の将来はきわめて厳しいものになる。農業の国境調整をどのように行うべきかが、あらためて問われているのである。

農業生産体制の弱体化と構造政策　農業を取り巻く国際環境がいっそう厳しさを増すなかで、国内の農業生産体制も急速に弱体化している。農業労働力の高齢化はいっそう進行している。戦後日本農業を支えてきた昭和一桁生まれの人たちも、二〇〇〇年には六〇歳代半ばから七〇歳代半ばに達しており、早晩引退を余儀なくされる。二〇〇〇年の数値によれば、農家世帯員の二九%、農業従事者の七七%、農業就業人口の五三%、基幹的農業従事者の五一%が六五歳以上の高齢者となっている。高齢化の進行は中山間地域でより深刻であるが、住民の減少と高齢化によって集落機能が低下し、消滅の危機を迎えている集落も少なくない。

兼業深化と農業労働力の高齢化のもとで、農業継続の困難な農家が数多く出現している。こうした状況のもとで、貸借による農地の流動化が進展している。政府も、貸借による農地流動化によって経営規模の拡大を図ろうとしている。このため、一九七五年の農業振興地域の整備に関する法律の改正で農用地利用増進事業が創設され、農地法によらない農地の権利移動が可能となった。この事業は、一九八〇年の農業経営基盤強化促進法でより整備され、構造政策の基本法となった。

一九七五年段階では売買が農地流動化の主要ルートであったが、増進事業創設後は同事業による賃貸借が急速に増加していった。二〇〇六年のデータによれば、耕作目的の有償所有権移転が三万一〇〇〇㌶であるのに対し、耕作目的の貸借は一六万七〇〇〇㌶に達している。また貸借面積の九七%が農業経営基盤強化促進法によるものである。

貸借を基本とする農地流動化によって、土地利用型農業の構造改革も徐々に進展してきた。一〇㌶

を超える稲作経営も稀ではなくなった。しかしながら、構造改革のテンポは依然として緩慢である。耕作面積五ヘクタール以上層の耕地面積シェアの変化を見ると、一九六〇年〇・二%、一九八〇年二・六%、二〇〇〇年一二・八%と拡大基調にはあるがそのシェアはまだまだ小さい。

土地利用型部門で構造改革が進展しない理由として、以下の四点が重要である。①農業所得が不安定のため、上層農家の規模拡大意欲が衰えている。とりわけ米価低落の影響が大きい。米価は一九九〇年代初頭の六〇キログラム当り二万二〇〇〇円水準から傾向的に低下し二〇〇七年には一万五〇〇〇円にまで下がってしまった。②借地により経営耕地の拡大を図っても、農地分散傾向がいっそう強まり規模の経済性を弱めるように働いた。③農地の貸手と借手とが地域的にアンバランスなため、需給のミスマッチが発生している。④農地価格の上昇によって農地の資産的保有傾向が強まり、農地価格にマイナスに作用する農地貸付に消極的となる。

集落営農　以上のように、農地の個別型規模拡大は意欲的な経営者によるダイナミックな規模拡大を実現したが、一方で農地分散をいっそう拡大し、規模の経済性をかえって低下させるという問題を招いた。こうした問題点を回避するアイデアが集落営農である。集落営農とは、集落を単位として農業生産の一部または全部を共同化して行う営農形態である。集落とは住民の協同関係がもっとも密接な地域のことを意味し、江戸時代の村あるいは大字に相当する。二〇〇〇年現在全国に一二万八五〇〇集落が存在しており、一集落当り三〇〜四〇ヘクタールの農地を保持している。集落内の農家の協同活動を通して農地を有効に利用するというのが集落営農のポイントである。主な狙いは、①効率的な生産体制を作ることによって機械・施設の過剰投資を解消すること、②専業農家・兼業農家・女性・高齢者などで役割分担し、集落全体の営農体制を確立すること、③上記活動を通して農地の有効利用、遊休農地の解消を図ること、④集落住民の相互理解と連帯感を高め、農村コミュニティの活性化を図ること、などにある。

しかし集落営農にも弱点はある。現在の営農を守るという防衛的側面が強いため、守りには強くても新たな農業や農村ビジネスを生み出すという革新力には乏しいケースが多いからである。一方、個別型拡大は経営の革新力はもっているが農地の面的集積が難しい。個別型・集落営農型のどちらもが、強みと弱みをあわせもっているのである。農業においては、「個」と「共同性」をどう組み合わせるかが常に課題となるが、構造改革の方向付けをめぐっても、この点が重要な論点となるのである。

最後に、日本農業の今後の針路を考えるうえで重要な論点を整理して、本章のまとめとしよう。

米過剰の解決と水田農業の再編　一九六〇年代半ば以降、米過剰が続いている。水田の潜在生産力は低下の一途をたどる米需要を大きく上回っているため、水田面積二五〇万㌶の約四〇%が生産調整の対象となっている。水田での栽培作物を稲から他の作物に転換することが生産調整政策の目的である。自給率の低い麦類・大豆・飼料作物が主な転作作物であるが、その収益性は米よりもはるかに低いため、その差額を補塡する転作奨励金が支給されてきた。にもかかわらず、水田における転作作物の栽培は依然として安定していない。その最大の理由は、本来畑作物である転作物を水田で栽培することの技術的困難にある。水田利用と畑地利用を交互に行う田畑輪換は農業技術的には合理的であるが、それには排水機能の整備が不可欠である。また、いずれの転作物も零細規模ではコスト高になりメリットが出ない。規模の経済性を活かすには、水稲作以上の規模拡大が必要となるのである。

そこで近年注目されているのが水田転作としての飼料稲の栽培である。日本の食料自給率が低い最大の要因は、毎年約一五〇〇万トン（米生産量の二倍）に及ぶ飼料穀物輸入である。それゆえ、食料自給率向上のためには飼料自給率を引き上げることが何よりも重要となる。また畜産経営の安定化のためにも、飼料自給率を高めて輸入価格の変動に過度に影響されない体制を作ることが必要である。

飼料稲の政策的位置付けは二〇〇七年の地域水田農業活性化対策で本格化した。非主食用米の低コスト生産技術の確立のため、飼料稲の試験圃場に対し一〇《アール》当り五万円の交付金が支給されることになった。飼料稲の意義は、水田が水田としてフル活用される点と技術的安定性にある。水田には水稲作が一番適しているからである。

優良農地の確保　現在日本には、日本の全農地の三倍にも達する面積の農地で生産された農産物が輸入されている。自給率を引き上げるためにも、国内の農地を確保していくことが重要となる。しかしながら、農地面積の減少が依然として続いている。一九六〇年に六〇〇万《ヘクタール》あった農地は、二〇〇五年には四六九万《ヘクタール》にまでに減少した。農地潰廃の最大の理由は非農業用地（宅地・工場用地・道路など）への転用で、潰廃面積全体の五〇％前後を占めていた。しかし一九九〇年代中頃から、耕作放棄地が全体の五〇％を占め最大の潰廃要因となった。二〇〇五年センサスによれば、耕地の八・二％が耕作放棄されており、今後も増え続ける可能性が高い。このように、これからも転用と耕作放棄で日本の農地が減少し続ける可能性が高い。転用では平坦部の優良農地が対象となることが多いので、厳しい農地転用規制が必要とされる。全国レベルの土地利用計画のもとに、しっかりした用途区分のもとでゾーニングを行い、優良農地を確保していくことが必要である。

担い手の育成　畜産や園芸部門では、生産の主要な担い手はごく少数の大規模農家や企業（農家以外の事業体）に絞り込まれてしまったが、稲作などの土地利用型部門では依然として零細規模の農家が少なくない。それゆえ、現在の生産力水準（機械装備）を効率的に利用できる適正規模経営を実現することが重要な課題となる。その手法には、すでに述べたように個別型と集落営農型の二類型があるが、地域の条件に応じて柔軟に担い手像を描いていくことが必要となる。

担い手確保のためには、農業で少なくとも他産業並みの所得が得られることが重要であり、そのためには、一定の所得補償措置が必要となる。日本のように自給率の低い国では、自給率向上のためにWTOで禁じられている生産刺激的政策が求められることを、国際的に訴えていく必要もあるだろう。担い手の所得補償には予算措置を必要とするが、限られた予算を有効に使うためには、農業政策予算は担い手に集中すべきであろう。そのうえで、兼業農家や高齢農家には、地域政策によって農村での定住条件を整備していくことが求められる。農家の属性によって、異なる政策を用意すべきである。

担い手確保には、既存農家の後継者だけでなく農業に関心をもつ新規参入者を広く受け入れるような施策が必要となる。時代の潮流は変化しており、農業への参入を希望する者は近年増え続けている。そのなかには、外食産業など国内農産物を一定量確保しなければならない企業もあるが、多くは農家としての自立を目指す人たちである。こうした意欲的人材に必要な情報やトレーニング機会を提供し、就農にまで結びつけていくことが大切である。

日本農業の強みを生かす 日本農業の最大の強みは、所得水準が高く国産指向をなお根強くもつ消費者を身近に有しているという点である。鮮度と安定性をセールスポイントに、適正価格で消費者に提供することが課題となる。こうしたニーズのあることは、近年急増している農産物直売所の営業実態を見てもよく理解できる。直売所は全国に一万三〇〇〇ヵ所もあり、年間売上げは一兆円に達するという。農産物の流通ルートとして、無視できない存在となっているのである。直売所への出荷によって、農家は消費者に直接販売する手応えを得ることができる。また、マーケティング能力を高めるよいトレーニングの機会となっている。こうした活動の延長上に、加工や外食部門を取り込んだ農業の六次産業化が展望されるのである。

あとがき

ようやく「あとがき」を書く段になった。近世編の平野哲也、近代編の坂根嘉弘、現代編の岩本純明、三氏の協力を得、なんとか刊行することができた、というのが実感である。

「総論」で、多様で豊かな日本農業の解明に向けての新しい作業が進んでいると記したが、実際はそれほど楽観できない状況にある。これも「総論」で書いた雑穀の種類の話ではないが、多くの学生・院生の生活が都市中心になってしまい、農村・農業を身近に感じられなくなっている現状の影響は深刻で、農村や山村などに関心をもち、そこで展開している産業や土地制度に関する研究を志す若手研究者が近年本当に少なくなった。

中世史研究者の保立道久が、平安時代の農業技術を扱った論考のなかで、畠作史研究の進展などに触れながら、「むしろ荘園制時代の水田の耕作と労働のあり方についての研究の遅れこそが放置されてきたというのが、私の実感である」と述べていることの意味は大きい（「和歌史料と水田稲作社会」『歴史学をみつめ直す』校倉書房、二〇〇四年）。

本書を企画・編集するなかで考えさせられたのは、保立がいう「荘園制時代の水田の耕作と労働のあり方」だけでなく、日本農業史全体が、依然、古島敏雄・宝月圭吾ら大先輩の研究に依拠している部分が多く、彼らの研究にどれほどの内容を付け加えることができたか、改めて再検討してみる必要性があるのではないか、ということである。

「食育」が問題になり、「食」に関する情報がインターネットや雑誌で氾濫しているにもかかわらず、「食」の重要な前提の一つである農業史分野の近年における研究の立ち遅れは覆いがたい。安全で健康な食生活に責任をもつためにも、「農と食」に関する研究の進展は喫緊の重要課題であると言わざるをえない。本書が、それに向けての第一歩になることを願って「あとがき」としたい。

二〇一〇年八月二十五日

木村茂光

参考文献

Ⅰ 総説

赤坂憲雄 一九九四『柳田国男の読み方』ちくま新書
網野善彦 一九八〇『日本中世の民衆像』岩波書店
網野善彦 一九九〇『日本論の視座』小学館
伊藤寿和 二〇〇一「古代・中世の『山畠』に関する歴史地理学的研究」『史艸』四二号
伊藤寿和 二〇〇五「陸の生業」『列島の古代史 第二巻 暮らしと生業』岩波書店
宇佐美繁 一九九一「土地利用型農業の構造」東井正美他編著『日本経済と農業問題』ミネルヴァ書房
木村茂光 一九九二『日本古代・中世畠作史の研究』校倉書房
木村茂光 一九九六『ハタケと日本人―もう一つの農耕文化―』中公新書
白水 智 二〇〇五『知られざる日本―山村の語る歴史世界―』日本放送出版協会
坪井洋文 一九七九『イモと日本人』未来社
坪井洋文 一九八二『稲を選んだ日本人』未来社
春田直紀 二〇一〇「中世海村の生業暦」『国立歴史民俗博物館研究報告』第一五七集
増田昭子 二〇〇一『雑穀の社会史』吉川弘文館
溝口常俊 二〇〇二『日本近世・近代の畑作地域史研究』名古屋大学出版会
山口 徹 二〇〇〇『近世畑作村落の研究』白桃書房

米家泰作　二〇〇二　『中・近世山村の景観と構造』校倉書房
歴史民俗博物館編　二〇〇八　『生業から見る日本史』吉川弘文館

Ⅱ　原　始

伊藤寿和　二〇〇五　「陸の生業」『列島の古代史　第二巻　暮らしと生業』岩波書店
伊藤寿和　二〇一〇　「近世における会津地域の『焼畑（鹿野畑）』に関する基礎的研究」『日本女子大学紀要　文学部』第五九号
上原真人　二〇〇〇　「農具の変革」『古代史の論点1　環境と食料生産』小学館
岡村秀典　二〇〇八　『中国文明　農業と礼制の考古学』京都大学出版会
木村茂光　一九八八　「日本古代の『陸田』と畠作」（『日本古代・中世畠作史の研究』校倉書房、一九九二）
木村茂光　一九九六　『ハタケと日本人』中公新書
黒尾和久・高瀬克範　二〇〇三　「縄文・弥生時代の雑穀栽培」木村茂光編『雑穀』青木書店
後藤　直　二〇〇四　『東アジア先史時代における生業の地域間比較研究』科学研究費補助金研究成果報告書
佐藤洋一郎　二〇〇二　『稲の日本史』角川選書
斎藤英敏　二〇〇三　「小区画水田についての新視点」『条里制・古代都市研究』一九
白石太一郎　二〇〇八　「日本史のあけぼの」宮地正人編『日本史』山川出版社
田中俊明　二〇〇〇　「古朝鮮から三韓へ」武田幸男編『朝鮮史』山川出版社
寺沢薫・寺沢知子　一九八一　「弥生時代植物質資料の基礎的研究」『橿原考古学研究所紀要』五、奈良明新社
禰冝田佳男　二〇〇〇　「稲作のはじまり」『古代史の論点1　環境と食料生産』小学館

広瀬和雄　二〇〇〇「耕地の開発」『古代史の論点1　環境と食料生産』小学館
広瀬和雄編　二〇〇七『考古学の基礎知識』角川選書
藤森栄一　一九七〇『縄文農耕論』学生社
安田喜憲　二〇〇九『稲作漁撈文明』第六章、雄山閣
米家泰作　二〇〇五「近世出羽国における焼畑の検地・経営・農法」『歴史地理学』二二三号
渡部忠世　一九七七『稲の道』日本放送出版協会

Ⅲ　古代

木村茂光　一九八八「日本古代の『陸田』と畠作」(『日本古代・中世畠作史の研究』校倉書房、一九九二)
木村茂光　一九九六『ハタケと日本人』中公新書
木村茂光　二〇〇一「田堵の経営」(『日本初期中世社会の研究』校倉書房、二〇〇六)
木村茂光　二〇〇二「鎮守社の成立と農耕儀礼」増尾伸一郎他編『環境と心性の文化史』下、勉誠出版)
平川　南監修　二〇〇一『発見！古代のお触れ書き　石川県加茂遺跡出土加賀郡牓示札』大修館書店
平川　南　二〇〇八『日本の原像』小学館・全集日本の歴史2
藤井貞和　一九九六「国文学の思想」(『国文学の誕生』三元社、二〇〇〇)
宮本　救　一九七三「律令制的土地制度」竹内理三編『土地制度史』Ⅰ、山川出版社
吉田　孝　一九八三『律令国家と古代の社会』岩波書店
吉田　孝　一九九四「八世紀の日本」『岩波講座　日本通史』第四巻、岩波書店

Ⅳ 中世

網野善彦 一九六九 「若狭国における荘園制の形成」(『網野善彦著作集』第四巻、岩波書店、二〇〇九)
石井 進 一九七〇 「院政時代」(『石井進著作集』第三巻、岩波書店、二〇〇四)
伊藤寿和 一九九五 「古代・中世の『野畠』に関する歴史地理学的研究」『日本女子大学大学院文学研究科紀要』創刊号
伊藤寿和 二〇〇一 「古代・中世の『山畠』に関する歴史地理学的研究」『史艸』四二号
弥永貞三 一九六六 「『拾芥抄』および『東海諸国記』にあらわれた諸国の田数史料に関する覚え書」(『日本古代社会経済史研究』岩波書店、一九八〇)
大山喬平 一九六一a 「中世における灌漑と開発の労働編成」(『日本中世農村史の研究』岩波書店、一九七八)
大山喬平 一九六一b 「中世村落における灌漑と銭貨の流通」(同右)
大山喬平 一九六五 「綿と絹の荘園」(同右)
小野晃嗣 一九四一 『日本産業発達史の研究』至文堂
河音能平 一九六五 「二毛作の起源について」(『中世封建制成立史論』東京大学出版会、一九七一)
木村茂光 一九七七 「中世成立期における畠作の性格と領有関係」(『日本古代・中世畠作史の研究』校倉書房、一九九二)
木村茂光 一九八五 「中世前期の農業生産力と畠作」(同右)
木村茂光 一九八七 「中世後期における農業生産の展開」(同右)
黒田日出男 一九六九 「中世後期の開発と村落諸階層」(『日本中世開発史の研究』校倉書房、一九八四)
黒田日出男 一九八五 「戦国・織豊期の技術と経済発展」『講座日本歴史』第四巻、東京大学出版会

黒田弘子　一九八二「中世後期における池水灌漑と惣村の成立」（『中世惣村史の研究』吉川弘文館、一九八五）
河野通明　一九八四「牛の小鞍の発達とその意義」（『日本農耕具史の基礎的研究』吉川弘文館、一九九四）
佐々木銀弥　一九六三「中世後期の商品流通」（『中世商品流通史の研究』法政大学出版局、一九七二）
佐々木銀弥　一九六四『荘園の商業』吉川弘文館（新装版一九九六）
佐々木銀弥　一九六五「産業の分化と中世商業」（前掲『中世商品流通史の研究』）
佐々木銀弥　一九七五『室町幕府』小学館・日本の歴史13
佐々木潤之介　一九六七「近世農村の成立」『岩波講座　日本歴史』近世2、岩波書店
清水　亮　二〇〇六「鎌倉期地頭領主の成立と荘園制」（『鎌倉幕府御家人制の政治史的研究』校倉書房、二〇〇七）
徳永光俊　一九八〇「『親民鑑月集』の農業技術」『日本農書全集』第一〇巻、農山漁村文化協会
戸田芳実　一九六七『日本領主制成立史の研究』岩波書店
永井義瑩　二〇〇三『近世農書「清良記」巻七の研究』清文堂出版
永原慶二　二〇〇四『苧麻・絹・木綿の社会史』吉川弘文館
福島紀子　一九九九「矢野荘散用状に見られる大唐米について」東寺文書研究会編『東寺文書にみる中世社会』東京堂出版
福留照尚　一九六五「中世の農業」豊田武編『産業史』I、山川出版社
古島敏雄　一九七二「『農業全書』出現前後の農業知識」『近世科学思想』上、岩波書店・日本思想大系62
古島敏雄　一九七五『古島敏雄著作集6　日本農業技術史』東京大学出版会
ブロック、マルク　一九五九『フランス農村史の基本性格』（河野健二訳）創文社
宝月圭吾　一九四三『中世灌漑史の研究』吉川弘文館（復刊一九八三）

宝月圭吾　一九六三　「中世の産業と技術」（『中世日本の売券と徳政』吉川弘文館、一九九九）
峰岸純夫　一九七三　「十五世紀後半の土地制度」竹内理三編『土地制度史』I、山川出版社
義江彰夫　一九七四　「保の形成とその特質」『北海道大学文学部紀要』第二二巻一号
李　成市　二〇一〇　「東アジアの木簡文化」木簡学会編『木簡から古代がみえる』岩波書店

V　近　世

阿部　昭　一九八八　『近世村落の構造と農家経営』文献出版
飯沼二郎　一九七八　「『広益国産考』解題」『日本農書全集』第一四巻、農山漁村文化協会
伊藤好一　一九七四　「江戸と周辺農村」西山松之助編『江戸町人の研究』第三巻、吉川弘文館
稲葉光國　一九八一　「『農業自得』解題（2）『農業自得』における稲作の技術的特質」『日本農書全集』第二一巻、農山漁村文化協会
岩橋　勝　一九八八　「徳川経済の制度的枠組」速水融・宮本又郎編『日本経済史1　経済社会の成立　17―18世紀』岩波書店
江藤彰彦　一九九五　「村と暮らしの立て直し―荒廃の背景と農村・農民の対応―」『日本農書全集』第六三巻、農山漁村文化協会
江藤彰彦　一九九九　「『糞養覚書』解題」『日本農書全集』第四一巻、農山漁村文化協会
大石慎三郎　一九六八　『近世村落の構造と家制度』御茶の水書房
大石慎三郎　一九七七　『江戸時代』中公新書
大熊　孝　一九八一　『利根川治水の変遷と水害』東京大学出版会

大熊　孝　一九八八『洪水と治水の河川史　水害の制圧から受容へ』平凡社
大塚英二　一九九六『日本近世農村金融史の研究』校倉書房
岡　光夫　一九七九「『百姓伝記』解題」『日本農書全集』第一七巻、農山漁村文化協会
岡　光夫　一九八三「耕地改良と乾田牛馬耕―明治農法の前提―」永原慶二・山口啓二編『講座日本技術の社会史
　第一巻　農業・農産加工』日本評論社
岡　光夫・山崎隆三編　一九八三『日本経済史―幕藩体制の経済構造―』ミネルヴァ書房
柏村祐司　一九九六「『天棚農耕彫刻』解題」『日本農書全集』第七一巻、農山漁村文化協会
勝俣鎮夫　一九九六『戦国時代論』岩波書店
加藤衛拡　二〇〇七『近世山村史の研究』吉川弘文館
川本　彰　一九八三『むらの領域と農業』家の光協会
菊地利夫　一九七七『新田開発　改訂増補』古今書院
鬼頭　宏　二〇〇二『環境先進国　江戸』ＰＨＰ新書
木村茂光　一九九二『日本古代・中世畠作史の研究』校倉書房
木村茂光　一九九六『ハタケと日本人』中公新書
斎藤善之　二〇〇五「近世的物流構造の解体」『日本史講座　第七巻　近世の解体』東京大学出版会
佐藤常雄　一九八〇「潰百姓賄の構造」『信濃』第三二巻八号
佐藤常雄　一九八三「『耕作口伝書』解題」『日本農書全集』第一八巻、農山漁村文化協会
佐藤常雄　一九八七『日本稲作の展開と構造』吉川弘文館
佐藤常雄　一九九三「特産物列島日本の再発見―モノ・ヒト・情報の生かし方―」『日本農書全集』第四五巻、農山漁

村文化協会
佐藤常雄　一九九四ａ　「農書誕生―その背景と技術論―」『日本農書全集』第三六巻、農山漁村文化協会
佐藤常雄　一九九四ｂ　「近世経済を担った農産加工業―資源活用型の等身大技術―」『日本農書全集』第五〇巻、農山漁村文化協会
佐藤常雄・大石慎三郎　一九九五　『貧農史観を見直す』講談社現代新書
佐藤常雄　一九九六　「描かれた農の世界―近世の農耕図と絵農書―」『日本農書全集』第七一巻、農山漁村文化協会
佐藤常雄　二〇〇四　「『日本農書全集』の刊行と意義」『農業史研究』第三八号
白川部達夫　一九九四　『日本近世の村と百姓的世界』校倉書房
高橋　敏　一九九〇　『近世村落生活文化史序説』未来社
田中圭一　一九九九　『日本の江戸時代』刀水書房
田中耕司　一九七六　「すぐれた作付方式論『会津農書』」飯沼二郎編『近世農書に学ぶ』ＮＨＫブックス
田中耕司　一九八七　「近世における集約稲作の形成」『稲のアジア史３　アジアの中の日本稲作文化―受容と成熟―』小学館
谷山正道　一九八二　「『山本家百姓一切有近道』解題（１）　山本家農書成立の背景」『日本農書全集』第二八巻、農山漁村文化協会
長　憲次　一九八八　『水田利用方式の展開過程』農林統計協会
徳永光俊　一九八二　「『山本家百姓一切有近道』解題（２）　近世畿内農業生産力の発展」『日本農書全集』第二八巻、農山漁村文化協会
徳永光俊　一九九七　『日本農法史研究　畑と田の再結合のために』農山漁村文化協会

永井義瑩　二〇〇三『近世農書「清良記」巻七の研究』清文堂
長倉　保　一九八一「『農業自得』解題（1）　田村吉茂の生涯とその思想―『農業自得』の成立と普及―」『日本農書全集』第二一巻、農山漁村文化協会
永原慶二　二〇〇四『苧麻・絹・木綿の社会史』吉川弘文館
丹羽邦男　一九八九『土地問題の起源　村と自然と明治維新』平凡社選書
野村圭佑　二〇〇二『江戸の自然誌　『武江産物志』を読む』どうぶつ社
葉山禎作　一九六九『近世農業発展の生産力分析』御茶の水書房
速水　融　一九七三『日本における経済社会の展開』慶応通信
速水　融　一九七七「経済社会の成立とその特質―江戸時代社会経済史への視点―」社会経済史学会編『新しい江戸時代史像を求めて』東洋経済新報社
速水融・宮本又郎　一九八八「概説　一七―一八世紀」速水融・宮本又郎編『日本経済史1　経済社会の成立　17―18世紀』岩波書店
速水　融　二〇〇三『近世日本の経済社会』麗澤大学出版会
平野哲也　二〇〇四a『江戸時代村社会の存立構造』御茶の水書房
平野哲也　二〇〇四b「地域史と近世農書」『農業史研究』第三八号
深谷克己・川鍋定男　一九八八『江戸時代の諸稼ぎ』農山漁村文化協会・人間選書
深谷克己　一九九三『百姓成立』塙選書
藤木久志　一九九七『村と領主の戦国世界』東京大学出版会
古島敏雄　一九四六『日本農学史　第一巻』日本評論社

古島敏雄　一九五六『日本農業史』岩波全書
古島敏雄　一九七五「学者の農書と百姓の農書」『古島敏雄著作集5　日本農学史』東京大学出版会
水本邦彦　二〇〇三『草山の語る近世』山川出版社
守田志郎　一九七八『日本の村』朝日選書
守田志郎　一九八〇『学問の方法』農山漁村文化協会・人間選書
安室　知　一九九八『水田をめぐる民俗学的研究』慶友社
安室　知　二〇〇五『水田漁撈の研究　稲作と漁撈の複合生業論』慶友社
柚木　学　一九七五『日本酒の歴史』雄山閣
六本木健志　二〇〇二『江戸時代百姓生業の研究―越後魚沼の村の経済生活―』刀水書房
渡辺尚志　一九九四『近世の豪農と村落共同体』東京大学出版会
渡辺尚志　一九九八『近世村落の特質と展開』校倉書房
渡辺尚志　二〇〇四「村の世界」『日本史講座　第五巻　近世の形成』東京大学出版会
渡辺尚志　二〇〇八『百姓の力』柏書房
『日本農書全集』第Ⅰ期、第一巻～第三五巻、山田龍雄・飯沼二郎・岡光夫・守田志郎編、農山漁村文化協会、一九七七～一九八三年
『日本農書全集』第Ⅱ期、第三六巻～第七二巻、佐藤常雄・徳永光俊・江藤彰彦編、農山漁村文化協会、一九九三～一九九九年

Ⅵ 近代

荒木幹雄 一九八五 『農業史』明文書房
有本寛・坂根嘉弘 二〇〇八 「小作争議の府県パネルデータ分析」『社会経済史学』第七三巻第五号
石川 滋 一九九〇 『開発経済学の基本問題』岩波書店
磯辺俊彦 一九七九 「明治農法の形成とその担い手」『農林水産省百年史』上巻
牛山敬二 二〇〇三 「日本資本主義の確立」暉峻衆三編『日本の農業一五〇年』有斐閣
梅村又次 一九七三 「産業別雇用の変動：一八八〇―一九四〇年」『経済研究』第二四巻第二号
梅村又次他編 一九六六 『長期経済統計 第九巻 農林業』東洋経済新報社
梅村又次他編 一九八八 『長期経済統計 第二巻 労働力』東洋経済新報社
大内 力 一九四三 『村にて―農村現地報告―』東亜農業研究所
大鎌邦雄 一九九五 「戦前期の農業における租税負担率の再推計」『農業総合研究』第四九巻第一号
大川一司他編 一九七四 『長期経済統計 第一巻 国民所得』東洋経済新報社
大蔵省編 一九七九 『府県地租改正紀要』上（復刻版）、御茶の水書房
大島美津子 一九五九 「明治末期における地方財政の展開」『東洋文化研究所紀要』第一九冊
大竹秀男 一九八二 『封建社会の農民家族』創文社
大豆生田稔 一九九三 『近代日本の食糧政策』ミネルヴァ書房
大豆生田稔 二〇〇七 『お米と食の近代史』吉川弘文館
岡田知弘 一九八九 『日本資本主義と農村開発』法律文化社
小野武夫 一九四一 『現代日本文明史 第九巻 農村史』東洋経済新報社

加瀬和俊　二〇〇五「戦時経済と労働者・農民」『岩波講座アジア・太平洋戦争2　戦争の政治学』岩波書店
金沢夏樹　一九七一『稲作農業の展開』東京大学出版会
亀岡市史編さん委員会編　二〇〇〇『新修亀岡市史』資料編第三巻、亀岡市
亀岡市史編さん委員会編　二〇〇四『新修亀岡市史』本文編第三巻、亀岡市
川越俊彦　一九九五「戦後日本の農地改革―その経済的評価―」『経済研究』第四六巻第三号
川本　彰　一九八三『むらの領域と農業』家の光協会
小平権一　一九四八「農村経済更生運動を検討し標準農村確立運動に及ぶ」（楠本雅弘編著『農山漁村経済更生運動と小平権一』不二出版、一九八三）
斎藤　修　二〇〇九「土地貸借市場としての地主小作関係」『経済史研究』第一二号
斎藤　仁　一九八九『農業問題の展開と自治村落』日本経済評論社
斎藤万吉　一九一八『日本農業の経済的変遷』（『明治大正農政経済名著集九』農山漁村文化協会、一九七六に復刻）
坂根嘉弘　一九八七「大正・昭和戦前期における農政論の系譜」頼平編『現代農業政策論　第一巻　農業政策の基礎理論』家の光協会
坂根嘉弘　一九八八「わが国の戦前における農業政策の展開過程」山本修編『現代農業政策論　第二巻　農業政策の展開と現状』家の光協会
坂根嘉弘　一九九〇『戦間期農地政策史研究』九州大学出版会
坂根嘉弘　一九九六『分割相続と農村社会』九州大学出版会
坂根嘉弘　一九九九「日本における地主小作関係の特質」『農業史研究』第三三号
坂根嘉弘　二〇〇二「近代的土地所有の概観と特質」渡辺尚志・五味文彦編『新体系日本史3　土地所有史』山川出

版社
坂根嘉弘　二〇〇四「戦時農地統制は守られたか―臨時農地等管理令・臨時農地価格統制令違反の分析―」『歴史学研究』第七八七号
坂根嘉弘　二〇〇五「日本における戦時期農地・農地政策関係資料（七）」『広島大学経済論叢』第二九巻第一号
坂根嘉弘　二〇〇八「近代日本の小農と家族・村落」今西一編『世界システムと東アジア』日本経済評論社
阪本楠彦　一九七八『地代論講義』東京大学出版会
笹川裕史・奥村哲　二〇〇七『銃後の中国社会―日中戦争下の総動員と農村―』岩波書店
佐々木寛司　一九八九『地租改正』中公新書
佐藤正男　二〇〇二「土地税制史」『税務大学校論叢』第三九号
宍戸寿雄　一九五六「肥料」東畑精一・川野重任編『日本の経済と農業』下巻、岩波書店
篠田達明　二〇〇五『徳川将軍家十五代のカルテ』新潮社
篠原三代平他編　一九六七『長期経済統計　第六巻　個人消費支出』東洋経済新報社
新保　博　一九九五『近代日本経済史』創文社
関　順也　一九五八「地租改正を中心とする一農村の変遷過程」『山口経済学雑誌』第八巻第二号
関　順也　一九七二「地主制の形成過程」山雪会編『現代農業と小農問題』山雪会
玉真之介　二〇〇三「戦時食糧問題と農産物配給統制」『戦後日本の食料・農業・農村　第一巻　戦時体制期』農林統計協会
中央物価統制協力会議　一九四三「生活必需物資の闇相場等について」（一九四三年一二月一〇日）（中村隆英・溝口敏行編『第二次大戦下生活資財闇物価集計表』一橋大学経済研究所日本経済情報センター、一九九四）

中央物価統制協力会議　一九四五「生活資財闇物価集計表」（同右）
恒松制治　一九五六「農業と財政の作用」東畑精一・大川一司編『日本の経済と農業』上巻、岩波書店
帝国農会調査部　一九二六『小作料減免ニ関スル慣行調査第三輯　実収小作料ト収穫高トノ割合ニ関スル調査』
東畑精一　一九五六「農業人口の今日と明日」有沢広巳他編『世界経済と日本経済』岩波書店
東洋経済新報社編　一九三〇『日本経済年報』
中根千枝　一九七〇『家族の構造』東京大学出版会
中根千枝　一九八七『社会人類学』東京大学出版会
中村　哲　一九九二『明治維新』集英社・日本の歴史16
中村　哲　二〇〇一「東アジア資本主義形成史論」『講座東アジア近現代史1　現代からみた東アジア近現代史』青木書店
中村隆英　一九八九「概説　一九三七―五四年」『日本経済史7「計画化」と「民主化」』岩波書店
西村卓・勝部眞人　一九九一「近代における農業と農政」岡光夫・山崎隆三・丹羽邦男編『日本経済史―近世から近代へ―』ミネルヴァ書房
農地制度資料集成編纂委員会編　一九七二『農地制度資料集成』第一〇巻、御茶の水書房
農林省食糧管理局　一九四八『食糧管理統計年報』
農林大臣官房総務課編　一九五九『農林行政史』第二巻、農林協会
野本京子　二〇〇三「都市生活者の食生活・食糧問題」『戦後日本の食料・農業・農村　第一巻　戦時体制期』農林統計協会
速水　融　一九七九「近世日本の経済発展とIndustrious Revolution」新保博・安場保吉編『数量経済史論集二　近代

移行期の日本経済』日本経済新聞社
速水佑次郎　一九六七「肥料産業の発達と農業生産力」『経済と経済学』第一八・一九合併号
速水佑次郎　一九七三『日本農業の成長過程』創文社
速水佑次郎　一九八六『農業経済論』岩波書店
福岡県農地改革史編纂委員会編　一九五三『福岡県農地改革史』下巻、福岡県農地部農地課
古島敏雄編　一九五八『日本地主制史研究』岩波書店
古島敏雄　一九六三『資本制生産の展開と地主制』御茶の水書房
水林　彪　一九八七『封建制の再編と日本的社会の確立』山川出版社
三和良一　一九七九「高橋財政期の経済政策」東京大学社会科学研究所編『ファシズム期の国家と社会2　戦時日本経済』東京大学出版会
三和良一　一九九三『概説日本経済史　近現代』東京大学出版会
三和良一・原朗編　二〇〇七『近現代日本経済史要覧』東京大学出版会
安丸良夫　一九七四『日本の近代化と民衆思想』青木書店
山本文二郎　一九八六『こめの履歴書　品種改良に賭けた人々』家の光協会
渡辺元芳　一九五三「供出制度の変遷」『食糧管理月報』第五巻第一号

Ⅶ　現　代

今村奈良臣　一九七八『補助金と農業・農村』家の光協会
岩本純明　一九七八「農地改革―アメリカ側からの照射―」思想の科学研究会編『共同研究・日本占領軍』上、現代

史出版会
岩本純明　一九七九「占領軍の対日農業政策」中村隆英編『占領期日本の経済と政治』東京大学出版会
岩本純明・暉峻衆三　一九九二「農地改革」袖井林二郎・竹前栄治編『戦後日本の原点』下、悠思社
大蔵省財政史室編　一九七六『昭和財政史―終戦から講和まで―』第三巻、東洋経済新報社
大和田啓気　一九八一『秘史日本の農地改革』日本経済新聞社
外務省特別資料課　一九四九『日本占領及び管理重要文書集』第一巻、東洋経済新報社
梶井　功　一九七三『小企業農の存立条件』東京大学出版会
岸　康彦　一九九六『食と農の戦後史』日本経済新聞社
北出俊昭　二〇〇一『日本農政の五〇年―食料政策の検証―』日本経済評論社
協同組合経営研究所編　一九六一『農協法の成立過程』協同組合経営研究所
協同組合経営研究所農業協同組合制度史編纂委員会編　一九六七―六九『農業協同組合制度史』協同組合経営研究所
合田公計　一九九〇「R・A・フィーリーの農地改革案『占領期における日本の農業改革』」『大分大学経済論集』第四一巻第五号
佐伯尚美　一九九〇『ガットと日本農業』東京大学出版会
佐伯尚美　一九九七「価格・所得政策」大内力編集代表『日本農業年報四四―新農基法への視座―』農林統計協会
佐伯尚美　一九九八「農業基本法の反省と新基本法―基本問題調査会「答申」の評価をめぐって―」日本農業研究所『農業研究』第一一号
食糧庁　一九五六『食糧管理史Ⅳ需給編総論』食糧庁
食糧庁　一九五七『食糧管理史Ⅴ制度編各論（上）』食糧庁

田代洋一　一九九九『食料主権―二一世紀の農政課題―』日本経済評論社
暉峻衆三　一九六七「農産物価格政策の理念と現実」加藤一郎・阪本楠彦編『日本農政の展開過程』東京大学出版会
暉峻衆三　一九九〇「高度経済成長期の農業保護政策」同編『日本資本主義と農業保護政策』御茶の水書房
暉峻衆三編　二〇〇三『日本の農業一五〇年』有斐閣
ドーア、R・P　一九六〇「進駐軍の農地改革構想―歴史の一断面―」『農業総合研究』第一四巻第一号
ドーア、R・P　一九六五『日本の農地改革』（並木正吉ほか訳）岩波書店
農地改革資料編纂委員会編　一九七四―八一『農地改革資料集成』農政調査会
農林水産省百年史編纂委員会　一九八一『農林水産省百年史』下、同刊行会
正村公宏　一九八八『図説戦後史』筑摩書房
南　亮進　一九九二『日本の経済発展』（第二版）東洋経済新報社
ＳＣＡＰ／ＧＨＱ　一九九八『ＧＨＱ日本占領史　農業』（岩本純明訳）日本図書センター

執筆者紹介—執筆分担

木村茂光（きむら　しげみつ）→別掲　Ｉ総論、Ⅱ原始、Ⅲ古代、Ⅳ中世

平野哲也（ひらの　てつや）Ⅴ近世

一九六八年栃木県に生まれる／一九九六年　筑波大学大学院博士課程歴史・人類学研究科単位取得退学

現在　栃木県立文書館指導主事、博士（学術）

〔主要著書〕

江戸時代村社会の存立構造　近世地域社会論（共著）　大地を拓く人びと（共著）

坂根嘉弘（さかね　よしひろ）Ⅵ近代

一九五六年京都府に生まれる／一九八四年　京都大学大学院農学研究科農林経済学専攻博士課程修了

現在　広島大学大学院社会科学研究科教授

〔主要著書〕

戦間期農地政策史研究　分割相続と農村社会　軍港都市史研究１舞鶴編（編著）

岩本純明（いわもと　のりあき）Ⅶ現代

一九四六年高知県に生まれる／一九七六年　東京大学大学院農学系研究科農業経済学専攻博士課程単位取得退学

現在　東京農業大学国際食料情報学部教授

〔主要著書・論文〕

戦後日本の食料・農業・農村　第二巻第一分冊（戦後改革・経済復興期Ｉ）（編著）　林野資源管理と村落共同体—国有林野経営と地元利用—（大鎌邦雄編『日本とアジアの農業集落—組織と機能—』）

索　　引

あ　行

藍　95, 108, 119, 189
会津歌農書　227
会津農書・会津農書附録　164, 187, 190, 227
茜　108, 118
麻織物　118
旭　286
アッサム・雲南説　16
油粕　167, 178
アメリカ占領政策　345, 346
綾座　118
有毛検見　156
有畝　257
粟　57, 61〜63
安斎随筆　137
飯沼新田（下総国）　149
イエの永続性　205
藺草　101, 140
池敷　105
池代　105
石倉遺跡　18
和泉国池田荘　105
和泉国近木荘　103
和泉国梨本新池　105
出雲木綿　169
伊勢暴動　261
伊勢木綿　134
板付遺跡　18, 23, 26
一粒万倍穂に穂　179, 213
一向一揆　128
「一地一主」原則　259
稲の品種　69, 93, 283
猪の被害　195
稲熱病　286
イモ文化　7
入会権　198
入会秣場における新開の禁止　159
衣料革命　237
衣料染料　118
井料田　98
一山遺跡　14
岩宿遺跡　17
保食神　40〜42, 44
宇治拾遺物語　96
臼尻B遺跡　18
薄播き　179, 223
歌農書　227〜229
厩肥　158, 176〜178
裏作の権利　87
裏作麦　87, 89, 100, 101, 166, 168, 170, 184, 249
粳　92, 187
ウンカ　192, 193, 215
永正年中記　133
荏粕　178
易田　50, 51
荏胡麻　88, 95, 119
越後青苧　118
越中国石黒荘　98
江戸周辺農村　241, 242
江戸煩い　294
絵農書　224, 225
延喜式　77, 120
園地　48〜50, 55
園地条　6, 47, 48
追肥　173
奥民図彙　224
大蔵永常　170, 180, 219〜222, 224, 246, 247
大田文　6, 84
大手作経営　163
大舎人織手座　118
大山崎油座　119
大山崎油神人　119
晩稲　92, 93, 168, 187, 188, 215
忍路遺跡　18
尾張国郡司百姓等解　75
尾張国富田荘　107, 128
尾張国物産調　188
遠賀川式土器　25

か　行

開荒須知　192, 195
開墾助成法　267
害虫駆除　192
回転除草機　289
開発禁止・抑制　159
開発至上主義　157
開発所領　85
開発の二形態　86
開発領主　82, 97
外米輸入税　296
蛙の評価　194
抱身分　198
抱持立犂　289
価格対策費　367
価格等統制令　329〜331
価格パリティ方式　354
化学肥料　285, 286, 338
案山子　196
掻揚田　170
家業伝　179

各地方歴観記　265
果樹　77, 78, 95
過剰開発　157, 159
稼穡考　219
家族単位の集約農法　162
家族労作経営　173, 180, 204
片春田　167
脚気　294
ガット・ウルグアイ・ラウンド合意　368
家内（家族）労働力　76, 163
河姆渡遺跡　13
蒲須坂新田（下野国）　151
鎌の分化　181
上方農人田畑仕法試　214
亀の尾　285
加茂遺跡　67
唐木綿　132, 133
刈敷　158, 177, 196
川田川原遺跡　34
川成　115
河原　90
灌漑システム　23, 24, 26, 32, 35
寛喜の飢饉　97
元慶官田　74
間作　190, 223
完新世　12, 17
完成した水稲耕作　14
関税定率法　295
官田　74, 75
乾田　24, 26, 167
乾田化　65, 166, 171, 287
乾田地帯　165
乾田馬耕　287
関東運河建設　146
関東郡代伊奈氏　145, 148
関東流（治水技術）　148
勧農［権］　53, 68, 97～99, 123, 124
生糸　118, 236, 237
紀伊国阿弖川上荘　95
紀伊国荒川荘　110
紀伊国官省符荘　103, 104
紀伊国粉河寺寺内肥灰掟　121
紀伊国粉河寺領東村　104～106
機会費用争議　305～307
紀州流（治水技術）　149
魏志倭人伝　40
義倉［制］　61～63
義倉粟　63
北前船　236
切符制　331
畿内米市場　122
絹織物業　123, 236
旧水路の復旧　110, 111
旧石器捏造事件　17
牛馬耕　32～34, 37, 180, 289
狭義の農書　206
供出要請問題　322
供出率の低下　339
漁業書　232
魚肥　167, 178, 250, 285
切添（持添）開発　149, 155
近代短床犂　289
近代的土地改革　260
近代的土地所有［権］　258～260, 273
金納地租　258, 273, 274
金肥　158, 167, 178, 179, 285
勤勉革命　164, 270
勤勉主義・勤労主義　269, 270, 315
金本位制　292, 295, 314
空閑地　48, 51, 52, 55
公営田　74, 75
草肥供給源　158
弘福寺田畠資財帳　49
口分田　48, 50～52, 55
クリナラ遺跡　18
栗林　86, 90, 95
鍬の改良と分化　180
鍬の地域性　181
桑畠（桑原）　68, 86, 90
軍事的技術の平和的利用　144
経営の集約化　122
経済更生運動［計画］　314～316, 318
経済更生部　315
経世論　247
慶長見聞集　135
系統農会　288
月令　63
仮寧令　69
検見法　156
検見法から定免法へ　156
堅果類　29
兼業農家　359, 374
見作　89
検地　154, 155
元和偃武　144
広益国産考　220, 224, 246
高額小作料　299
耕稼春秋　173, 188, 191, 212, 224
広義の農書　206
耕作仕様書　242
耕作噺　212, 213, 215, 218
耕作早指南種稽歌　228
巷所　140
耕地開発神話　45
耕地整理事業　288, 300, 301
耕地整理法　267, 287
耕地の零細化　104, 116, 122
耕地利用率　115, 116
公定価格［制］　316, 328, 331, 332, 335
公定米価［制］　324, 355
高度経済成長　358～367

購買組合　291, 292
荒廃田　48, 52, 53
後発性の利益　358
肥桶　120
肥灰　120～122
扱き箸　183, 184
国産・国益政策　247
石高制　6, 154
国内産木綿　133
石盛　154, 155, 256
小鞍　96
後家倒し　184
五穀　43, 44, 57
五穀成就　76
古語拾遺　42
古作　86
小作慣行　276
小作慣行調査　276
小作組合　302, 303, 309
小作経営　163
小作制度　270, 347, 348
小作制度調査委員会　309
小作争議　301～313, 318
小作地　307, 311, 319, 320, 343, 344, 349
小作調停法　310
小作地利回り　312, 313
小作農（小作人）　163, 199, 270～276, 301, 302, 304, 307～309, 311, 319, 320, 326, 328, 329, 344, 347, 350
小作立法　309, 310, 329
小作料　201, 270～272, 275, 276, 308, 313, 320, 325, 326, 328, 329, 344, 345, 349, 350
小作料減免　303, 304
小作料減免争議　300～302, 305～313, 320
小作料代金納　326
小作料統制令　329
小作料率　299～301, 344
国家主導型開発　32
小妻木綿　133
こひすみ　93, 94
個別的小作争議　305, 319
駒場農学校　284
米及籾移入税廃止法　295
米過剰　372
米生産費調査　270
米騒動　278, 279, 307
米の自給　350
米籾関税　295
雇用労働力　76, 77
今昔物語集　96
混食　265, 294
墾田　48, 51, 52, 55
墾田永年私財法　52, 59～61, 67
墾田制　51, 52, 60, 66
墾田政策　59

さ　行

サーベル農政　289
在郷町　234, 239, 241, 251
最古の水田　23
再種方・再種方附録　219, 221, 222
在村耕作地主　328
在村地主　325, 328, 344, 349
在村酒造業　239, 240
在村不耕作地主　328
在地神　45, 46
在地土豪　152
在地領主　82, 152
在来農法　164
作物の栽培法　78
篠村小作同盟会（京都府）　302
沙汰未練書　82
雑穀種子　28
雑穀奨励策　61～63, 65～67
雑草種子　26
雑草の防除　289
札幌農学校　284
佐藤信淵　219
実隆公記　134
狭山池　35
産業組合　291, 292, 314, 315
産業組合法　288, 291
三世一身法　51, 59, 60, 66, 67
山川藪沢　48, 53～55
山村史研究　9
三大農学者（近世）　219
三内丸山遺跡　17
産物番付　233
三毛作　117
山林書　231
GHQ　339, 341, 342, 349, 351～355
GHQの農協構想　352, 353
GDP　358
紫雲寺潟新田（越後国）　149
シェーレ（鋏状価格差）　314, 353
地押丈量　256, 258, 262
塩屋3遺跡　18
地方書　163, 206, 219, 245
私家農業談　196, 214
時局匡救事業　317, 318
自作農創設維持事業（自創事業）　311, 329
自作農創設特別措置法　343
自主的開発抑制　158
自創面積　311
実質年貢率　155
実収石高上昇　147
質地（関係）の循環　200

自動脱穀型コンバイン　360～362
地頭による荒野開発　97
自得農法　222
信濃国佐久郡五郎兵衛新田　148, 198
信濃国佐久郡塩沢新田　148
信濃国佐久郡御影新田　148
信濃国佐久郡八重原新田　148
信濃産苧麻・青苧　118
地主小作関係　199～201, 270～276, 299, 310, 311, 325
地主小作関係の共同性　199
地主制度解体　349
地主的土地所有　312
地主米価　326, 328
四木三草　189, 204, 207
島田・島畠　86, 110
〆粕　178, 232
下川津遺跡　34
下肥　176, 178, 241, 242
下肥ネットワーク　241
下田東遺跡　72
下之郷遺跡　20
しやうかひけ　94
社会政策的農政　284, 366
沙石集　120
拾芥抄　83
重商主義的経済思想　247
終身雇用制　358
雌雄説　220～223
集団的小作争議　304
集約的経営　85, 99, 103, 104, 106, 117
集約農法　161～201, 210
集落営農　371, 372, 374
荘園の増大期　84
小規模開発　85, 86, 102～104, 106
小規模耕地　101
常荒　89
商工農分離　153
掌中暦　83
正長　74, 75
乗田　48, 50～53, 55
小農技術体系の確立　204
小農経営　263, 267, 270, 271
消費者米価　325
商品作物［生産］　117, 119, 122, 123, 138, 155, 178, 189, 190, 204, 210, 220, 232, 236, 244, 247, 248
常民の文化　7
定免法　156
縄文農耕論　19
縄文文化　17
乗用トラクター　360
条里地割　33
昭和恐慌　314, 316, 319
初期ノ対日方針　341, 342
食育　2, 4
食育基本法　2
殖産興業資金　261, 267
職人歌合　126, 127
食の多様化　3
食のブランド化　2
植物遺体　29
植民地米　296, 338, 339
植民地米移入税　296
食料アウタルキー　296
食糧管理政策　326
食糧管理制度　325, 354～356
食糧管理特別会計　325
食糧管理法　324, 354, 356
食糧緊急措置令　339
食料自給率　3, 355, 362, 368, 369, 373
食料増産［運動］　327, 356, 365
食料増産五カ年計画　356
食料難・食料不足　338～343, 345, 354
食料メーデー　340
食料輸入　341～343
除蝗録　219, 224, 229
諸国田数　83
諸国山川掟　156, 157
除草器具　289
所得倍増計画　364, 365
所得パリティ方式　355
所得補償措置　374
所有の魔術　350
飼料稲　373
飼料自給率　373
飼料輸入　364
白河原　111, 112, 115
白布座　118
信玄堤　128
深耕　179, 182, 223, 287, 289
新興海運勢力　236
人口の急増　147
深耕録　217
新猿楽記　76
新田開発　129, 148～152, 157, 159, 199
新田村　150
信用組合　291, 290
神力　285, 286
水車業　240
水田稲作　20, 21, 23～26, 28, 30, 41, 59
水田＝稲作中心史観　6, 9
水田稲作の受容　23
水田裏作＝畠作　106
水田刈敷農業　196
水田漁撈　191
水田転作　373
水田二毛作　65, 86～88, 99, 100, 165～168, 184
水田面積の拡大　37
水利権　198
犂から鍬へ　180
砂沢遺跡　24

摺り臼　184
駿府記　137
生活防衛的争議　305
生業論　9
生産組合　291
生産者米価　325, 326, 328
生産政策的農政　284
生産調整政策　372
正条植　289, 290
西南戦争　274
西南農法　288
精農主義　158
西洋農業導入　284
清良記　141, 161, 185〜187, 202
積雪寒冷単作地帯振興臨時措置法　356, 357
摂津国垂水荘　104, 116
施肥　79, 120, 122, 176, 214
瀬町　101〜104
銭貨の流通　106
専業農家　359
全国市場　234
戦国大名の開発伝承　128, 129, 145
千石通し・万石通し　185
全国農談会　284
戦時経済体制　324
戦時食料政策　328
戦時［経済・農業］統制　322〜336
戦時農政　327
戦時農地立法（三勅令）　329
戦前期日本農業の基本構造　264
千町歩地主　201
千歯扱き　183, 184
占領軍最高司令官　341
惣掟　121, 122
惣監　75
桑漆条　6, 47〜49
惣村の池築造と灌漑技術　126
草木撰種録　男女之図　221, 224
草木灰　22, 120, 158, 178
蔬菜　77, 95, 189, 241
疎植（農法）　179, 223
そてのこ　93
損　89, 115, 116
松菊里遺跡　15

た　行

「田遊び」から農書へ　126, 139
第一次農地改革法　348, 349
第一種兼業農家　359
大開墾の時代　82, 83, 85, 96, 99
大開発（5世紀）　31
大開発（近世前期）　147, 150, 152, 198
大河川の改修工事　145
代官見立新田　148
大規模治水事業　128, 129
太閤検地　154, 257
大豆粕　285, 286
大小麦　61, 63, 64
大政翼賛会　323
代銭納　106, 107, 118, 119
大唐米　94, 187
第二種兼業農家　359
対日食料援助　341, 342
大日本農会　284
耐肥（多肥）・多収性品種　178, 179, 284〜286
大宝律令　47
大名田堵　75〜77, 79
代用食　340
代用品　332
田植機　360
田植草紙　94, 140
宅地　48〜50, 55
宅地条　47, 48
宅の論理　82, 85
田代　89
駄賃稼ぎ　240, 253
タテマエ上の年貢率　155
田堵　75, 76, 86
田と畠の比率　89
棚田　102
水田種子（たなつもの）　41, 43
種子札　68, 70〜73, 140
多肥　173
多肥多労の集約農法　162
WTO（世界貿易機関）　369, 374
田麦　87, 99, 100, 168
溜池　32, 35, 104
溜池築造時代　104, 106
たもとこ（ちもとこ）　93, 94
多聞院日記　133
多様な職人の登場　126
樽廻船　234
垂柳遺跡　24, 28
単位農協　353
単婚小家族　150, 204
単作化傾向　3
短冊形苗代　289
短床犂　34
反新田出情仕様書　176
炭素14年代測定法　24, 25
丹波国大山荘　94, 95, 107
地域資源（ヒト・モノ・情報）　205, 240, 241
地域農書の書き手　216
地位等級制　260
地価決定・押し付け　257, 260
畜産部門　363, 364, 367
筑前国粥田荘納所等連署料足注文　132

築堤　97, 128, 129
畜糞　79
地券　258
治水の主体　126
地税　257
地税改革　257, 258
地租改正　256～276
地租改正人民心得書　256
地租率引下げ　261
智塔里遺跡　14
秩禄処分　259, 260
地方小作官　310, 311, 321
中型機械化一貫体系　362
中耕除草　179, 181, 182, 289
中小農保護問題　277, 281, 284
中世開発停滞論　83, 84
中世の農具　96
注油法　193, 194
長床犂　34, 182
朝鮮王朝実録　132, 136
長男（長子）単独相続　263, 267
町人請負新田　149
猪鹿追詰事業（対馬）　195
賃租　50, 51
通俗道徳　270
津島遺跡　28
堤の修復　97
庭訓往来　92, 94～96, 131
帝国農会　277, 288, 299
適地適作　188, 204, 234
出羽国庄内三郡の開発　129
田仮　69, 72
田家すきはひ袋　224
転作作物　372
転作奨励金　372
天水　111
天孫降臨神話　42, 43
天棚農耕彫刻（下野国）　226
田畑利回り　312, 313
田畑輪換　169, 170, 191, 239, 372
天文日記　133
田令　5, 47, 48
東海道名所記　137
冬季湛水（田）　164, 165
等級別収穫高　256, 257, 260
東北院職人歌合　126
唐箕　185
灯油原料　239
動力耕耘機　360
遠江国蒲御厨　111
遠江国質侶荘　89, 90
遠江国染座商人　118
遠江国初倉荘　111, 129
遠江国浜名郡輸租帳　52
ドーハ・ラウンド　369
土器の作成　14
特産物　122, 123, 205, 218, 233～235, 249
特定地域法　357
特用作物　220, 246, 247
土豪開発新田　148
土豪層の開発　110, 111, 122
土豪層の用水管理　113
土砂災害　158
土地改良事業　287, 288, 356, 357, 367
土地改良投資　269, 350
土地改良法　356
土地生産性　148, 162, 204, 298
土地争議　305, 306, 311, 318, 320
土地利用型農業の構造改革　370
土地利用率の減少　3
独禁法　352
ドッジプラン　353
突帯文土器　25
利根川東遷事業　145, 146
十村層　212
太山の左知　231
鳥浜貝塚遺跡　17

な　行

内膳司［直属の園地］　77, 78
中田　92
中稲　92, 93, 168, 187, 188, 228
中野Ｂ遺跡　18
菜種　239
夏作物　65
夏畠　87, 88
夏麦　100, 101
七十一番職人歌合　126
菜畑遺跡　23
鳴子　196
難村問題　277～281, 292
錦座　118
西廻り海運　234
二条河原の落首　120
日露戦争　274, 277～279, 281, 285, 288, 289, 295
日清戦争　273, 279
二年三毛作　189
日本勧業銀行　287
日本書紀　5, 31, 40, 41, 43, 44
日本的「家」［制度］　263, 264, 266, 267, 269, 271, 298, 299, 307～309
日本的「村」　263, 264, 271, 273, 291, 308, 309, 322, 326, 327
日本農民組合（日農）　303, 309
日本木綿　133
日本霊異記　64
二毛作　106, 166～168

布座　118
根本新田（下野国）　151
年季奉公人　162
年貢徴収方法　156
年荒　89
年輪年代法　24, 35
野　90
野稲　93
農外資本　364
農会法　288
農外労働市場の拡大　305, 359
農稼業事　220, 222
農家捷径抄　217
農家総所得　360
農家の兼業化　360
農稼肥培論　175, 219
農稼録・農稼附録　171, 180, 181, 194
農間渡世・農間余業　248
農協　366
農業会　352
農業改革　346〜348
農業基本法　362, 364〜367
農業恐慌　314, 316, 317
農業協同組合再建整備法　354
農業協同組合法　351〜353
農業経営基盤強化促進法　370
農協経営の悪化　353
農業耕植事業　212
農業自得　217, 222
農業就業者　296, 297
農業就業人口　266, 267, 280, 359, 370
農業図絵　224
農業生産指数　338, 362, 363
農業全書　161, 166, 169, 174, 193, 202, 207〜213, 219, 220, 223, 224
農業全書ダイジェスト版　213
農業土木事業　318
農業の機械化　360
農業の基本問題と基本対策　365
農業法（薩摩の農書）　176
農協法改正案　354
農業余話　220, 222
農業労働生産性　267, 270, 280, 297, 298, 362
農具改良　183
農具揃　183, 214, 215
農具の基本（鍬と鋤）　96
農具の鉄器化　32, 33
農具便利論　180, 220, 224
農耕から諸稼ぎへ　250
農工間所得格差問題　365
農工銀行　287
農耕神話　40
農耕専一　248
農耕彫刻　225
農産物価格下落　314
農産物直売所　375
農産物輸入自由化　368, 369
農事試験場　285
農事図　207, 224
農事調査　276
農事日誌　244, 248
農術鑑正記　170, 212
農書　139, 141, 161, 202〜232, 244
　―成立の背景　204, 244
　―の成立　141, 202
　―の未成立　139
農商務省諭達　289
農書的メモ　101, 140, 141, 202
農事暦　139, 183
農政全書　161, 207
農村過剰人口　347, 348, 365
農地改革　340, 343〜351
農地改革に関する覚書　348, 349
農地改革法　344, 349, 351, 352
農地作付統制　335
農地調整法　310, 329
　改正―　343
農地法　370
農地流動化　362, 365, 366, 370
農本主義　56, 279
農民組合　320
農民的小商品生産　306
農民的余剰の発生とその確保　204
農民暴動　309
農務帳　191
農用地利用増進事業　370
除稲虫之法　194
野畠　8, 90, 91
野焼き　22, 23

は　行

配給［制］　331, 339, 340
稲架干し　185
はさみ山遺跡　31
畠稲作　9, 20, 21, 41
畑方綿作　169
畠と畑　91
はたけの考古学　9
畑の多毛作　189〜191
畑作村落［研究］　8
畠作物　57, 91, 94, 106〜109, 119, 123
畠地子　88, 95, 108
畠地二毛作　8, 88, 89
畠地の開発　58
陸田種子（はたつもの）　41, 43
八条朱雀田地差図　101,

104, 140
八朔　93
初穂行事　93
ハマナス野遺跡　18
早田　92, 93
播磨国久富保　85
播磨国福井荘　98
春田　167, 168
藩営専売論　247
半栽培　17
半田　170, 171, 239
班田収授の制　50, 51
班田制　6
販売組合　291, 292
B級グルメ　2, 4
菱垣廻船　234
東廻り海運　234
尾州廻船（内海船）　236
備前国矢野荘　94
常陸風土記　45
備中鍬　182, 183
備中国新見荘　94, 109
肥培管理　173, 223
美々貝塚北遺跡　18
百間川遺跡　26, 27
百姓一揆　258
百姓株　198, 205
百姓伝記　164, 165, 181
百姓の消費力　245
日雇人足　172
肥料　79, 158, 173～179, 282, 284～287
日割奉公人　172
品種の分化　185, 188
フィーリー構想　345～348
不在地主　328, 344
符坂油座　119
ふしくろの稲　93, 94
伏田　102
欣岩里遺跡　15
不平士族の反乱　261
夫木和歌抄　131
冬作麦　64, 65, 101
部落責任供出制　322, 326
プラザ合意　368
フランス革命　259
プラントオパール　20, 28
篩　185
古市大溝　31, 32, 35
分割相続地帯　268, 299
分散錯圃制　173
糞養覚書　176
米価急騰期　279
米価下落　279
米価支持政策　316, 317
米価抑制政策　355
米穀管理規則　324
米穀供出確保運動　323
米穀自給率低下　292, 295
米穀生産量　297
米穀統制法　316
米穀法　316, 317
米穀輸出　293
米食率　265, 294
兵農分離制　152, 153
別名　85
保　85
封建的特権処理　259
奉公人　163, 200, 244, 248, 249, 253
ほうしこ　93, 94
干鰯　178, 232, 239
干鯡　178
圃場整備　287
ほまち　101
掘上田　170, 171
掘下田　171
本百姓　198
本百姓体制　141

ま　行

曲金北遺跡　26
曲刃鎌　32
馬鍬　32, 34, 96
松方デフレ　273, 274
まんが田　179
満済准后日記　131
満作主義　53
万葉集　22, 72
箕　185
三浦木綿　135
三河木綿　134, 233
三沢蓬ヶ浦遺跡　21
瑞穂の国　5
美濃国茜部荘　86, 107
宮崎安貞　161, 207, 210, 211, 219, 224
民間型全国市場　236
民間省要　163, 168, 245
麦田　166, 168, 249
麦の奨励　63, 64
無去洞玉峴遺跡　16
武蔵国越生郷上野村　135
武蔵野新田　242
虫送り・虫追い　192, 193
無床犂　34, 289
無年季質地請戻し権［慣行］　197, 200
無文土器［時代］　15, 25
村請新田　149
村請制　152, 153, 275, 276
村掟　122
村方地主　200, 201, 217, 239, 240
村議定　153
「村」社会の集団的規範　271, 272
村高　154, 155
「村」による土地改革　262
村の土地は村のもの　197
村松家訓　194
室町殿日記　133
明治農法　164, 284～290, 298
めくろの稲　93, 94

めつた植　179
綿実　239
綿布　132
綿圃要務　220, 224
真岡木綿　233, 251, 252
糯　92, 187, 188
持高　154
木簡　72, 73
元肥　173, 177
木綿革命　138
木綿栽培・綿作　125, 126, 130～136, 138, 141, 237, 239
木綿栽培三河発祥説　130, 133, 135
木綿産業　239
木綿の用途（火縄・帆・幕）136～138

や　行

焼畑　21～23, 91～93, 195
夜刀神　45, 46
山科家礼記　131
山城国笠置荘検田帳　103
山城国桂川用水　112, 114
山城国上久世荘　115, 120
山城国上野荘　111, 115
山城国賀茂荘　86
山城国西岡11ヵ荘　113
山城国弓削荘　87
山畠　8, 91
闇経済　331～336
弥生文化の始期　25
ヤンガー・ドリアス期　12, 17
有機質肥料　285, 286
U字型刃先（鋤先）　32～34
「融通＝循環」の構造　199
輸入商品の国産化　236
斎庭の穂　42, 43
諭農の碑（下野国）　229, 230
養蚕絵馬　237
養蚕・製糸業地帯　236
徭丁　74
寄畑　171
読み・書き・算盤　205

ら　行

羅家角遺跡　13
力田の輩　75
陸田　48～51, 56～59, 64～67
陸田＝畠作奨励策　57
陸稲　15, 20, 93, 187
硫安　285, 286
良田百万町歩開墾計画　51, 58, 59, 66
領内惣検地　154
緑肥　176, 177
輪作　23, 189, 190, 223
林産物供給圏　231
臨時農地価格統制令　329, 330, 335
臨時農地等管理令　329, 330
臨時米穀配給統制規則　324
類聚国史　130, 135
零細錯圃制　172, 173
老松堂日本行録　117
労働農民党　303
盧溝橋事件　323

わ　行

若狭国遠敷市場　107
若狭国太良荘　92, 98, 107, 108, 115
輪中地帯　171
早稲　72, 92, 93, 165, 168, 187～189, 216, 228
綿返し田　169
倭名類聚抄　58, 83
割地制度・割地慣行　197

図版一覧

〔口絵〕
1　島根県浜田市黒沢の田囃子（1969年，萩原秀三郎氏撮影）
2　下野国瓦谷村の天棚農耕彫刻　栃木県宇都宮市瓦谷上自治会所蔵，町田市立博物館提供
3　圃場整備前の北上平野　岩手県北上市　国土地理院所蔵（1948年，米軍撮影）
圃場整備後の北上平野　岩手県北上市　国土地理院所蔵（1976年，国土地理院撮影）

〔挿図〕
Ⅱ　原　始
図1　近畿地方における弥生中期の耕具様式概念図（上原真人「農具の変革」『古代史の論点1　環境と食料生産』小学館，2000年より）　*27*
図2　百間川遺跡水田跡（『月刊文化財』181号，1978年より）　*27*
図3　弥生時代の出土遺跡数の多い植物遺体（寺沢薫・寺沢知子「弥生時代植物質資料の基礎的研究」『橿原考古学研究所紀要』5，1981年より）　*29*
図4　南河内地域における7世紀の一大灌漑網（広瀬和雄「耕地の開発」『古代史の論点1　環境と食料生産』小学館，2000年より）　*36*
図5　群馬県における水田区画面積の時代的変遷（斎藤英敏「小区画水田についての新視点」『条里制・古代都市研究』17，2003年より）　*37*

Ⅲ　古　代
図1　主要地目の所有・用益・利用関係図（宮本救「律令制的土地制度」竹内理三編『土地制度史Ⅰ』山川出版社，1973年より）　*54*
図2　種子札木簡　いわき市教育委員会所蔵　*70*

Ⅳ　中　世
図1　八条朱雀田地差図（木村茂光『日本古代・中世畠作史の研究』校倉書房，1992年より）　*102*
図2　山城国桂川用水差図　京都府立総合資料館所蔵　*114*

Ⅴ　近　世
図1　蒲須坂新田の屋敷割　栃木県さくら市蒲須坂・福田力家文書　*151*
図2　近世の検地の風景　天保年間検地絵図　平戸郡治氏所蔵，茨城県歴史館提供　*155*
図3　二毛作田の耕起・畦作りと大麦蒔き（『耕稼春秋』より）　*167*
図4　畿内の半田（掻揚田）（『綿圃要務』より）　*171*
図5　鍬の地域性（『農具便利論』より）　*181*
図6　備中鍬（『農具便利論』より）　*183*
図7　扱箸による脱穀（『農業全書』より）　*184*
図8　千歯扱きによる作業（『農具便利論』より）　*184*
図9　稲架掛（『耕稼春秋』より）　*185*
図10　畑の間作（綿と大根）（『広益国産考』五之巻より）　*190*
図11　虫送り（『除蝗録』より）　*193*
図12　注油法の手順（『除蝗録』より）　*194*

図13　苗代を鳥獣から守るための囲いや鳴子（『耕稼春秋』より）　*196*
図14　『農業全書』の農事図（田植えと田の草取り）　*210*
図15　作物の雌雄説（『草木撰種録』より）　*221*
図16　旧奥州道中沿いに建つ「諭農の碑」（平野哲也氏撮影）　*230*
図17　真岡木綿製法図　田村豊幸氏所蔵（『真岡市史　史料編近世』より）　*252*

Ⅵ　近　代
図1　1873年地租改正法（上諭）広島大学中央図書館所蔵（中国五県土地・租税資料文庫）　*258*
図2　野良の農民（農民　中村不折画）（横山源之助『日本之下層社会』の挿絵）　*269*
図3　水稲作付面積に占める改良品種作付比率（速水佑次郎『農業経済論』岩波書店，1986年より）　*283*
図4　畑を耕す老夫婦（『日本百年の記録』第1巻，講談社，1960年より）　*287*
図5　耕地整理面積の推移（金沢夏樹『稲作農業の論理』東京大学出版会，1971年より）　*288*
図6　正条植（大正中期の徳島県板東町）　*290*
図7　雁爪　仙台市歴史民俗資料館所蔵　*290*
図8　太一車　*290*
図9　賃金／農業粗収益比率と小作争議件数（有本寛・坂根嘉弘「小作争議の府県パネルデータ分析」『社会経済史学』73-5，2008年〔原資料『小作年報』『農地年報』〕）　*304*
図10　小作争議の農民たち（熊本県）　*306*
図11　10時間当り農業所得の推移（農林省『農家経済調査』，農林大臣官房統計課『農作傭賃金統計表』，加用信文監修『日本農業基礎統計』農林統計協会，1977年より作成）　*317*
図12　食料増産ポスター（森武麿『アジア太平洋戦争』集英社，1993年より）　*327*
図13　食料増産の排水作業（横浜市）　*328*

Ⅶ　現　代
図1　機械化された田植え（2001年，鹿児島県大崎町）毎日新聞社提供　*361*
図2　大型コンバインで行われる稲刈作業（2002年，北海道新篠津村）毎日新聞社提供　*361*

年　表

西　暦	事　項
B.C. 1 万6000年頃	日本で，縄文文化が形成され始める
B.C. 1 万5000 ～ 1 万3000年頃	ヤンガー・ドリアス期に入る
B.C. 1 万年頃	黄河流域でアワ・キビなどの雑穀の栽培が行われる 長江流域でイネの痕跡が見つかる 中東でムギの栽培が行われる
B.C.6000 年頃	長江流域でイネが栽培され始める
B.C.5000 年頃	長江流域で人工的な水田による水稲耕作が本格化する（河姆渡遺跡，羅家角遺跡）
B.C.4000 年頃	朝鮮半島でアワかヒエなど雑穀の栽培が行われる（智塔里遺跡）
B.C.3000 年頃	黄河流域に，長江流域からイネが，西アジアからムギが伝来する
B.C.2000 年頃	黄河流域でマメの栽培が始まる 朝鮮半島でイネの陸稲耕作が始まる（一山遺跡）
B.C.2000 ～ 1000 年頃	［縄文後期後半］西日本でコメを含む穀物の栽培が行われる
B.C.1000 年頃	［縄文晩期後半～弥生前期］水稲耕作が朝鮮半島から九州北部に伝播する
B.C.800 年頃	朝鮮半島で，コメやムギ・アワの穀物類が広く栽培される（欣岩里遺跡，松菊里遺跡）
B.C.700 年頃	［弥生前期］最古の弥生土器（板付Ⅰ式）が成立する
B.C.700 ～ 600 年頃	朝鮮半島で，水稲耕作が行われる（無去洞玉峴遺跡）
B.C.500 年頃	［縄文晩期］日本で本格的な水稲耕作が行われる（板付遺跡，菜畑遺跡）
B.C.100 年頃 ～ A.D.300 年頃	［弥生前期後半］水稲耕作が，東北地方北部まで伝わる（垂柳遺跡，砂沢遺跡）
3 C 頃	［弥生中後期］『魏志倭人伝』に「禾稲・紵麻を種え，蚕桑緝積し，細紵・縑緜を出だす」とある
6 C 後半～ 7 C	犂や馬鍬を使った牛馬耕が行われる（下川津遺跡）
7 C 初頭	［古墳後期］灌漑技法が定着

西暦	和暦		事　　　　項
7C初頭			古市大溝が築造される 日本最古のため池が築造される（狭山池）
693	持統天皇	7	『日本書紀』に「天下をして，桑・紵・梨・栗・蕪菁らの草木を植えて，以て五穀を助ける」とある
715	霊亀	元	農業（粟の栽培）を奨励する官符が出される
722	養老	6	良田百万町歩開墾計画が発布される
723		7	三世一身法が発布される 大小麦の栽培を奨励する官符が出される
743	天平	15	墾田永年私財法が発布される
799	延暦	18	漂着した崑崙人が「綿種」をもたらし，紀伊・淡路らの国に植えさせる
823	弘仁	14	大宰府管内9ヵ国に公営田を設置する
840	承和	7	蕎麦・黍・豆・胡麻ら雑穀の栽培を奨励する官符が出される
849	嘉祥	2	「古代のお触れ書き」が発布される
879	元慶	3	畿内に「元慶官田」が設置される
902	延喜	2	延喜荘園整理令が発布される（律令制の崩壊が明確になる）
1012	寛弘	9	「大小田堵」に和泉国国衙領の再開発を命じる
11C中頃			開発所領の保・別名が現れる
11C後半～12・13C			日本に大唐米が伝播する
12C前半			荘園増大のピークを迎え，荘園公領制が確立する
1118	元永	元	伊勢国で水田二毛作の存在が確認できる
1160	永暦	元	山城国弓削荘で畠地二毛作が確認できる
12C末～			鎌倉幕府が大田文の作成を命じる
12C末～13C前半			鎌倉幕府がたびたび関東の開発を命じる
1223	貞応	2	鎌倉幕府が諸国に大田文の注進を求める
［承元年中］			和泉国梨本池が築造される
1232	貞永	元	鎌倉幕府は，畠地二毛作に対し地頭が2度課税することを禁じる
1264	文永	元	鎌倉幕府は水田二毛作の裏作麦に地頭が課税してはならいと命じる

西暦	和暦		事　　　項
1265	文永	2	尾張国富田荘・美濃国茜部荘で絹の代銭納が始まる
1294	永仁	2	和泉国梨本新池が築造される
13C 末～14C 前半			紀伊国粉河寺領で「溜池築造時代」を迎える
14C 初頭			『夫木和歌集』に崑崙人がもたらした「綿種」が絶えたことを記した和歌がある
［暦応年間］			山城国桂川今井用水の 3 ヵ郷契約が成立する
14C 末～			遠江国初倉荘で大井川に防水堤を築き，土豪らによる再開発が進められる
1408	応永	15	紀伊国粉河寺領で肥灰を他所に持ち出すことを禁じた掟が結ばれる
1413		20	紀伊国荒川荘で土豪層による「大井」の再開発が行われる
1420		27	宋希璟が『老松堂日本行録』に尼崎付近で行われていた三毛作を記録する
1447	文安	4	山城国上久世荘で「肥灰」を入れている史料がある
1458	長禄	2	山城国桂川の用水をめぐり松尾社と西岡 11 ヵ郷が争う
15C 中頃			遠江国蒲御厨で，土豪らが旧水路を復旧して再開発を実施する
1479	文明	11	筑前国粥田荘で木綿が栽培されていたことが確認できる
15C ～			朝鮮王朝からの回賜品の中に「綿布」が増える
16C 中頃			国内産の木綿の記事が増える
16C 中頃～			戦国大名が指出検地を実施する
1582	天正	10	豊臣秀吉が山城国で検地を行う（太閤検地の開始）
1591		19	豊臣秀吉が身分統制令を発布し，兵農分離を進める
［慶長年間］			さつまいも・ジャガイモなどが伝播する
1616	元和	元	大坂夏の陣で豊臣氏が滅亡，徳川氏の覇権が確立する
1639	寛永	16	ポルトガル船の来日が禁止される（鎖国の完成）
1641		18	オランダ商館が長崎の出島へ移転される
			諸国で凶作・飢饉となる（翌年まで継続）
1642		19	飢饉対策として本田畑での煙草作と農村での酒造が禁止される
1643		20	田畑永代売買禁令が発布される
1649	慶安	2	江戸幕府が検地条目を制定する（慶安検地条目）

西暦	和暦		事　　　項
1654	承応	3	文禄3年に始まった利根川を銚子へ流す付替工事（利根川東遷事業）が完成する
1666	寛文	6	諸国山川掟が発布される
1667		7	本田畑での煙草作が禁止される
1671		11	河村瑞賢が東廻り海運を刷新，確立する
1672		12	河村瑞賢が西廻り海運を刷新，確立する
1673	延宝	元	分地制限令が発布される
1677		5	江戸幕府が検地条目を制定する
［延宝～天和年間］			三河・遠江地方に『百姓伝記』が成立する
1684	貞享	元	佐瀬与次右衛門の『会津農書』が成立する
1694	元禄	7	江戸幕府が検地条目を制定し，関東幕領の総検地を行う
1697		10	宮崎安貞の『農業全書』が成立する
1699		12	対馬藩の陶山訥庵による猪駆逐事業が始まる
［元禄年間］			この頃，稲扱用の鉄製の千歯扱きが大坂近郊で制作され，その後全国に普及する
［元禄15～享保16］			土居水也の『清良記』巻7が成立する
17C後半～18C前半			この頃，筑前国でウンカ防除のための注油法が発見される
1707	宝永	4	土屋又三郎の『耕稼春秋』が成立する
1713	正徳	3	輸入糸不足のために江戸幕府が諸国の養蚕・製糸を奨励する
1715		5	海舶互市新例が発布される（長崎貿易の制限）
［正徳～享保年間］			輸入商品の国産化政策のもとで，諸作物の国内栽培が進む
［享保～元文年間］			西陣の技術が各地へ伝播し，絹織物業の産地が拡大する
1721	享保	6	田中丘隅の『民間省要』が成立する 幕府が諸国の耕地面積・戸口を調査し，耕地面積約297万町歩が把握される
1722		7	江戸日本橋に新田開発奨励の高札が立つ 幕府が定免制を全面的に施行する（すでに17世紀中期に定免制を先行した藩あり）
1725		10	武蔵野新田の開発が始まる 飯沼新田の干拓工事が始まる

西暦	和暦	事　　項
1726	享保　11	江戸幕府が新田検地条目を制定する
1728	13	紫雲寺潟新田開発の干拓工事が始まる
1729	14	江戸幕府が関東農村に菜種栽培を奨励する
1732	17	西日本で蝗害による凶作・大飢饉がおこる（翌年に被害継続）
［享保年間後半］		「米価安諸色高」の状況下で徳川吉宗が諸種の米価調整・安定策を打ち出す
1776	安永　5	中村喜時の『耕作噺』が成立する
1783	天明　3	浅間山噴火などによる大凶作がおこり，翌年にかけて飢饉となる
1786	6	冷害のために関東・東北を中心に凶作・飢饉がおこる
1788	8	田の害虫駆除に鯨油・石灰を奨励する
1790	寛政　2	松平定信が旧離帰農令を発令する
［寛政～文政期］		児島如水・徳重の『農稼業事』が成立する
1822	文政　5	大蔵永常の『農具便利論』が成立する
1823	6	摂津・河内・和泉の1000ヵ村以上の百姓が綿・菜種の自由売買を要求して国訴を起こす
1826	9	大蔵永常の『除蝗録　全』が成立する
1828	11	小西篤好の『農業余話』，宮負定雄の『草木撰種録』が成立し，植物雌雄説が普及する
1833	天保　4	大蔵永常の『綿圃要務』が成立する 奥羽・関東・北陸を中心に大凶作・飢饉がおこる
1836	7	諸国で大凶作・飢饉となる
1841	12	田村吉茂の『農業自得』が成立し，植物雌雄説を否定する
1859	安政　6	大蔵永常の『広益国産考』が成立する 米・英・蘭・仏・露の5ヵ国に神奈川・長崎・箱館での貿易を許可する（外国貿易の開始）
1871	明治　4	田畑勝手作の許可
1872	5	壬申地券を発行 土地永代売買の解禁
1873	6	地所質入・書入規則を制定 上諭・地租改正条例など地租改正法の公布

西暦	和暦	事　　項
1875	明治　8	地租改正事務局の設置
1876	9	札幌農学校が開校
		地租改正反対の伊勢暴動が発生
1877	10	地租を地価の3%から2.5%に減租
		兵庫県の農民・丸尾重次郎が神力を選抜
1878	11	駒場農学校が開校
1881	14	大日本農会の設立
		農商務省の設置
		松方正義が大蔵卿に就任し，松方財政（デフレ政策）が始まる
1883	16	林遠里が勧農舎を設立
1884	17	法定地価の固定や地租減租破棄を盛り込んだ地租条例を公布
1889	22	地券を廃止する土地台帳規則の公布
1893	26	山形県の農民・阿部亀治が亀の尾を選抜
1896	29	日本勧業銀行法・農工銀行法の公布
1899	32	耕地整理法・農会法の公布
1900	33	産業組合法の公布
1903	36	農商務大臣が農会に14項目の農事改良に関する諭達を発す
1908	41	京都府の農民・山本新次郎が旭を選抜
1910	43	帝国農会の設立
1913	大正　2	朝鮮米の移入税を廃止
1918	7	米価騰貴による米騒動が富山県魚津町より始まる
1919	8	開墾へ助成金を交付する開墾助成法の公布
1921	10	米価の安定を目的とした米穀法の公布
1922	11	日本農民組合が結成される
1924	13	小作争議の沈静化を目指した小作調停法の公布
1926	15	自作農創設維持補助規則による自創事業が始まる
1932	昭和　7	経済更生部が設置され経済更生運動が始まる
1933	8	米価の最高・最低価格を決めた米穀統制法が公布
1938	13	小作人の賃借権を強化した農地調整法が公布
1939	14	西日本・朝鮮では渇水による大旱魃

西暦	和暦	事　　　項
1939	昭和　14	小作料の引下げを目的とした小作料統制令の公布
1940	15	米穀管理規則を公布
1941	16	農地への国家統制を強化した臨時農地等管理令・臨時農地価格統制令の公布
1942	17	食糧管理法の公布
1945	20	GHQ「農地改革に関する覚書」 農地調整法改正（第1次農地改革）
1946	21	自作農創設特別措置法，農地調整法改正法（第2次農地改革）
1947	22	農業協同組合法
1948	23	農業改良助長法
1949	24	土地改良法
1952	27	農地法
1961	36	農業基本法
1962	37	第1次構造改善事業の発足
1963	38	バナナなど25品目の輸入自由化実施
1968	43	農地法改正
1969	44	農業振興地域の整備に関する法律 自主流通米制度の発足
1970	45	過疎地域対策緊急措置法 農業者年金基金法
1971	46	稲作転換対策実施要項 グレープフルーツなど20品目の輸入自由化 農村地域工業導入促進法
1975	50	農振法改正（農用地利用増進事業の創設）
1980	55	過疎地域振興特別措置法 農用地利用増進法 農政審議会,「80年代の農政の基本方向」決定
1986	61	農政審議会,「21世紀へ向けての農政の基本方向」発表
1989	平成　元	農政審議会「今後の米政策と米管理の方向」答申
1991	3	牛肉・オレンジ自由化
1992	4	農水省,「新しい食料・農業・農村政策の方向」(新政策）公表

西暦	和暦	事　　項
1993	平成　5	ウルグアイ・ラウンド農業交渉合意
1994	6	農政審議会「新たな国際環境に対応した農政の展開方向」
1995	7	新食糧法施行
1997	9	農水省「新たな米政策大綱」発表
1999	11	食料・農業・農村基本法制定
2002	14	農水省「食と農の再生プラン」発表
2008	20	21 世紀新農政 2008

編者略歴

一九四六年　北海道に生まれる
一九七八年　大阪市立大学大学院文学研究科博士課程単位取得退学
現在　東京学芸大学教育学部教授、日本学術会議会員

〔主要著書〕
日本古代・中世畠作史の研究　ハタケと日本人　日本初期中世社会の研究

日本農業史

二〇一〇年（平成二十二）十一月一日　第一刷発行
二〇一六年（平成二十八）三月二十日　第二刷発行

編　者　木《き》村《むら》茂《しげ》光《みつ》
発行者　吉川道郎
発行所　株式会社 吉川弘文館
郵便番号一一三―〇〇三三
東京都文京区本郷七丁目二番八号
電話〇三―三八一三―九一五一〈代表〉
振替口座〇〇一〇〇―五―二四四番
http://www.yoshikawa-k.co.jp/
印刷＝株式会社 平文社
製本＝誠製本株式会社
装幀＝清水良洋・渡邉雄哉

ISBN978-4-642-08046-0

村の身分と由緒 〈〈江戸〉の人と身分〉

白川部達夫・山本英二編

四六判・二三六頁／三〇〇〇円

現代の生活習慣を育んだ江戸時代の「村」。苗字・土地の所持や家格と由緒に基づき、多様で柔軟に変動する「百姓」。身分制度下の村社会を、百姓・大庄屋・郷士・被差別民らの上昇願望と差別意識などから明らかにする。

大地を拓く人びと 〈身分的周縁と近世社会〉

後藤雅知編

四六判・二四六頁／三〇〇〇円

土地所持にもとづいて年貢や諸役が賦課された近世。大地の上で人びとはいかに生きたのか。田畑を耕した農民だけではなく、塩田の労働者、「場」という営業上の領域を所有した職人など幅広く取り上げ、その具体像を解明。

明治農政と技術革新

勝部眞人著

〈僅少〉 A5判・三四二頁／一一〇〇〇円

明治初期、欧米農業と接触した政府は日本農業をどう認識し、どう政策論理を導き出していったのか。生産者農民の主体性という視点から、彼らの行動と政策展開とのねじれに論究し、明治期日本農業の新たな歴史像を探る。

（価格は税別）

吉川弘文館